"十四五"普通高等教育本科系列教材

U0159112

工程热力学学习指导及考研真题

主编　李法社　王　霜
参编　刘慧利　陈　勇
主审　许国良

中国电力出版社
CHINA ELECTRIC POWER PRESS

内 容 提 要

本书章节安排按照《工程热力学》经典教材的章节顺序，每章对基本知识点进行总结归纳，突出了基本概念、基本原理、基本公式等，列举了大量的经典思考题与习题，并对其进行详细解析，富有启发性，易于理解。结合经典例题实际进行阐述，注重培养学生解决实际问题的能力。本书收录了国内几十所高校近十年典型的研究生入学考试试卷，部分试卷提供电子版答案并持续更新，供读者参考。本书可供能源动力类、核工程类、环境科学与工程类、交通运输类、机械类等相关专业的学生使用，尤其对报考能源动力类等相关专业的研究生有指导作用。

图书在版编目（CIP）数据

工程热力学学习指导及考研真题 / 李法社，王霜主编 . —北京：中国电力出版社，2024.5
ISBN 978-7-5198-3280-3

Ⅰ.①工… Ⅱ.①李…②王… Ⅲ.①工程热力学-研究生-入学考试-自学参考资料 Ⅳ.①TK123

中国国家版本馆 CIP 数据核字（2023）第 179752 号

出版发行：中国电力出版社
地　　址：北京市东城区北京站西街 19 号（邮政编码 100005）
网　　址：http://www.cepp.sgcc.com.cn
责任编辑：吴玉贤（010-63412540）
责任校对：黄　蓓　于　维
装帧设计：郝晓燕
责任印制：吴　迪

印　　刷：北京盛通印刷股份有限公司
版　　次：2024 年 5 月第一版
印　　次：2024 年 5 月北京第一次印刷
开　　本：787 毫米×1092 毫米　16 开本
印　　张：12.25
字　　数：308 千字
定　　价：48.00 元

前　言

真题及答案

　　工程热力学是能源与动力工程、新能源科学与工程、能源与环境系统工程、建筑环境与能源应用工程、轮机工程、过程装备与控制工程、核工程与技术等专业的学科基础课，在相关专业的教学及人才培养中起着重要的作用。本课程内容丰富、概念抽象、理论性强、逻辑性强，与工程实际联系密切，是一门教学难度较大的课程，对学习者存在着一定的困难。通过学习热力学基本概念和基本原理，接触或演算大量典型的思考题与习题，掌握热力学思考、分析、解决实际问题的方法，以提高学生的工程思维分析能力，使之更好地达到学生自主学习，提高工程热力学教学质量的目的。

　　编者团队长期从事工程热力学的教学和科研工作，了解学生学习工程热力学过程中的难点与困惑点所在，同时也对如何让学生更好地学习、掌握工程热力学基本知识、基本原理积累了一些经验。在此基础上编写了《工程热力学学习指导及考研真题》，通过学习热力学基本概念和基本原理，剖析工程热力学常见思考题与习题，掌握热力学思考、分析、解决问题的方法，有利于读者对工程热力学中基本概念和基本原理的灵活应用，并能解决实际问题。

　　本书配套数字资源，内容为昆明理工大学、重庆大学、南京航空航天大学、山东大学、中南大学、江苏大学、哈尔滨工程大学、中山大学、南京理工大学、华北电力大学、同济大学、北京理工大学等25所高校的共199套硕士研究生入学考试工程热力学试题，其中95套试题配有参考答案，包含的学校有昆明理工大学、重庆大学、南京航空航天大学、山东大学、中南大学、江苏大学、哈尔滨工程大学、中山大学、南京理工大学、华北电力大学、同济大学、北京理工大学12所。配套参考答案会持续更新，具体内容请扫描二维码获取。

　　本书由李法社、王霜主编，负责策划、制订编写大纲等工作；刘慧利、陈勇参编，参与策划、编写部分章节。编写分工如下：李法社编写第一～三章，王霜编写第四～七章，刘慧利编写第八、九章，陈勇编写第十、十一章。全书由李法社统稿。

　　在本书编写过程中得到昆明理工大学冶金与能源工程学院陈杨健教授、张利波教授、包桂蓉教授、何屏教授、张小辉副教授等的大力协助，参考了国内外出版的工程热力学教材及相关辅导教材与各高校研究生入学试题，在此一并表示衷心的感谢。

　　本书由华中科技大学许国良教授主审，许教授对书稿提出了不少宝贵的意见和建议，在此深表谢意。

　　由于编者水平所限，书中疏漏之处在所难免，敬请读者批评指正。

编者
2024 年 3 月

目　录

绪　论

基 本 知 识 点

一、能量与能源的区别

能量是物质运动的度量。能量是人类社会进步的动力，能量的开发和利用程度是一个社会发展的重要标志。

能源是指提供能量的物质资源，是人类赖以生存和发展的物质基础，是衡量社会生产力和社会物质文明的重要标志。

二、能源的分类

1. 按能源使用的技术状况分

按能源使用的技术状况分为常规能源和新能源。常规能源是指在现有技术条件下，人类已大规模生产和广泛使用的能源，如煤炭、石油、天然气及水能等；新能源是指在目前科技水平条件下还未大规模利用或还在研究开发阶段的能源，如太阳能、风能、生物质能、地热能、潮汐能及核能等。

2. 按能源本身的性质分

按能源本身的性质分为含能体能源和过程性能源。含能体能源是指集中在储存能量的含能物质，如煤炭、石油、天然气及核燃料等；过程性能源是指物质在运动过程中产生和提供的能源，该能源无法储存并随物质运动过程消失而消失，如水能、风能及潮汐能等。

3. 按能源有无加工、转换分

按能源有无加工、转换分为一次能源和二次能源。一次能源指自然界现成存在、可直接取得而没有改变其基本形态的能源，如煤炭、石油、天然气、水能、风能、海洋能、地热能及生物质能等。一次能源按能否再生分为可再生能源和不可再生能源。可再生能源是指可以连续再生，不会因使用而逐渐减少的能源，如太阳能、水能、风能、地热能及生物质能等；不可再生能源是指不能循环再生的能源，随着人类不断地使用而逐渐减少的能源，如煤炭、石油、天然气及核燃料等。二次能源是由一次能源加工转换成另一形态的能源，如电能、热能、焦炭、煤气、沼气、高温蒸汽、汽油、柴油及重油等。

4. 按对环境污染程度分

按对环境污染程度分为清洁能源和非清洁能源。清洁能源是指无污染或污染很小的能源，如太阳能、风能、水能、氢能及海洋能等；非清洁能源是指对环境污染较大的能源，如煤炭、石油等。

5. 按能源来源分

按能源来源分为三类。第一类是来自地球以外的太阳辐射能，如太阳能、煤炭、石油、天然气、生物质能、水能、风能及海洋能等；第二类是指来自地球本身的能量，如地热能、核能等；第三类是指来自月球和太阳等天体对地球的引力，如潮汐能等。

三、热能的利用形式

热能有两种基本利用形式：一种是热利用，也是直接利用，是直接用热能加热物体，热能的形式不发生变化；另一种是动力利用，也是间接利用，是指把热能转换成机械能，以满足人类生产和生活对动力的需要。

四、工程热力学

工程热力学是一门研究物质的能量、能量传递和转换以及能量与物质性质之间普遍关系的科学。

思考题与习题

1. 在当今科技条件下，利用最多的能源是（　　　）。

A. 水能　　　　　　　B. 核能　　　　　　　C. 燃料的化学能　　D. 风能

答案：C，目前利用最多的能源来自燃料的化学能。

2. 下列属于新能源但是不可再生能源的是（　　　）。

A. 风能　　　　　　　B. 核能　　　　　　　C. 生物质能　　　　D. 水能

答案：B，核能是新能源但不可再生，风能、生物质能是新能源也可再生，水能是常规能源但可再生。

3. 关于能量与能源的说法正确的是（　　　）。

A. 能量与能源没有区别，只是说法不同

B. 能量是指一种物质资源，如水能、核能等

C. 能源是一种物质资源，能量是物质运动的度量

D. 任何物质都有能量，具有能量的物质就是能源

答案：C，能量是物质运动的度量，能源是指提供各种能量的物质资源。

4. 关于能量和能源，下列说法正确的是（　　　）。

A. 在利用能源的过程中，能量在数量上并未减少

B. 由于自然界的能量守恒，所以不需要节约能源

C. 能量耗散说明能量在转换过程中没有方向性

D. 人类在不断地开发和利用新能源，所以能量可以被创造

答案：A，由于自然界的能量守恒，所以在利用能源的过程中，能量在数量上并未减少，选项 A 正确；由于某些能源的利用过程中，能源品质会逐渐降低，故仍需要节约能源，选项 B 错；能量耗散说明能量在转化过程中具有方向性，例如因摩擦使机械能转换为热能是一种耗散效应，可以自动地、无条件地进行，但其逆过程不能自动、无条件地进行，故 C 不正确；人类在不断地开发和利用新能源，但能量不能被创造，也不会消失，故 D 不正确。

第一章 基 本 概 念

基 本 知 识 点

一、工程热力学常用计量单位

工程热力学中各常用物理量涉及的基本单位有五个，即长度、质量、时间、热力学温度和物质的量，表1-1列出了它们的符号与单位名称，表1-2列出了工程热力学中常用的导出单位。

表1-1　　　　　　　热力学相关国家法定计量单位的基本单位

量的名称	单位名称	单位符号	量的名称	单位名称	单位符号
长度	米	m	热力学温度	开尔文	K
质量	千克	kg	物质的量	摩尔	mol
时间	秒	s			

表1-2　　　　　　　热力学相关国际单位制的导出单位

量的名称	国际单位制的导出单位		
	名称	符号	用国际单位制基本单位和导出单位表示
力	牛顿	N	$1N=1kg \cdot m/s^2$
压力、压强	帕斯卡	Pa	$1Pa=1N/m^2$
能量、功、热量	焦耳	J	$1J=1N \cdot m$
功率	瓦特	W	$1W=1J/s$
表面张力	牛顿每米	N/m	$1N/m=1kg/s^2$
热流密度	瓦特每平方米	W/m^2	$1W/m^2=1kg \cdot s$
热容、熵	焦耳每开尔文	J/K	$1J/K=1m^2kg/(s^2 \cdot K)$
比热容、比熵	焦耳每千克开尔文	$J/(kg \cdot K)$	$1J/(kg \cdot K)=1m^2/(s^2 \cdot K)$
比能量、比焓	焦耳每千克	J/kg	$1J/kg=1m^2/s^2$

二、热力系统与工质

1. 热力系统及其分类

热力系统：分析热力现象和问题要明确研究对象，根据研究问题的需要，人为地将研究对象从周围物体中分割出来，这种人为划定的一定范围内的研究对象称为热力学系统，简称热力系统或系统。

外界：热力系统以外的所有客观存在称为外界。热力系统和外界之间的分界面称为边界。

闭口系：与外界无物质交换的系统，热力系统内物质的质量保持不变。

开口系：与外界有物质交换的系统，热力系内物质的质量可以变化，总有一个相对固定的空间。

简单可压缩系：热力系由可压缩流体构成，与外界只有热量和可逆体积变化功的交换。

绝热系：与外界无热量交换的系统。

孤立系：与外界无任何能量和物质交换的热力系。

2. 工质

实现热能和机械能相互转化的媒介物质为工质。工质的要求：膨胀性、流动性、热容量、稳定性、安全性、对环境友善、价廉、易获取。

3. 热源

工质从中吸取或向之排出热能的物质系统，与外界仅有热量的交换，且有限热量的交换不引起系统温度变化的热力系；有高温热源和低温热源之分，又称为热源和冷源。

三、热力状态

1. 状态

状态是指热力系在某一瞬间所呈现的宏观物理状况，可分为平衡状态和非平衡状态两种。

2. 状态参数

热力学中常用的状态参数有压力（p）、温度（T）、比体积（v）、热力学能（U）、焓（H）、熵（S）。这些参数可分为强度参数和广延参数，其中强度参数与系统内所含工质的数量多少无关，不具有可加性，如 p、T 等；广延参数与系统内工质所含的数量多少有关，具有可加性，如 U、S、H 等。

3. 基本状态参数

状态参数中压力（p）、比体积（v）和温度（T）可以直接进行测量，称为基本状态参数。

（1）温度。宏观上，温度是描述系统热力平衡状况时冷热程度的物理量；微观上，温度是大量分子热运动强烈程度的度量。热力学温度（K）与摄氏度（℃）的换算关系为

$$T = 273 + t \tag{1-1}$$

（2）压力。单位面积上所受的垂直作用力称为压力（即压强）。分子运动学中指出气体的压力时大量气体分子撞击器壁的平均结果。压力的单位常使用帕斯卡（Pa）、千帕（kPa）或兆帕（MPa）。

压力计测得的压力为表压力 p_g 或真空度 p_v，为工质的真实压力 p（绝对压力）与环境压力 p_b 之差。

当绝对压力大于环境压力时

$$p = p_b + p_g \tag{1-2}$$

当绝对压力小于环境压力时

$$p = p_b - p_v \tag{1-3}$$

（3）比体积。单位质量物质所占的体积称为比体积，比体积与密度互为倒数，单位为 m³/kg，其表达式为

$$v = \frac{V}{m} \tag{1-4}$$

四、平衡状态与状态方程

1. 平衡状态

热力系统在无外界（重力场除外）的影响下，其宏观热力性质不随时间而改变的状态称为平衡状态。

平衡状态的充要条件：系统内部或系统与外界之间不存在不平衡势差（力差、温差、化学势差），即系统处于热平衡、力平衡和化学平衡的状态。

2. 状态方程

热力系统处于平衡状态时，基本状态参数之间的关系服从一定关系式，称为状态方程，即

$$T = T(p,v),\ p = p(T,v),\ v = v(p,T),\ f(p,v,T) = 0 \tag{1-5}$$

理想气体的状态方程为

$$pv = R_g T,\ pV = mR_g T,\ pV = nRT \tag{1-6}$$

式中：R_g 为气体常数，仅与气体种类有关与气体状态无关；R 为通用气体常数，也称为摩尔气体常数，与气体状态及种类均无关，$R = 8.3145 \text{J/(mol} \cdot \text{K)}$。

五、准平衡过程与可逆过程

1. 准平衡过程

造成系统状态改变的不平衡势差无限小，系统在任意时刻均无限接近于平衡状态，这个过程称为准平衡过程，也叫准静态过程。

准平衡过程是实际过程进行得足够缓慢的极限情况。所谓"缓慢"是指从不平衡恢复到平衡状态时的弛豫时间远小于破坏平衡所需要的时间。

2. 可逆过程

如果系统完成某一热力过程后，沿原来的路径恢复到原来状态，而所涉及的外界也恢复到原来状态而不留下任何变化，这一过程称为可逆过程。

可逆过程是不引起任何热力学损失的理想过程，过程中无任何耗散效应（通过摩擦、电阻、磁阻等使功变热的效应），即无耗散效应的准平衡过程为可逆过程。

六、过程功和热量

1. 功

功是热力系统与外界之间在力差的推动下，通过宏观的有序运动而传递的能量，借做功来传递能量总是和物体的宏观位移有关。热力学中规定，系统对外做功取为正，外界对系统做功取为负，功的单位为焦耳（J）或千焦（kJ）。

可逆过程中功的计算式为

$$W_{1-2} = \int_1^2 p\,\mathrm{d}V \ \text{或}\ w_{1-2} = \int_1^2 p\,\mathrm{d}v \tag{1-7}$$

2. 热量

热量是热力系统与外界之间在温差的推动下，通过微观粒子的无序运动而传递的能量，借传热来传递能量物体不需有宏观位移。热力学中规定，系统对外吸热为正，系统对外界放热为负，热量的单位也为焦耳（J）或千焦（kJ）。

可逆过程中热量的计算式为

$$Q_{1-2} = \int_1^2 T\,\mathrm{d}S \ \text{或}\ q_{1-2} = \int_1^2 T\,\mathrm{d}s \tag{1-8}$$

七、热力循环

工质经历一系列状态变化过程后，又回到初始状态的热力过程称为热力循环。热力循环的经济性指标为

$$经济性指标 = \frac{得到的收益}{花费的代价}$$

1. 正向循环

正向循环也叫动力循环，用热效率来评价其经济性指标，即

$$\eta_t = \frac{W_{net}}{Q_1} \tag{1-9}$$

式中：W_{net} 为循环对外界所输出的净功；Q_1 为循环从高温热源所吸收的热量。

2. 逆向循环

逆向循环主要用于制冷装置或热泵装置，其目的不是输出功量，而是消耗外界功量获得冷量或热量，分别用制冷系数 ε 和制热系数 ε' 来评价其经济性指标，即

$$\varepsilon = \frac{Q_2}{W_{net}}, \quad \varepsilon' = \frac{Q_1}{W_{net}} \tag{1-10}$$

式中：W_{net} 为制冷或热泵循环所消耗的外界功量；Q_1 为热泵循环供给高温热源的热量；Q_2 为制冷循环从低温热源吸取的热量。

💡 思考题与习题

1. （华中科技大学 2005 年考研试题）如图 1-1 所示，气缸-活塞系统的缸壁和活塞均由刚性绝热材料制成，A 部分充有 N_2，B 部分充有 O_2，初始两部分气体的压力相同。活塞可在气缸内无摩擦地自由移动。问当 A 侧的电加热器中通以电流 I 时，若分别取（1）N_2；（2）O_2；（3）整个气缸-活塞装置（包括其中的气体及电加热器）为系统时，这些系统与外界有什么形式的相互作用？

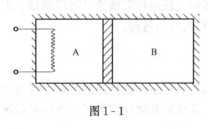

图 1-1

答：（1）N_2 作为系统时，该系统从外界吸热，并膨胀对外做功。

（2）O_2 作为系统时，该系统为绝热压缩过程，外界对其做功。

（3）整个气缸-活塞装置（包括其中的气体及电加热器）为系统时，与外界没有热量交换，外界对系统作电功。

2. （华中科技大学 2004 年考研试题）有一类热力学系统被称作控制质量，也称作封闭系统（或闭口系统），试给出这种热力学系统的具体定义，并解释两种不同称呼的一致性。

答：控制质量的是指特定的某一部分物质，且在整个研究分析过程中，系统始终由同一部分物质构成，不作更替。封闭系统指的是系统的边界不对物质流开放，没有物质穿越系统的边界。因此，两种名称的实质是一样的。

3. （东南大学 2002 年考研试题）若容器中气体的绝对压力保持不变，压力表上的读数会改变吗？为什么？

答：压力表的读数可能会改变。因为压力表的读数为绝对压力与外界大气压力之差，所以当外界大气压发生变化时，压力表的读数也会改变。

4. 某容器被一刚性壁分为两部分，在容器的不同部位安装有压力表，如图 1-2 所示，压力表 B 上的读数为 75kPa，压力表 C 上的读数为 0.11MPa。设大气压力为 97kPa，试确定压力表 A 上的读数及容器两部分内空气的绝对压力。

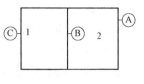

图 1-2

解：容器 1 内部的绝对压力为

$$p_1 = p_g + p_b = 0.11 + 0.097 = 0.207(\text{MPa})$$

容器 2 内部的绝热压力为

$$p_2 = p_1 - p_B = 0.207 - 0.075 = 0.132(\text{MPa})$$

压力表 A 的读数为

$$p_A = p_2 - p_b = 0.123 - 0.097 = 0.035(\text{MPa})$$

5. 判断下列过程哪些是①可逆的；②不可逆的；③可以是可逆的，并简要说明不可逆的原因。(1) 对刚性容器内的水加热，使其在恒温下蒸发。(2) 对刚性容器内的水做功，使其在恒温下蒸发。(3) 对刚性容器内的空气缓慢加热，使其从 50℃升温到 100℃。

答：(1) 可以是可逆过程，也可以是不可逆过程，取决于热源温度与水温是否相等。若两者不等，则存在外部的传热不可逆因素，便是不可逆过程。

(2) 是不可逆过程，对刚性容器内的水做功，只可能是搅拌功，伴有摩擦损失，因而是不可逆过程。

(3) 可以是可逆的，也可以是不可逆的，取决于热源温度与空气温度是否随时相等或随时保持无限小的温差。

6. 在所列的压力中哪个不是状态参数?（　　　）

A. 绝对压力　　　　　　B. 分压力　　　　　　C. 表压力

答：B、C。

7. 把压力为 700kPa，温度为 5℃的空气装于 0.5m³ 的容器中，加热使容器中的空气温度升至 115℃。在这个过程中，空气由一小洞漏出，使压力保持在 700kPa，试求热传递量。

答：$Q = \int_{T_1}^{T_2} mc_p dT = \int_{T_1}^{T_2} c_p \dfrac{pV}{R_g T} dT = \dfrac{pV}{R_g T} c_p \int_{T_1}^{T_2} dT = \dfrac{pV}{R_g} c_p \ln \dfrac{T_2}{T_1}$

$= \dfrac{700 \times 10^3 \times 0.5}{287} \times 1004 \times \ln \dfrac{388}{278}$

$= 408.2(\text{kJ})$

8. (南京航空航天大学 2011 年考研试题) 可逆循环的熵变为零，不可逆循环中有不可逆的熵增，是否可以认为不可逆循环的熵变大于零? 简单解释原因。

答：不对，熵是状态参数，应满足状态参数的性质，不可逆循环和可逆循环的熵变都为零。

9. (南京航空航天大学 2008 年考研试题) 准静态过程是（　　　）。

A. 平衡过程　　　B. 可逆过程　　　C. 不可逆过程　　　D. 无限接近平衡的过程

答：D。

10. (南京航空航天大学 2008 年考研试题) 下列系统中与外界不发生能量交换的系统是（　　　）。

A. 绝热系统　　　B. 孤立系统　　　C. 闭口系统　　　D. A+B

答：B。

11.（南京航空航天大学 2008 年考研试题）判断题：经不可逆循环后，系统与外界均无法完全恢复原态。

答：错。经不可逆循环后，系统与外界可以完全恢复原态，但是同时会引起其他变化。

12.（南京航空航天大学 2008 年考研试题）判断题：气体的表压力与当地大气压力有关，而绝对压力与当地大气压力无关。

答：对。

13.（北京科技大学 2008 年考研试题）概念题：孤立系统。

答：（1）与外界既无质量交换又无能量（包括功量和热量）交换的热力系称为孤立体系。

（2）与外界没有任何关系的热力系。

（3）与外界绝热、绝功、绝质量交换的热力系。

（4）孤立系统是一个抽象的概念，实际中是不存在的，在实际中把热力系和外界看作一体，就以得到一个真正的孤立系，即：任何非孤立系＋相关外界＝孤立系。

14.（北京航空航天大学 2004 年考研试题）下列表达式中哪些等于零？

(a) $\oint(\delta w-\delta w)$　　(b) $\oint dh$　　(c) $\oint\delta w$　　(d) $\oint Tds$　　(e) $\oint\delta w$

答：(a)（b)。

15.（北京航空航天大学 2005 年考研试题）给出"热"和"功"的定义，并分析其异同。

答：功是热力系与外界在边界上发生的一种相互作用，其全部效果可归结为举起重物。热力系与外界之间依靠温差而通过边界传递的能量称为热量。

相同点：都是热力系与外界的相互作用，都是过程量，都要通过边界。

不同点：驱动力不同，功的驱动力是力差，热的驱动力是温差。标志不同，不同的功有不同的效果或标志，比如体积功传递的标志是体积变化，张力功传递的标志是面积变化；传热的标志是熵的变化。本质不同，功传递的是有序的宏观运动传递的能量，在做功过程中往往伴随能量形式的转化；热是微观粒子的无序运动传递的能量，传热不出现能量形式的变化。功转变为热是无条件的，而热转变为功是有条件的。

16.（北京航空航天大学 2006 年考研试题）循环功越大，热效率就越高，该说法____。

(a) 正确　　(b) 错

答：(b)。

17.（北京航空航天大学 2007 年考研试题）判断题：系统经历一可逆定温过程时，既然温度没有变化，所以与外界没有热量交换。

答：错。温度不是热量传递的标志，温差是热量传递的驱动力：$\delta Q=TdS$。可逆过程是否有热量传递是用熵来判断的。

18.（西北工业大学 2008 年考研试题）判断题：若容器中气体的压力没有变化，则测量容器压力的压力表的读数不可能会变化。

答：错。读数会随大气压力变化。

19.（西北工业大学 2008 年考研试题）热量是热力系与外界之间依靠温差传递的能量。

答：对。

20.（西北工业大学 2009 年考研试题）平衡状态和均匀状态有何异同？

答：相同点：均匀状态时，一般都是平衡态。相异点：定义不同，平衡指随时间恒定，均匀指空间上分布，平衡态不一定是均匀状态。

21.（西北工业大学 2005 考研试题）工程热力学是研究____能与____能相互转换规律的一门学科。

答：热，机械。

22. 热量总可以用积分式 $\int T\mathrm{d}s$ 表示。

（a）正确　　　　　（b）错

答：（b）。

23. 试证明：若一个孤立体系内部存在有不同温度的部分，则该系统不可能处于一稳定的平衡态。

证明：反证法。假设系统处于一稳定的平衡态。但由于内部有温差，会由于传热导致温度等状态参数的变化，违反平衡态的原始定义。结论：该系统不可能处于稳定的平衡态。

24. 判断题：可逆过程一定是准静态过程。

答：对。因为可逆过程＝准静态过程＋无耗散效应，所以可逆过程一定是准静态过程，反过来却不一定。

25.（上海交通大学 2006 年考研试题）在我国某地（当地大气压为 0.1MPa）一蒸汽发生器内蒸汽压力为 6.83MPa，则其表压力是____MPa。同样的绝对压力，在青藏高原（当地大气压为 0.085MPa），其表压力是____MPa。

答：6.73，6.745。

26. 何谓准静态过程和可逆过程？它们之间有何联系？

答：准静态过程是指系统与外界之间的势差足够小，系统在每次状态变化时足够小地偏离平衡状态；外界条件的变化速度足够慢，在每次变化中能使系统有足够的时间来恢复平衡，即每次变化都等系统恢复平衡后再承受下一次变化。

可逆过程是指如果可沿原过程的途径逆向进行，并使系统和外界都回复到初态而不留下任何影响，则称系统原先经历的过程为可逆过程。

可逆过程是无耗散效应的准静态过程。

27. 某容器中储有氮气，压力为 0.6MPa，温度为 40℃。设试验过程中用去 1kg 氮气，且温度降至 30℃，压力降至 0.4MPa，试求该容器的体积。

答：根据试验前后的质量关系，可以建立如下关系式：

实验前　　　　　　　　　　$p_1V=mRT_1$

实验后　　　　　　　　　　$p_2V=(m-1)RT_2$

可以得出　　$m=\dfrac{T_2p_1}{T_2p_1-T_1p_2}=\dfrac{303\times0.6}{303\times0.6-313\times0.4}=3.21\text{(kg)}$

容器的体积为　　$V=\dfrac{mRT_1}{p_1}=\dfrac{3.21\times0.296\times313}{600}=0.481\,8\;\text{(m}^3\text{)}$

28.（西安交通大学 2004 年考研试题）状态量（参数）与过程量有何不同？常用的状态参数中哪些是可直接测量的，哪些又是不可以直接测量的？

答：状态参数是单值地取决于状态的，过程中状态参数的变化只取决于初、终态，与过程经过的路径无关。过程量是指过程中表现出来的量，过程量的变化不仅取决于初、终态还与过程经过的路径有关。

常用状态参数中，p、v、T 是可直接测量的量，u、h、s 是不可直接测量的量。

29. （西安交通大学 2004 年考研试题）对于简单可压缩系，系统只与外界交换哪种形式的功？可逆时这种功如何计算？

答：简单可压缩系只与外界交换膨胀功或压缩功。可逆时，这种功的计算式为 $w = \int_1^2 p\mathrm{d}v$。

30. （西安交通大学 2004 年考研试题）试述可逆过程的特征及实现可逆过程的条件。

答：可逆过程的特征是使得系统与外界同时复原为初始状态。

实现可逆过程的条件是：过程进行中，系统内部及系统与外界之间不存在不平衡势差，或过程应为准静态；过程中不存在耗散效应。

31. （天津大学 2005 年考研试题）已知当地大气压力为 0.1MPa，一压力容器中被测工质的压力为 45kPa，此时，该工质压力的测量应选用____（填真空计或压力表）测压计。

答：真空计。

32. （哈尔滨工业大学 2002 年考研试题）判断题：

(1) 理想气体的比焓、比熵和比定压热容都仅仅取决于温度。

(2) 气体膨胀时一定对外做功，而被压缩时则一定消耗外功。

答：(1) 对。(2) 错。气体向真空自由膨胀时不做功。

33. （同济大学 2005 年考研试题）判断题：不可逆过程可以在 p-v 图、T-s 图上表示出来。

答：错。准静态过程才可以在 p-v 图、T-s 图上表示出来，但是不可逆过程不一定是准静态过程。

34. （大连理工大学 2004 年考研试题）什么是热力系统？热力系统可以分为几类？

答：人为地划定一个或多个任意几何面所围成的空间作为热力学研究对象，这种空间内的物质的总和称为热力系统。根据热力系统与外界之间的能量和物质交换情况，热力系统可分为不同的类型，例如：闭口系统、开口系统、绝热系统、孤立系统、均匀系统、非均匀系统、单相系、复相系等。

35. （大连理工大学 2002 年考研试题）什么是孤立系统？在工程热力学中是如何确定孤立系统的？

答：热力系与外界既无质量交换又无能量交换时，该系统就称为孤立系统。在实践中，绝对的孤立系统是不存在的。为了简化计算，通常认为孤立系统的界面可以是具体的，也可以是假想的，与外界无质量和能量交换，一切相互作用发生在系统内部。

36. （东南大学 2003 年考研试题）判断题：$u = f(T, p)$ 及 $s = f(T, v)$ 均表示状态参数之间的关系式，它们都是状态方程。

答：对。

37. （东南大学 2002 年考研试题）判断题：状态方程是状态参数之间的关系式。

答：错。状态方程是平衡状态下，状态参数之间的关系式。

38.（北京理工大学 2006 年考研试题）当大气环境压力为 0.101 3MPa 时，测得一容器内气体的表压力读数为 0.3012MPa，则容器内气体的绝热压力为____MPa；若此时测得另一容器内气体的真空度读数为 0.031MPa，那么该容器内气体的真实压力为____MPa。

答：0.402 5，0.070 3

39. 用压力表测某容器内气体的压力，若表上读数为 0.7MPa，环境压力为 101.32kPa，则容器内气体的压力为____。

答：0.801 32MPa。

40.（北京理工大学 2006 年考研试题）描述简单可压缩系统平衡状态的基本状态参数有____个，它们分别是____、____和____。

答：3，压力、温度、比体积。

41.（湖南大学 2007 年考研试题）对于理想气体，下列参数（　　）不是温度的单值函数。

A. 热力学能　　　　B. 焓　　　　　　　　C. 比热容　　　　　D. 熵

答：D。

42.（湖南大学 2007 年考研试题）判断题：设一系统的任一状态参数为 x，则对任意的可逆或不可逆循环均满足 $\oint \mathrm{d}x = 0$。

答：对。

第二章 热力学第一定律

基 本 知 识 点

一、热力学第一定律实质

热力学第一定律是能量守恒与转换定律在热力学的应用，它确定了热能与其他形式能量相互转换时在数量上的关系。

在工程热力学研究的范围内，主要考虑热能和机械能之间的相互转换与守恒，热力学第一定律可以表述为："当热能与其他形式的能量相互转换时，能的总量保持不变"或"热可以变为功，功也可以变为热；一定量的热消失时必产生相应量的功，消耗一定量的功时必出现与之相对应量的热。"

二、热力系的储存能

1. 内部储存能

储存于系统内部的能量，与系统内工质微粒的微观运动和空间位置有关，称为内部存储能也称为热力学能，热力学能由下列能量构成：

$$
\text{热力学能}\begin{cases}\text{内动能（与温度相关）}\\ \text{内势能（与体积和温度相关）}\\ \text{分子结构化学能}\\ \text{原子核内部原子能}\\ \text{电磁场电磁能}\end{cases}\quad \left.\begin{array}{c}\\ \\ \end{array}\right\}\text{（变化微小可以不考虑）}
$$

在一定热力状态下，工质有一定的热力学能，而与达到热力学状态的路径无关，因此热力学能是状态参数。

2. 外部储存能

工质由于外界作用引起宏观运动的动能 E_k 及重力位能 E_p 与工质整体运动和外界重力场有关，统称外部储存能。若工质的质量为 m，速度为 c，在重力场中的高度为 h，则宏观动能和重力位能分别为

$$E_k = \frac{1}{2}mc^2 ,\ E_p = mgh \tag{2-1}$$

3. 总储存能

热力系的总储存能 E 为内部储存能与外部储存能之和，即

$$E = U + E_k + E_p = U + \frac{1}{2}mc^2 + mgh \tag{2-2}$$

1kg 工质的比储存能 e 为

$$e = u + \frac{1}{2}c^2 + gh \tag{2-3}$$

三、功量和热量

能量在传递和转换时，可以通过做功和传热表现出来，功量和热量不是系统本身所具有

的能量，是系统与外界传递的能量。因此功量和热量不是状态参数，而是过程量，与状态变化的过程有关，称为迁移能。

1. 热量

热量是指在温差作用下，系统与外界通过界面传递的能量。系统吸热为正，放热为负。

2. 功

功是系统与外界在力差的推动下，通过宏观有序运动的方式传递的能量。功的种类有以下几种：

（1）体积变化功（膨胀功）W。功是热力系统通过边界而传递的能量，且其全部效果可表现为举起重物。这里的"举起重物"是过程产生的效果相当于举起重物，并不是真的举起重物。系统对外做功为正，外界对系统做功为负。以气缸 - 活塞系统（见图 2 - 1）为例，可逆过程的膨胀功为

$$W = \int_1^2 p \, \mathrm{d}V \tag{2-4}$$

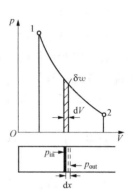

图 2 - 1

（2）轴功 W_s。系统通过叶轮机械的轴与外界交换的功量称为轴功，即开口系与外界所交换的净功。

（3）内部功 W_i。工质在机器内部对机器所做的功，若不计摩擦损失，则内部功等于轴功。

（4）推动功和流动功 W_f。开口系因工质流动而传递的功称为推动功。工质在流动时，总是从后面获得推动功，而对前面做出推动功，进出质量的推动功之差称为流动功。工质在传递推动功时没有热力状态的变化，不会有能量形式的变化，流动功只取决于工质进出口的状态。推动总工质进、出开口系的流动功为

$$W_f = p_2 V_2 - p_1 V_1 \tag{2-5}$$

推动 1kg 工质进、出开口系的流动功为

$$w_f = p_2 v_2 - p_1 v_1 \tag{2-6}$$

（5）技术功 W_t。动能、重力位能和轴功是技术上可以利用的功，将它们合称为技术功，即

$$W_t = W_s + \frac{1}{2} m \Delta c^2 + mgh \tag{2-7}$$

1kg 工质的技术功为

$$w_t = w_s + \frac{1}{2} \Delta c^2 + gh \tag{2-8}$$

可逆过程的技术功可在 p - v 图上表示成过程曲线和纵轴所包围的面积，如图 2 - 2 所示。

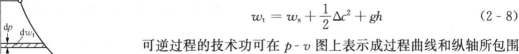

图 2 - 2

四、焓

工质在流经一个开口系统时，进入（或离开）系统的能量除工质本身具有的热力学能，还有在开口系统中工质流动而传递的推动功，把这些工质流经一个开口系统时的能量称为焓，定义式为

$$H = U + PV \tag{2-9}$$

1kg 工质的焓称为比焓，定义式为

$$h = u + pv \tag{2-10}$$

在开口系中，因为工质流动，热力学能 u 和推动功 pv 必同时出现，焓可以理解为由于工质流动而携带的，取决于热力状态参数的能量，即热力学能与推动功的之和。焓也是状态参数，具备状态参数的性质。

五、热力学第一定律的基本能量方程式

把热力学第一定律的原则应用于系统中的能量变化时，可写成如下形式：

进入系统的能量－离开系统的能量＝系统储存能量的变化

1. 闭口系能量方程

对于闭口系来说，比较常见的情况是在状态变化的过程中，系统的动能和位能的变化为零，或动能和位能的变化与过程中参与能量转换的其他各项能量相比，可以忽略不计，系统总能的变化，即为热力学能的变化。

闭口系能量方程式的一般表达式为

$$Q = \Delta U + W, \quad q = \Delta u + w \tag{2-11}$$

对于微元过程，热力学第一定律的微分形式为

$$\delta Q = dU + \delta W, \quad \delta q = du + \delta w \tag{2-12}$$

式（2-11）、式（2-12）适用于闭口系、任何工质、任何过程。

对于可逆过程，因 $\delta w = p dv$，$w = \int_1^2 p dv$，则以上各式又可表达为

$$\delta Q = dU + p dV, \quad Q = \Delta U + \int_1^2 p dV \tag{2-13}$$

$$\delta q = du + p dv, \quad q = \Delta u + \int_1^2 p dv \tag{2-14}$$

闭口系经历一个循环时，由于 $\oint du = 0$，所以系统经历循环时的能量方程为

$$\oint \delta Q = \oint \delta W \tag{2-15}$$

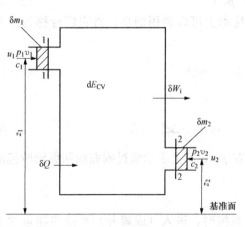

图 2-3

2. 开口系统能量方程式

（1）一般开口系能量方程。在实际设备中，开口系统是最常见的，一般开口系是指控制体积可胀缩的、空间各点参数随时间而变的非稳定流动系统，图 2-3 为一开口系统示意图。

一般开口系经过微元过程，其能量方程为

$$\delta Q = dE_{CV} + \left(h + \frac{c_2^2}{2} + gz \right)_{out} \delta m_{out}$$
$$- \left(h + \frac{c_1^2}{2} + gz \right) \delta m_{in} + \delta W_i \tag{2-16}$$

将上式两边除以 $d\tau$，得单位时间内系统能量方程，即

$$\Phi = \frac{dE_{CV}}{\delta \tau} + \left(h + \frac{c_2^2}{2} + gz \right)_{out} q_{m,out} - \left(h + \frac{c_1^2}{2} + gz \right)_{in} q_{m,in} + \delta P_i \tag{2-17}$$

若有若干股工质进出开口系统，则

$$\Phi = \frac{\mathrm{d}E_{\mathrm{CV}}}{\delta \tau} + \left(h + \frac{c_2^2}{2} + gz \right)_{\mathrm{out}} \sum q_{m,\mathrm{out}} - \left(h + \frac{c_1^2}{2} + gz \right)_{\mathrm{in}} \sum q_{m,\mathrm{in}} + \delta P_i \quad (2-18)$$

（2）稳定流动能量方程式。开口系统内部及其边界上各点工质的热力参数及运动参数都不随时间而变的流动过程称为稳定流动。实现稳定流动的条件为：①系统内部及其边界上各点参数不随时间改变；②系统进、出口处的工质质量流量相等且不随时间改变；③系统与外界所交换的功量和热量不随时间改变。

1kg 工质稳定流动能量方程式为

$$q = \Delta h + \frac{1}{2}\Delta c^2 + g\Delta z + w_i \quad (2-19)$$

m kg 工质稳定流动能量方程式为

$$Q = \Delta H + \frac{1}{2}m\Delta c^2 + mg\Delta z + W_i \quad (2-20)$$

功量和热量总结见表 2-1。

表 2-1　　　　　　　　　　**功量和热量总结**

名称	定义	物理意义	说明
体积功	热力系通过体积变化与外界交换的功	闭口系与外界交换的功	①简单可压缩系热变功的源泉。 ②若过程可逆，则 $w = \int p\mathrm{d}v$；若不可逆，则按外界得到多少功计算。 ③往往是闭口系所做的功
轴功	热力系通过轴旋转与外界交换的功	开口系与外界所交换的净功，$w_{\mathrm{net}} = w_s$	①是开口系与外界交换的功。 ②是技术功的一部分，当忽略工质进出口动能、位能差时，$w_t = w_s$
流动功	推动功之差，是系统为维持工质流动所需要的功	开口系付诸质量迁移所做的功	①流动功只取决于进出口的状态，不是过程量，即 $w_f = p_2v_2 - p_1v_1$。 ②与流动相关的量，若没有流动，则 pv 没有意义。 ③经常与热力学能合在一起，总称为焓
技术功	技术上可资利用的功	由流体的宏观动能、宏观位能和轴功组成	来源于体积功，是体积功与流动功之差： ①对于稳定流动，则有 $w_t = w_s + \frac{1}{2}\Delta c^2 + gh$。 ②对于可逆稳定流动，则有 $w_t = -\int_1^2 V\mathrm{d}p$，又称压力功
热量	热力系不做功而通过边界传递的能量	热力系和外界仅仅由于温度不同而通过边界传递的能量	①对可逆过程，$\delta q = T\mathrm{d}s$，该式反映了热量的本质。 ②对任意过程，$\delta q = c\mathrm{d}T$，其中 c 为该过程的比热容，也是过程量

六、热力学第一定律的应用

在实际应用中，对于不同的热力设备和过程，应根据具体问题对热力学第一定律作出合理的简化，得到更加简单明了的方程。多数热力设备、装置是开口的稳定流动系统，因此，稳定流动的能量方程应用得较多，下面以几种典型的热力设备为例进行分析和说明。

1. 动力机械

利用工质膨胀而获得机械功的热力设备，称为动力机械（见图 2-4）。在工质流经动力机械时，压力降低，体积膨胀，对外做功。通常进出口的动能差、位能差以及系统向外散的热量均可忽略不计，其能量方程式可简化为

$$w_i = h_1 - h_2 \tag{2-21}$$

2. 压气机

工质流经压气机（见图 2-5），压力升高，压气机对其做功 w_C，其能量方程可简化为

$$w_C = (-q) + (h_2 - h_1) = -w_s \tag{2-22}$$

当散热量可以忽略时

$$w_s = h_2 - h_1 \tag{2-23}$$

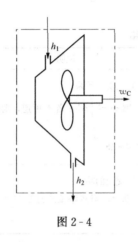

图 2-4

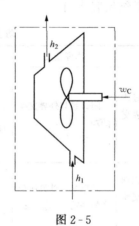

图 2-5

3. 喷管和扩压管

工质流经喷管、扩压管（见图 2-6）时，不对设备做功，位能差很小，与外界交换热量很小，可不计。工质流经喷管时焓值降低，动能增加，而扩压管则是以动能的降低使工质的焓值增加，其能量方程式可简化为

$$\frac{1}{2}(c_2^2 - c_1^2) = h_1 - h_2 \tag{2-24}$$

4. 换热器

工质流经换热设备（见图 2-7）时，与外界有热量交换而无功的交换，动能差和位能差也可忽略不计，其能量方程式可简化为

$$q = h_2 - h_1 \tag{2-25}$$

5. 绝热节流

工质流在管内流经阀门、孔板等设备（见图 2-8）时，会遇到阻力，形成旋涡，使其压力降低，这种现象称为节流。如在节流过程中流体与外界没有热量交换，称之为绝热节流，简称节流。其能量方程式可简化为

$$h_2 = h_1 \tag{2-26}$$

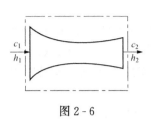

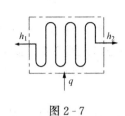

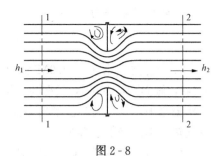

图 2-6 图 2-7 图 2-8

 思考题与习题

1. 热力学第一定律用于（ ）。

A. 开口系统、理想气体、稳定流动 B. 闭口系统、实际气体、任意流动

C. 任意系统、任意工质、任意过程 D. 任意系统、任意工质、可逆过程

答：C。热力学第一定律的实质就是能量守恒与转换定律，因此它可以不受限制地适用于任意系统、任意工质、任意过程。

2. 功不是状态参数，热力学能与推动功之和（ ）。

A. 不是状态参数 B. 不是广延量 C. 是状态参数 D. 没有意义

答：C。功和热量都不是状态参数，它们进入系统后就变成系统的能量，与它们"前身"是什么无关，所以推动功进入系统后就是系统所具有的一部分能量，它与热力学能的和被定义为"焓"，而这个量的值仅取决于状态，与如何达到这个状态的过程无关，所以焓也是状态参数。

3. 某定量气体在热力过程中，$q>0$，$\Delta u>0$，且 $q<\Delta u$，则该过程中气体（ ）。

A. 放热膨胀 B. 吸热膨胀 C. 放热压缩 D. 吸热压缩

答：D。由 $q>0$，可知气体吸热，由 $\Delta u>0$，可知气体温度上升。又 $q<\Delta u$ 可在 p-v 图或 T-s 图上表示该过程，即可知该过程中气体吸热压缩。

4. 已知进入汽轮机水蒸气的焓 $h_1=3232kJ/kg$，流速 $c_{f1}=50m/s$，流出汽轮机时蒸汽的焓 $h_2=2302kJ/kg$，流速 $c_{f2}=120m/s$，散热损失和位能差可略去不计。求 1kg 水蒸气流经汽轮机时对外界所做的功；若蒸汽流量为 10t/h，求汽轮机的功率。

解：由稳定流动能量方程式

$$q = (h_2 - h_1) + \frac{1}{2}(c_{f2}^2 - c_{f1}^2) + g(z_2 - z_1) + w_s$$

根据题意，$q=0$，$g(z_2-z_1)=0$

所以 1kg 蒸汽所做的功为

$$w_s = h_1 - h_2 - \frac{1}{2}(c_{f2}^2 - c_{f1}^2)$$

$$= (3232 - 2302) \times 1000 - \frac{1}{2 \times 1000} \times (120^2 - 50^2)$$

$$= 924(kJ/kg)$$

每小时所做的功为

$$P' = mw_s = 10\,000 \times 930 = 9.3 \times 10^6 (kJ/h)$$

汽轮机的功率为

$$P = \frac{9.3 \times 10^6}{3600} = 2583(\text{kW})$$

5. 1kg 空气由 $p_1 = 1.0\text{MPa}$，$t_1 = 500℃$ 膨胀到 $p_2 = 0.1\text{MPa}$，$t_2 = 500℃$，得到的热量 506kJ，做膨胀功 506kJ，又在同一初态及终态间作第二次膨胀仅加入热量 39.1kJ。求：（1）第一次膨胀中空气热力学能增加多少？（2）第二次膨胀中空气做了多少功？（3）第二次膨胀中空气热力学能增加了多少？

解：（1）依题意，$Q_1 = 506\text{kJ}$，$W_1 = 506\text{kJ}$，则由 $Q_1 = \Delta U + W_1$，得

$$\Delta U_1 = 0\text{kJ}$$

（2）依题意，$Q_2 = 39.1\text{kJ}$，$\Delta U_2 = \Delta U_1 = 0\text{kJ}$，则由 $Q_2 = \Delta U_2 + W_2$，得

$$W_2 = 39.1\text{kJ}$$

（3）$\Delta U_2 = 0\text{kJ}$。

6. 下列各式是否正确？各式的适用条件是什么？

$$\delta q = \mathrm{d}u + \delta w \tag{1}$$

$$\delta q = \mathrm{d}u + p\mathrm{d}v \tag{2}$$

$$\delta q = \mathrm{d}u + \mathrm{d}(pv) \tag{3}$$

答：三式都针对 1kg 工质的微元过程。式（1）是针对闭口系统的能量方程，且忽略闭口系统的位能和动能的变化，δw 为闭口系统与外界交换的净功。式（2）是针对简单可压缩系统准静态过程（或可逆过程）的能量方程，$p\mathrm{d}v$ 为系统与外界交换的容积变化功。式（3）是针对技术功为零的稳定流动能量方程，即 $\delta q = \mathrm{d}u + \mathrm{d}(pv) = \mathrm{d}h$，且 $w_t = 0$。

7. 工质膨胀时是否必须对工质加热？工质边膨胀边放热可能否？工质边被压缩边吸入热量可以否？工质吸热后热力学能一定增加吗？对工质加热，其温度反而降低，有否可能？

答：由闭口系统热力学第一定律关系式：$Q = \Delta U + W$，规定吸热 $Q > 0$，对外做功 $W > 0$。

（1）不一定。工质膨胀对外做功，即 $W > 0$，由于可以使 $\Delta u < 0$，因此可能出现 $Q < 0$，即对外放热。该过程是消耗热力学能对外做功并放热，例如汽轮机膨胀做功的同时还放热。

（2）可能。工质膨胀，即 $W > 0$，当 $\Delta u < 0$，则可能出现 $Q < 0$，即放热，如（1）。

（3）可以。工质被压缩，即 $W < 0$ 由于可以使 $\Delta u > 0$，因此可能出现 $Q > 0$，即吸入热量。

（4）不一定。工质吸热，$Q > 0$，由于可以使 $W > 0$，即工质对外做功，因此可能出现 $\Delta u < 0$，即工质热力学能减小。

（5）可能。对工质加热，$Q > 0$，由于可以使 $W > 0$，即工质对外做功，因此可能出现 $\Delta u < 0$，对于理想气体，其热力学能仅为温度的单值函数，故其温度降低。

8. 某建筑物的排气扇每秒能把 2.5kg/s 压力为 98kPa、温度为 20℃ 的空气通过直径为 0.4m 的排气孔排出，试求排气扇的排气速度和功率。

解：假设可忽略排气扇两侧的压力差和温差，则

$$q_m = \frac{pq_\mathrm{V}}{R_\mathrm{g}T} = \frac{p\dfrac{\pi D^2 c_\mathrm{f}^2}{4}}{R_\mathrm{g}T}$$

所以排气速度为

$$c_f = \frac{4q_m R_g T}{\pi p D^2} = \frac{4 \times 2.5 \times 287 \times 293.15}{\pi \times 98\,000 \times 0.4^2} = 17.1(\text{m/s})$$

能量方程

$$q_Q + q_m \left(h_1 + \frac{c_{f1}^2}{2} + g z_1 \right) - q_m \left(h_2 + \frac{c_{f2}^2}{2} + g z_2 \right) - P = 0$$

简化后代数据得

$$P = q_m \frac{c_{f2}^2}{2} = 2.5 \times \frac{17.1^2}{2 \times 1000} = 0.366(\text{kW})$$

9. 一绝热刚体容器，用隔板分成两部分，左边储有高压理想气体（热力学能是温度的单值函数），右边为真空。抽去隔板时，气体立即充满整个容器。问工质热力学能、温度将如何变化？如该刚体容器为绝对导热的，则工质热力学能、温度如何变化？

答：取气体为对象，由闭口系统热力学第一定律：$Q = \Delta U + W$，由于容器绝热，则 $Q = 0$；右边为真空，气体没有对外做功对象，即自由膨胀，有 $W = 0$。所以 $\Delta U = 0$，即工质的热力学能不发生变化。如果工质为理想气体，因为理想气体的热力学能只是温度的单值函数，所以其温度也不变；如果工质为实际气体，则温度未必不变。

绝对导热刚性容器内气体，自由膨胀 $W = 0$，绝对导热，则工质温度始终与外界相等，此过程环境不变，则工质温度不变，所以 $Q = \Delta U$。如果工质为理想气体，其温度不变，则热力学能也不变，$\Delta U = 0$，所以 $Q = 0$；如果工质为实际气体，则 $Q = \Delta U$，无法再进一步推测。

10. 气缸-活塞系统内有 2kg 压力为 500kPa、温度为 400℃ 的 CO_2。缸内气体被冷却到 40℃，由于活塞外弹簧的作用，缸内压力与体积变化呈线性关系：$p = kv$，若终态时压力为 300kPa，求过程中的换热量。[已知 CO_2 的热力学能仅是温度的函数，$U = c_V T$，且 CO_2 的比热容取定值，$R_g = 0.189\text{kJ/(kg·K)}$，$c_V = 0.866\text{kJ/(kg·K)}$]。

解：$V_1 = \dfrac{m R_g T_1}{P_1} = \dfrac{2 \times 0.189 \times (400 + 273.15)}{500} = 0.509(\text{m}^3)$

$V_2 = \dfrac{m R_g T_0}{P_2} = \dfrac{2 \times 0.189 \times (40 + 273.15)}{300} = 0.395(\text{m}^3)$

$W = \displaystyle\int_1^2 p\,dV = \int_1^2 kV\,dV = \frac{k(V_2 + V)}{2}(V_2 - V_1) = \frac{p_2 + p_1}{2}(V_2 - V_1)$

$\quad = \dfrac{500 + 300}{2} \times (0.395 - 0.509) = -45.6(\text{kJ})$

$Q = \Delta U + W = m c_V (T_2 - T_1) + W$

$\quad = 2 \times 0.866 \times (313.15 - 673.15) - 45.6 = -666.91(\text{kJ})$

11. 进入汽轮机新蒸汽的参数为：$p_1 = 9.0\text{MPa}$，$t_1 = 500℃$，$h_1 = 3385.0\text{kJ/kg}$，$c_1 = 50\text{m/s}$，出口参数为：$p_2 = 0.004\text{MPa}$，$h_2 = 2320.0\text{kJ/kg}$，$c_2 = 120\text{m/s}$，蒸汽的质量流量 $q_m = 220\text{t/h}$，试求：（1）汽轮机效率；（2）忽略蒸汽进出口动能变化引起的计算误差；（3）若蒸汽进出口高度差为 12m，求忽略蒸汽进出口势能变化引起的计算误差。

解：（1）取汽轮机进出口所包围的空间为控制容积，则系统为稳定流动系统，从而有

$$q = \Delta h + \frac{1}{2}\Delta c^2 + g\Delta z + w_i$$

依题意：$q=0$，$\Delta z=0$，故有

$$w_i = -\Delta h - \frac{1}{2}\Delta c_f^2 = (h_1 - h_2) - \frac{1}{2}(c_2^2 - c_1^2)$$

$$= (3385.0 - 2320.0) \times 1000 - 1/2 \times (120^2 - 50^2) \times 10^3 = 1.059 \times 10^3 (\text{kJ/kg})$$

功率

$$P_i = q_i w_i = 220 \times 10^3 \times 1.059 \times 10^3$$

$$= 2.330 \times 10^8 (\text{kJ/h}) = 6.472 \times 10^4 (\text{kW})$$

（2）忽略进出口动能差，单位质量工质对外输出功的增加量（或减少量）为

$$\Delta w_i = \frac{1}{2}\Delta c_f^2 = \frac{1}{2} \times (120^2 - 50^2) \times 10^{-3} = 5.95 (\text{kJ/kg})$$

忽略工质进出口动能差引起的相对误差为

$$\varepsilon_k = \frac{|\Delta w_i|}{|w_i|} = \frac{5.95}{1.059 \times 10^3} = 0.56\%$$

（3）忽略工质进出口势能变化引起的相对误差为

$$\varepsilon_p = \frac{|\Delta w_i|}{|w_i|} = \frac{|g\Delta z|}{|w_i|} = \frac{9.81 \times 12 \times 10^{-3}}{1.059 \times 10^3} = 0.011\%$$

12. 水泵将 50L/s 的水从湖面（$p_1 = 1.01 \times 10^5 \text{Pa}$，$t_1 = 20℃$）打到 100m 高处，出口处的 $p_2 = 1.01 \times 10^5 \text{Pa}$，水泵进水管径为 15cm，出水管径为 18cm，水泵功率为 60kW。设水泵与管路是绝热的，且可忽略摩擦阻力，求出口处水温。已知水的比热容为 4.19kJ/(kg·K)。

解：根据稳定流动时的质量守恒关系

$$c_1 \cdot A_1 = c_2 \cdot A_2 = 50 (\text{L/s})$$

进口流速为

$$c_1 = \frac{c_2 \cdot A_2}{A_1} = \frac{50 \times 10^{-3}}{\pi \times \dfrac{0.15^2}{4}} = 2.83 (\text{m/s})$$

出口流速为

$$c_2 = \frac{c_1 \cdot A_1}{A_2} = \frac{50 \times 10^{-3}}{\pi \times \dfrac{0.18^2}{4}} = 1.97 (\text{m/s})$$

质量流率

$$m = p_1 (c_1 \cdot A_1) = 10^3 \times 50 \times 10^{-3} = 50 (\text{kg/s})$$

由于 $Q=0$，故稳定流动能量方程为

$$W + m\left[\left(h + \frac{1}{2}c^2 + gz\right)_2 - \left(h + \frac{1}{2}c^2 + gz\right)_1\right] = 0$$

水的焓变 $\Delta h = c \cdot \Delta T$，$c$ 为比热容代入上式得

$$60 = 50 \times \left[4.19 \times (T_2 - 293) + \frac{1.96^2 - 2.83^2}{2 \times 10^3} + \frac{9.81 \times 100}{10^3}\right]$$

或

$$T_2 = 293 + \frac{60 + 0.104 - 49.1}{209.5} = 293.05 (\text{K}) = 20.05 (℃)$$

此题中动能变化比位能变化小得多，完全可忽略不计，而且水温升高仅 0.05℃，水泵

功率中仅 18%用于提高水的焓值，其余 82%用于位能变化。

13. 有一个橡皮气球，当它内部气体的压力和大气压力相同（为 0.1MPa）时，气球处于自由状态，其体积为 0.3m³；当气球受太阳照射而使气体受热时，其体积膨胀 1 倍而压力上升为 0.15MPa，设气球压力的增加和体积增加成正比。试求：（1）该过程气体做的功；（2）用于克服橡皮球弹力所做的功。

解：（1）解法一：取气球内气体为系统，按题意，系统中 p 和 v 的函数关系为

$$p = p_1 + \frac{p_2 - p_1}{V_2 - V_1}(V - V_1)$$
$$= 0.1 \times 10^6 + \frac{10^6(0.15 - 0.1)}{2 \times 0.3 - 0.3}(V - 0.3)$$
$$= 5 \times 10^4 + \frac{5}{3} \times 10^5 V$$

气体做的功

$$W = \int_1^2 p \mathrm{d}V = \int_1^2 (5 \times 10^4 + \frac{5}{3} \times 10^5 V) \mathrm{d}V$$
$$= 5 \times 10^4 \times 0.3 + \frac{5}{3} \times 10^5 \times \frac{1}{2}(0.6^2 - 0.3^2)$$
$$= 3.75 \times 10^4 (\mathrm{J})$$

解法二：根据题意 $\mathrm{d}p = c\mathrm{d}V$，所以

$$c = \frac{\mathrm{d}p}{\mathrm{d}V} = \frac{10^6 \times (0.15 - 0.1)}{2 \times 0.3 - 0.3} = \frac{5}{3} \times 10^{-5}$$

或

$$\mathrm{d}V = \frac{\mathrm{d}p}{c} = \frac{3}{5} \times 10^{-5} \mathrm{d}p$$

气体做的功

$$W = \int_1^2 p \mathrm{d}V = \int_1^2 p \left(\frac{3}{5} \times 10^{-5}\right) \mathrm{d}p$$
$$= \frac{3}{5} \times 10^{-5} \times \frac{1}{2}\left[(0.15 \times 10^6)^2 - (0.1 \times 10^6)^2\right]$$
$$= 3.75 \times 10^4 (\mathrm{J})$$

（2）因为气体所做的功 W＝气体克服大气阻力做功 W_1＋气体克服气球弹力做的功 W_2，所以气体克服橡皮弹力所做的功为

$$W_2 = W - W_1 = W - p_0 \Delta V = 3.75 \times 10^4 - 0.1 \times 10^6 \times (2 \times 0.3 - 0.3) = 7.5 \times 10^3 (\mathrm{J})$$

14. 利用储气罐（体积为 2m³）中的压缩空气，在温度不变的情况下，给气球充气，开始时气球内完全没有气体，呈扁平状态，可忽略它内部气体的体积，设气球弹力也可忽略不计。若大气压力为 $0.9 \times 10^5 \mathrm{Pa}$，求气球充到 2m³ 时气体所做的功。假设充气前储气罐内气体压力：（1）为 $3 \times 10^5 \mathrm{Pa}$；（2）为 $1.82 \times 10^5 \mathrm{Pa}$；（3）为 $1.5 \times 10^5 \mathrm{Pa}$。

解：分析：在充气过程中，气球中气体 p 和 v 关系不好确定，一般从外部效果计算功。忽略气球弹力，气球所做的功 $W = p_0 \Delta V$，关键要判断在储气罐的上述三种压力情况下，气球是否都能充到 2m³ 的体积。

取储气罐内原有气体为系统。充气完毕，系统终态压力为 p_2 应大于或等于大气压力 p_0。

极限情况下两者应该相等。由此可以确定，为了将气球充到 $2m^3$ 的体积，储气罐内原有的压力至少应为

$$p_1 = \frac{p_2(V_1+2)}{V_1} = \frac{0.9 \times 10^5 \times (2+2)}{2} = 1.8 \times 10^5 (\text{Pa})$$

按题设条件，在第（1）、（2）种情况下，储气罐原有压力 $p_1 > 1.8 \times 10^5 \text{Pa}$，气球最后能充到 $2m^3$。但第（3）种情况下不行，这种情况下气球所能达到的最大体积为

$$V = V_2 - 2 = \frac{p_1 V_1}{p_0} - 2 = \frac{1.5 \times 10^5 \times 2}{0.9 \times 10^5} - 2 = 1.33(\text{m}^3)$$

这三种情况下气体所做的功请读者自行求解。

15. 一小瓶温度为 T_A 的氦气，放置在一个封闭的保温箱内，小瓶由绝热材料制成，设箱内原为真空，由于小瓶漏气，瓶内氦气温度变成 T'_A，箱内氦气温度 T_B。试分析 T_A，T'_A，T_B 哪一个最大？哪一个最小？

解：取保温箱作为闭口系统。按题意，$Q=0$，$W=0$，故 $\Delta U=0$。

氦气可以按照理想气体处理，于是

$$m'_A(T'_A - T_A)c_V + m_B(T_B - T_A)c_V = 0$$

或

$$T_A - T_B = \frac{m'_A}{m_B}(T'_A - T_A)$$

式中：m_B 为终态时箱内氦气的质量；m'_A 为终态时留在小瓶内氦气的质量。

可以证明，留在小瓶内的氦气经历了可逆绝热过程，因此

$$\frac{T'_A}{T_A} = \left(\frac{P'_A}{P_A}\right)^{\frac{\gamma-1}{\gamma}}$$

漏气后压力下降，即 $P'_A < P_A$，因此 $T'_A < T_A$。

又因 m'_A 同 m_B 为正数，所以由式可得出 $T_B > T_A$ 的结论。

综上所述，可见漏气后箱内氦气温度 T_B 最高，小瓶内的氦气温度 T'_A 最低。

16. 空气在绝热的等截面管道中流经一节流装置，节流前 $T_1 = 300\text{K}$，$p_1 = 1013.25\text{kPa}$，节流后 $p_2 = 709.275\text{kPa}$，试分别计算出下列三种情况下节流后空气的温度 T_2。（1）忽略动、位能的变化，视空气为理想气体；（2）忽略动、位能的变化，视空气为实际气体；（3）忽略位能的变化，设节流前空气流速 $c_1 = 20\text{m/s}$，视空气为理想气体，$c_p = 1.004\text{kJ/(kg·K)}$。

已知空气的焓值见表 2-2。

表 2-2	空 气 的 焓	kJ/kg
T (K)	701.275kPa	1013.25kPa
290	288.91	288.2
300	299.08	298.42
310	309.24	308.63

解：（1）对于忽略动、位能变化的绝热节流过程，节流前后的焓相等，即 $h_1 = h_2$。对于理想气体，焓是温度的单值函数，因此 $T_2 = T_1 = 300\text{K}$。

（2）将空气作为实际气体处理时从表 2-1 中可看到。此时空气的焓值与温度、压力有关，从表中查出 $T_1=300K$，$p_1=1013.25kPa$ 时，空气的 $h_1=298.42kJ/kg$，故 $h_1=h_2=298.42kJ/kg$，由空气的焓值表，经线性内插：

$$\frac{299.08-288.91}{299.08-298.42}=\frac{300-290}{300-T_2}$$

解得 $T_2=299.35K$。

（3）依题意，这时稳定能量方程为

$$\frac{c_1^2}{2}+h_1=\frac{c_2^2}{2}+h_2 \tag{1}$$

由于理想气体 $h_1-h_2=c_p(T_1-T_2)$，故上式可写成

$$c_p(T_1-T_2)=\frac{1}{2}(c_2^2-c_1^2) \tag{2}$$

根据质量守恒

$$\frac{Ac_1}{v_1}=\frac{Ac_2}{v_2}$$

所以

$$c_2=c_1\frac{v_2}{v_1}=\frac{p_1T_2}{p_2T_1}c_1=\frac{10\times20}{7\times300}T_2=\frac{2}{21}T_2 \tag{3}$$

将式（3）代入式（2）得

$$1004\times(300-T_2)=\frac{1}{2}\times\left[\left(\frac{2}{21}T_2\right)^2-20^2\right]$$

因而 $T_2=299.79K$。

说明：由此例可看出，这三种情况下求出的温度相差很少，所以在压力不太高、温度不太低时，空气可作为理想气体处理，而且对绝热节流过程，动能的变化可忽略不计。

17. 两股压力都为 0.8MPa 的蒸汽流，一股质量流量 $q_{m1}=4kg/s$，$h_1=2952kJ/kg$，另一股 $q_{m1}=6.5kg/s$，干度 $x_2=0.9$，混合成 0.8MPa 的湿蒸汽，混合过程是绝热的。已知 0.8MPa 时，$h'=721kJ/kg$，汽化潜热 $\gamma=2048kJ/kg$，求混合过程中湿蒸汽的干度。

解：（1）根据质量守恒定律

$$q_{m3}=q_{m1}+q_{m2}=4+6.5=10.5 \text{（kg/s）}$$

（2）根据能量方程

$$h_3=\frac{q_{m1}h_1+q_{m2}h_2}{q_{m3}}$$

式中

$$h_2=(1-x_2)h'+x_2h''=h'+x_2(h''-h')=h'+h_2\gamma$$

$$h_3=\frac{4\times2951+6.5\times(721+0.9\times2048)}{10.5}=2711.6 \text{（kJ/kg）}$$

18. 一刚性绝热容器，容积为 $V=0.028m^3$，原先装有压力为 0.1MPa、温度为 21℃ 的空气。现将与此容器连接的输气管道阀门打开，向容器充气，设输入管道内气体的状态参数 $p=0.7MPa$，$t=21℃$ 保持不变。当容器中压力达到 0.2MPa 时，阀门关闭。求容器内气体到平衡时的温度。设空气可视为理想气体，其热力学能与温度的关系为 $\{u\}_{kJ/kg}=0.72\{T\}_K$，焓与温度的关系为 $\{h\}_{kJ/kg}=1.005\{T\}_K$。

解：取刚性容器为控制体，该系统为开口系，则有

$$\delta Q = \mathrm{d}E_{CV} + \left(h_2 + \frac{1}{2}\Delta c_{f2}^2 + gz_2\right)\delta m_2 - \left(h_1 + \frac{1}{2}\Delta c_{f1}^2 + gz_1\right)\delta m_1 + \delta W_i$$

根据题意，$\delta Q=0$，$\delta W_i=0$，$\delta m_2=0$，$\dfrac{c_{f1}^2}{2}$ 和 $g(z_2-z_1)$ 可忽略不计，所以有

$$\mathrm{d}E_{CV} = h_1\delta m_1 = h_{in}\delta m_{in}$$

将上式积分，可得

$$\Delta E_{CV} = h_{in}\Delta m_{in}$$

因为 $\Delta E_{CV}=\Delta U$，$m_{in}=m_2-m_1$，所以

$$m_2 u_2 - m_1 u_1 = (m_2 - m_1)h_{in}$$

$$T_2 = \frac{h_{in}(m_2 - m_1) + m_1 u_1}{m_2 G_V} = \frac{c_p T_{in}(m_2 - m_1) + m_1 c_V T_1}{m_2 G_V}$$

$$\begin{cases} m_1 = \dfrac{p_1 V_1}{R_g T_1} = \dfrac{0.1\times10^6\times0.028}{287\times294.15} = 0.0332\text{(kg)} \\[3mm] m_2 = \dfrac{p_2 V_2}{R_g T_2} = \dfrac{0.2\times10^6\times0.028}{287\times T_2} = \dfrac{19.5}{T_2} \end{cases}$$

联立求解可得

$$m_2 = 0.0571\text{kg}, \ T_2 = 342.69\text{K}$$

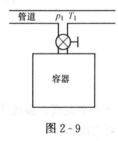

图 2-9

19. （北京航空航天大学 2005 年考研试题）为测定某气体的比定压热容 c_p 和比定容热容 c_V，有人提出下面的试验方案，如图 2-9 所示。容器初始状态为真空，管道的压力、温度为 p_1、T_1。试验时，打开阀门向容器内充气，并测定充气过程容器的温度 T，即可确定 c_V 和 c_p 值。试研究上述方法理论上的正确与否？若容器的初始状态不是真空，试验又该如何进行？该气体的比热力学能和比焓只是温度的函数且满足 $\mathrm{d}u=c_V\mathrm{d}T$，$\mathrm{d}h=c_p\mathrm{d}T$。$c_V$ 和 c_p 之间又满足迈耶公式 $c_p-c_V=R$，可认为 c_p、c_V 为常数，气体的状态方程为 $pv=RT$。

解：取容器为控制体，该系统为开口系，则有

$$\delta Q = \mathrm{d}E_{CV} + \left(h_2 + \frac{1}{2}\Delta c_{f2}^2 + gz_2\right)\delta m_2 - \left(h_1 + \frac{1}{2}\Delta c_{f1}^2 + gz_1\right)\delta m_1 + \delta W_i$$

根据题意，$\delta Q=0$，$\delta W_i=0$，$\delta m_2=0$，$\dfrac{c_{f1}^2}{2}$ 和 $g(z_2-z_1)$ 可忽略不计，所以有

$$\mathrm{d}E_{CV} = h_{in}\delta m_{in} = \mathrm{d}U$$

将上式积分，可得

$$\Delta U = \Delta E_{CV} = \Delta H_{in}$$

$$m_{in}c_V T = m_{in}c_p T_1$$

又由 $c_p-c_V=R$ 可得

$$c_p = \frac{RT}{T-T_1}, \ c_V = \frac{RT_1}{T-T_1}$$

所以上述方法理论上是正确的。若容器的初始状态不是真空，取容器为控制体，该系统为开口系，初始容器内气体质量为 m_0，则有

$$\delta Q = \mathrm{d}E_{CV} + \left(h_2 + \frac{1}{2}\Delta c_{f2}^2 + gz_2\right)\delta m_2 - \left(h_1 + \frac{1}{2}\Delta c_{f1}^2 + gz_1\right)\delta m_1 + \delta W_i$$

根据题意，$\delta Q=0$，$\delta W_i=0$，$\delta m_2=0$，$\dfrac{c_n^2}{2}$ 和 $g(z_2-z_1)$ 可忽略不计，所以有

$$dE_{CV}=h_{in}\delta m_{in}=dU$$

将上式积分，可得

$$\Delta U=\Delta E_{CV}=\Delta H_{in}$$
$$m_{in}c_V T+m_0 c_V(T-T_0)=m_{in}c_p T_1$$

又由 $c_p-c_V=R$ 可得

$$c_V=\frac{mRT_1}{m(T-T_1)+m_0(T-T_0)}$$
$$c_p=\frac{mRT_1}{m(T-T_1)+m_0(T-T_0)}+R$$

20. （北京航空航天大学 2006 年考研试题）理想气体在一容器内作绝热自由膨胀，该气体做功为（　　），其温度将（　　）。

答：0，不变。绝热过程 $Q=0$，气体自由膨胀时无做功对象，故 $W=0$，由热力学第一定律 $Q=\Delta U+W$，则 $\Delta U=0$，理想气体的热力学能是温度的单值函数，所以温度不变。

21. （北京航空航天大学 2002 年考研试题）某定量气体在热力过程中，$q>0$，$\Delta u>0$，且 $q<\Delta u$，则该过程中气体（　　）。

A. 放热膨胀　　　B. 吸热膨胀　　　C. 放热压缩　　　D. 吸热压缩

答：D。$q>0$，气体吸热，$\Delta u>0$，气体温度上升，$q<\Delta u$ 可知 $q-\Delta u=w<0$，该过程气体被压缩。

22. （北京航空航天大学 2005、2006 年考研试题）完全气体在一容器内作绝热自由膨胀，该气体做功为____，其温度将____。

答：0，不变。由热力学第一定律可得。

23. （北京航空航天大学 2006 年考研试题）不同种气体，其千摩尔容积相同的条件是____和____。

答：同温，同压。

24. （北京航空航天大学 2006 年考研试题）$\delta q=c_V dT+pdv$ 适用于____介质的____过程。

答：理想气体，可逆。

25. （北京航空航天大学 2005、2006 年考研试题）机械能形式的热力学第一定律为（　　）。

A. $\delta q=du+\delta w$　　　B. $\delta q=dh+\delta w_t$　　　C. $\delta q=d(pv)+\delta w_t$

答：C。

26. （华中科技大学 2003 年考研试题）如图 2-10（a）所示，试在所给的 T-s 图上用面积定性地表示出理想气体可逆过程 1—2 的热力学能变化（说明作图方法）。

解：如图 2-10（b）所示，为 1—2 过程的热力学能变化曲线。先过 1 点做定容线，再过 2 点做定温线，与定容线交点为 $2'$，过程热力学能的变化曲线为 $1-2'-b-a-1$ 所包围的面积。

27. （华中科技大学 2004 年考研试题）透平（涡轮）机以空气为介质。进口处空气的温

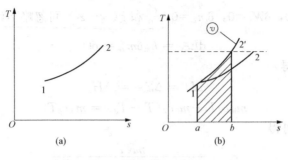

图 2 - 10

度 $t_1 = 277℃$，空气的质量流率为 $q_m = 50$kg/min，透平机稳定地发出的功量 $P = 160$kW，散热率 $\Phi = 480$kJ/min。已知空气的比定压热容 $c_p = 1.004$kJ/(kg·K)，气体常数 $R_g = 0.287$kJ/(kg·K)，若空气的流动动能和重力位能可以忽略不计，求透平出口处的空气温度。

解：透平为稳定流动装置，空气为理想气体，应用热力学第一定律，并简化得

$$\Phi = q_m(h_2 - h_1) + P = q_m c_p(T_2 - T_1) + P$$

$$T_2 = T_1 + \frac{\Phi - P}{q_m c_p} = 368.33\text{(K)}$$

28. （华中科技大学 2004 年考研试题）如图 2 - 11 所示，容器 A 中装有一氧化碳 0.2kg，压力为 0.07MPa，温度为 77℃；容器 B 中装有一氧化碳 8kg，压力为 0.12MPa，温度为 27℃。A 和 B 之间用管道和阀门相连。现打开阀门，CO 气体由 B 流向 A。若要求压力

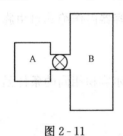

图 2 - 11

平衡时气体的温度同为 $t_2 = 42℃$，试求：（1）平衡时的终压力 p_2；（2）过程的吸热量 Q。

CO 为理想气体，气体常数为 $R_{g,CO} = 297$J/(kg·K)，比定容热容 $c_V = 0.745$kJ/(kg·K)。

解：容器 A 的容积为

$$V_A = \frac{m_A R_g T_A}{p_A} = \frac{0.2 \times 297 \times 350}{0.07 \times 10^6} = 0.30\text{(m}^3)$$

容器 B 的容积为

$$V_B = \frac{m_B R_g T_B}{p_B} = \frac{8 \times 297 \times 300}{0.12 \times 10^6} = 5.94\text{(m}^3)$$

阀门打开后两部分气体融为一体，则总质量和总容积为

$$m = m_A + m_B = 0.2 + 8 = 8.2\text{(kg)}$$

$$V = V_A + V_B = 0.30 + 5.94 = 6.24\text{(m}^3)$$

$$p_2 = \frac{m R_g T_2}{V} = \frac{8.2 \times 297 \times 315}{6.24} = 0.123\text{(MPa)}$$

系统不对外做功，由热力学第一定律

$$Q = \Delta U = m c_V T_2 - c_V(m_A T_A + m_B T_B)$$

$$= 8.2 \times 0.745 \times 315 - 0.745 \times (0.2 \times 350 + 8 \times 300)$$

$$= 84.19\text{(kJ)}$$

29. （西北工业大学 2002 年考研试题）一蒸汽轮机，进口蒸汽参数为：$p_1 = 9.0$MPa，

$t_1=500℃$，$h_1=3386.8kJ/kg$，$c_1=50m/s$；出口蒸汽参数为：$p_2=4.0kPa$，$h_2=2226.9kJ/kg$，$c_2=140m/s$，进出口高度差12m，1kg 蒸汽经汽轮机散热损失为15kJ。试求：（1）单位质量蒸汽流经汽轮机时对外输出的功；（2）因不计进出口动能的变化而对输出功的影响；（3）因不计进出口重力位能差而对输出功的影响；（4）因不计散热损失而对输出功的影响；（5）若蒸汽流量为220t/h，汽轮机功率有多大？

解：（1）工质在汽轮机中为稳定流动，不忽略其重力位能、动能变化及散热量时

$$q=\Delta h+\frac{1}{2}\Delta c_i^2+g\Delta z+w_i$$

可得单位蒸汽流经汽轮机时对外输出的功为

$$w_i=q-\Delta h-\frac{1}{2}\Delta c_i^2-g\Delta z$$

$$=-15\times10^3+\left(3386.8\times10^3+\frac{50^2}{2}+9.8\times12\right)-\left(2226.9\times10^3+\frac{140^2}{2}+0\right)$$

$$=1.1365\times10^6(J/kg)$$

（2）不计进出口动能的变化而对输出功的影响为

$$\delta E_k=\frac{\left|\dfrac{\Delta c^2}{2}\right|}{w_i}=\frac{(140^2-50^2)/2}{1.1365\times10^6}=0.75\%$$

（3）因不计进出口重力位能的变化而对输出功的影响为

$$\delta E_p=\frac{\lfloor g\Delta z\rfloor}{w_i}=\frac{9.8\times12}{1.1365\times10^6}=0.01\%$$

（4）因不计散热损失而对输出功的影响为

$$\delta q=\frac{|q|}{w_i}=\frac{15\times10^3}{1.1365\times10^6}=1.32\%$$

（5）当蒸汽流量为220t/h时，汽轮机的功率为

$$P=q_m w_i=220\times1000/3600\times1.136\times10^6=6.945\times10^4(kW)$$

30.（南京理工大学 2002 年考研试题）一个刚性容器，初始时含有 0.5kg、800kPa、280℃，比体积为 0.311 7m³/kg、热力学能为 2764.54kJ/kg 的水蒸气，并与一输气总管用阀门连接。总管内蒸汽的参数恒定，压力为 1MPa，温度为 280℃，焓为 2995.1kJ/kg。阀门打开，蒸汽缓慢地向容器内充气。终了时容器内压力为 1.2MPa，温度为 280℃，比体积为 0.205 2m³/kg，热力学能为 2755.2kJ/kg。求：（1）终了时容器内蒸汽的质量；（2）在充气过程中容器与外界交换的热量。

解：（1）刚性容器的总体积为

$$V=m_1 v_1=0.5\times0.311\ 7=0.155\ 85\ (m^3)$$

根据充气后的比体积，可得充气后的水蒸气质量为

$$m_2=\frac{V}{v_2}=\frac{0.155\ 85}{0.205\ 2}=0.76\ (kg)$$

则可以得到充入的水蒸气的质量为

$$\Delta m=0.76-0.5=0.26\ (kg)$$

（2）根据热力学第一定律可知：进入系统的能量-离开系统的能量=系统的存储能增加量

$$H_2 - H_1 = \Delta H + Q$$

$$(m_1 + \Delta m)(u_2 + p_2 v_2) - m_1(u_1 + p_1 v_1) = \Delta m h + Q$$

将已知数据带入后，可得

$$Q = -4.59\text{kJ}$$

31. （北京理工大学 2007 年考研试题）冷热不同的空气分别经两个管道进入一绝热混合器中混合，若冷热空气的温度分别为 t_1 和 t_2，质量流量分别为 q_{m1} 和 q_{m2}，问混合后空气温度如何计算？

解：根据能量守恒有

$$h(q_{m1} + q_{m2}) = h_1 q_{m1} + h_2 q_{m2}$$

$$c_p t_1 (q_{m1} + q_{m2}) = c_p t_1 q_{m1} + c_p t_2 q_{m2}$$

可得混合后的温度为

$$t = \frac{q_{m1} t_1 + q_{m2} t_2}{q_{m1} + q_{m2}}$$

32. （北京理工大学 2006 年考研试题）容积为 1m^3 的刚性绝热容器，被隔板分为容积相等的两部分，其中一部分内有高压空气，压力为 0.2MPa，温度为 300K；另一部分内为真空，若将隔板抽去，使空气在容器内达到平衡。问容器内的空气压力变化、温度变化、热力学能变化各为多少？

解：由理想气体状态方程，容器内的气体质量为

$$m = \frac{p_1 V_1}{R_g T_1} = \frac{0.2 \times 10^6 \times 0.5}{278 \times 300} = 1.199(\text{kg})$$

容器为刚性绝热，则该过程为绝热过程，且对外没有功量交换，由热力学第一定律

$$Q = \Delta U + W = \Delta U = 0$$

可得热力学能没有变化，温度也没有变化

$$T_1 = T_2$$

过程终了的压强为

$$p_2 = \frac{m R_g T_2}{V_2} = \frac{1.199 \times 287 \times 300}{1} = 0.1 \ (\text{MPa})$$

故压力降为原来的一半。

33. （北京理工大学 2005 年考研试题）容积为 0.2m^3 的容器内有空气，压力和温度分别为 0.4MPa 和 25℃，现对该容器加热，在加热过程中同时放气使容器内压力维持 0.4MPa 不变直至内部空气温度达到 250℃。试计算此过程中容器放出空气的质量，并分析容器内空气的热力学能变化规律怎样？加热量又为多少？

解：由理想气体状态方程，原来容器内的空气质量为

$$m_1 = \frac{p_1 V_1}{R_g T_1} = \frac{0.4 \times 10^6 \times 0.2}{287 \times (273 + 25)} = 0.93(\text{kg})$$

加热后的空气质量为

$$m_2 = \frac{p_2 V_2}{R_g T_2} = \frac{0.4 \times 10^6 \times 0.2}{287 \times (273 + 250)} = 0.53(\text{kg})$$

容器放出的空气质量为

$$\Delta m = m_1 - m_2 = 0.93 - 0.53 = 0.40 \ (\text{kg})$$

热力学能的变化为

$$\Delta U = U_1 - U_2 = m_2 c_V T_2 - m_1 c_V T_1$$
$$= \frac{p_2 V_2}{R_g} c_V - \frac{p_1 V_1}{R_g} c_V = 0$$

故该过程的热力学能不变。

根据能量守恒

$$\delta Q = h \mathrm{d}m_{out} = -c_p T \mathrm{d}m_{out} = c_p \frac{pV}{R_g T} \mathrm{d}T$$

34. （北京理工大学 2005 年考研试题）对一刚性绝热容器充入状态为 p_L、T_L 的理想气体时，若进入容器的气体质量为 δmkg，比焓为 h_L，则进入容器的能量为____。

答：$h_L \delta m$。根据能量守恒，忽略动能和位能。

35. （北京理工大学 2005 年考研试题）气缸内进行的某热力过程中，气体吸收热量为 15kJ，对外做功 5kJ，则气体的热力学能变化为____kJ，气体的温度将____（答升高或降低）。

答：10，升高。

36. （国防科技大学 2003 年考研试题）现有两股温度不同的空气，稳定地流过如图 2-12 所示的设备进行绝热混合，以形成第三股所需温度的空气流。各股空气的已知参数如图中所示。设空气可按理想气体计算，其焓仅是温度的函数，按 $\{h\}_{kJ/kg} = 1.004\{T\}$ 计算，空气的状态方程为 $pv = R_g T$，$R_g = 287 \mathrm{J/(kg \cdot K)}$。

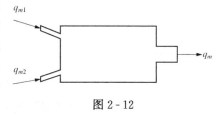

图 2-12

假设在能量方程中不计动能和重力势能的影响，试求出口截面的空气温度和空气流速。

解：该系统为稳定流动开口系统，忽略动能和重力势能的影响，则开口系统能量方程可简化为

$$q_{m1} h_1 + q_{m2} h_2 - q_{m3} h_3 = 0$$

两股空气的质量流量分别为

$$q_{m1} = \frac{A_1 c_1}{v_1} = \frac{A_1 c_1 p_1}{R_g T_1} = \frac{0.1 \times 10 \times 10^5}{287 \times (273 + 5)} = 1.25 (\mathrm{kg/s})$$

$$q_{m2} = \frac{A_1 c_2}{v_2} = \frac{A_2 c_2 p_2}{R_g T_2} = \frac{0.15 \times 15 \times 10^5}{287 \times (273 + 37)} = 2.53 (\mathrm{kg/s})$$

由质量守恒得混合以后的质量为

$$q_m = q_{m1} + q_{m2} = 1.25 + 2.53 = 3.78 \ (\mathrm{kg/s})$$

将 q_m、q_{m1}、q_{m2} 带入能量方程中

$$3.78 \times 1.004 \times T_3 = 1.25 \times 1.004 \times 278 + 2.53 \times 1.004 \times 310$$

解得

$$T_3 = 299.4 \mathrm{K}$$

出口截面流速为

$$c_3 = \frac{R_g T_3 q_{m3}}{A_3 p_3} = \frac{287 \times 299.4 \times 3.78}{0.3 \times 10^5} = 10.8 (\mathrm{m/s})$$

37. （上海交通大学 2004 年考研试题）容积为 V 的真空罐出现微小漏气，设漏气前罐内压力 p 为零，而漏入空气的流率 $\delta m / \mathrm{d}t$ 与 $(p_0 - p)$ 成正比（p_0 为大气压力），比例常数

为 α，由于漏气进程十分缓慢，可以认为罐内、外温度始终维持 T_0 不变。试推导罐内压力的表达式。

解：取罐子为系统，设漏入罐子的空气量为 δm 等于罐子内空气质量的增加量 $\mathrm{d}m$，由能量守恒定律可得

$$\frac{\delta m}{\mathrm{d}t} = \frac{\mathrm{d}m}{\mathrm{d}t} = \alpha(p_0 - p)$$

在漏气过程中温度不变，容积保持不变，对理想气体状态方程 $pV = mR_\mathrm{g}T$ 取微分可得

$$\frac{\mathrm{d}p}{p} = \frac{\mathrm{d}m}{m}$$

对能量守恒方程进行变形

$$\alpha(p_0 - p) = \frac{\mathrm{d}m}{m} \cdot \frac{m}{\mathrm{d}t} = \frac{\mathrm{d}p}{p} \cdot \frac{m}{\mathrm{d}t}$$

$$\frac{\mathrm{d}p}{p_0 - p} = \frac{\alpha R_\mathrm{g}T_0}{V}\mathrm{d}t$$

对上式进行积分，可得

$$\ln\frac{p_0 - p}{p_0} = -\frac{t\alpha R_\mathrm{g}T_0}{V}$$

管内压力的表达式为

$$p = p_0\left[1 - \exp\left(-\frac{t\alpha R_\mathrm{g}T_0}{V}\right)\right]$$

38.（东南大学 2002 年考研试题）由一气体参数恒定的干管向一绝热真空刚性容器内充入该理想气体，充气后容器内气体的温度与干管内气体相比，其温度（　　　）。

A. 升高了　　　　　　B. 降低了　　　　　　C. 不变

答：C。充气过程是一个绝热过程，又不对外做功，其热力学能不变，温度不变。

39.（东南大学 2003 年考研试题）判断：工质吸热后温度一定升高。

答：错。工质若为边吸热边对外做功则温度不一定升高，可能是等温过程，温度也可能降低。

40.（东南大学 2003 年考研试题）判断题：理想气体经历一可逆定温过程，由于温度不变，则工质不可能与外界交换热量。

答：错。由热力学第一定律 $Q = \Delta U + W$ 可知，若理想气体对外的做功量等于吸热量时，工质的温度就可以保持不变。

41.（东南大学 2002 年考研试题）判断题：理想气体任意两个状态参数确定后，气体的状态就确定了。

答：错。理想气体任意两个独立的状态参数确定后，气体的状态才能确定。有些状态参数不是相互独立的，不能确定，例如温度和焓、温度和热力学能。

第三章　理想气体的性质和热力过程

基 本 知 识 点

一、理想气体的概念及其状态方程

1. 理想气体的概念

理想气体是一种实际不存在的假想气体，其分子间没有作用力，分子间是不占体积的弹性质点。理想气体是压力趋于零（$p \to 0$）、比体积趋近于无穷大（$v \to \infty$）时的极限状态。

2. 理想气体状态方程

理想气体在任一平衡状态时 p、v、T 之间的关系称为理想气体状态方程式，或称为克拉贝隆方程，状态方程反映了理想气体平衡态基本状态参数之间的数量关系。理想气体状态方程式有以下几种表达形式：

$$PV = R_g T \tag{3-1a}$$
$$PV = mR_g T \tag{3-1b}$$
$$PV_m = RT \tag{3-1c}$$
$$PV = nRT \tag{3-1d}$$

3. 气体常数与通用气体常数

通用气体常数：$R = 8.314 \text{J/(mol·K)}$，与气体状态、气体种类均无关。

气体常数：$R_g = \dfrac{R}{M} = \dfrac{8.314}{M} \text{J/(mol·K)}$ 与气体状态无关，随气体种类而异，可在有关物性表中查取。

二、理想气体的比热容

1. 比热容的定义

物体温度升高或降低 1K（或 1℃）所需吸收或放出的热量，以 c 表示，单位为 J/(kg·K)

$$c = \frac{\delta Q}{dT} \tag{3-2}$$

式中：c 为质量比热容，采用物质的量的单位及所经历的过程不同，又有摩尔比热容 C_m，单位为 J/(mol·K)；体积比热容 C'，单位为 J/(m³·K)。三者之间的关系为

$$C_m = Mc = V_{m0}C' \tag{3-3}$$

此外，因所经历的过程不同，还有定压过程的比定压热容 c_p，定容过程的比定容热容 c_V

$$c_V = \left(\frac{\partial u}{\partial T}\right)_V \tag{3-4}$$

比定容热容也可理解为单位量的物质在定容过程中温度变化 1K 时热力学能的变化量，即

$$c_p = \left(\frac{\partial h}{\partial T}\right)_p \qquad (3-5)$$

比定压热容也可理解为单位物量的物质在定压过程中温度变化 1K 时焓的变化量。

2. 迈耶公式

$$c_p - c_V = R_g \qquad (3-6)$$

式（3-6）称为迈耶公式。

c_p/c_V 之比称为质量热容比，用 γ 表示，即

$$\gamma = c_p/c_V \qquad (3-7)$$

由比热容比 γ 的定义式和迈耶公式可得

$$c_p = \frac{\gamma}{\gamma-1}R_g, \; c_V = \frac{1}{\gamma-1}R_g \qquad (3-8)$$

3. 真实比热容、定值比热容与平均比热容

比定压热容和比定容热容是状态参数，与过程无关。对于简单可压缩系，它们是温度压力的函数，但对理想气体，它们仅是温度的单值函数。理想气体比热容的计算有几种方法。

（1）真实比热容。理想气体的比热容是温度的复杂函数，随温度升高而增大，通式可表达为

$$c = a_0 + a_1 T + a_2 T^2 + a_3 T^3 + \cdots$$

按照真实比热容计算时，需要知道比热容和温度的具体函数关系，然后利用积分求解。

（2）平均比热容。平均比热容表示 t_1 到 t_2 间隔内比热容的积分平均值 $c\Big|_{t_1}^{t_2}$（见图 3-1），即

$$c\Big|_{t_1}^{t_2} = \frac{q}{t_2-t_1} = \frac{\int_{t_1}^{t_2} c\,\mathrm{d}t}{t_2-t_1} = \frac{c\Big|_{0^\circ\!C}^{t_2} t_2 - c\Big|_{0^\circ\!C}^{t_1} t_1}{t_2-t_1} \qquad (3-9)$$

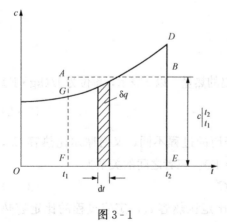

图 3-1

式中，起点相同的 $c\Big|_{0^\circ\!C}^{t_1}$ 和 $c\Big|_{0^\circ\!C}^{t_2}$ 分别表示温度自 0℃ 到 t_1 和 0℃ 到 t_2 的平均比热容值。常用气体的平均比热容可以查表。

近似取比热容随温度呈线性关系变化，平均比热的函数形式为

$$c\Big|_{t_1}^{t_2} = a + \frac{b}{2}(t_1 + t_2) = A + Bt \qquad (3-10)$$

即只要用 $t_1 + t_2$ 代替从表中查取的直线关系中的 t，就可求得 t_1 到 t_2 的平均比热容。

（3）定值比热容。工程上，气体温度在室温附近，温度变化范围不大时，可将比热容近似作为定值处理，通常称为定值比热容。对于粗略的计算，可以按照表 3-1 确定气体的定值比热容。

表 3-1　　　　**理想气体的定值千摩尔热容和比热容比 [$R=8.3145\mathrm{J/(mol \cdot K)}$]**

摩尔热容和比热容比	单原子气体（$i=3$）	双原子气体（$i=5$）	多原子气体（$i=6$）
$C_{V,m}[\mathrm{J/(mol \cdot K)}]$	$3R/2$	$5R/2$	$7R/2$
$C_{p,m}[\mathrm{J/(mol \cdot K)}]$	$5R/2$	$7R/2$	$9R/2$
$\gamma=C_{p,m}C_{V,m}$	1.67	1.40	1.29

注　i 表示分子运动的自由度。

三、理想气体的热力学能、焓和熵

1. 理想气体的热力学能和焓

对于理想气体，任何一个过程的热力学能变化量都和温度变化相同的定容过程的热力学能变化量相等；任何一个过程的焓变化量都和温度变化相同的定压过程的焓变化量相等，其计算式为

$$\mathrm{d}u = c_V \mathrm{d}T, \quad \Delta u = q_V = \int_{T_1}^{T_2} c_V \mathrm{d}T = c_V \Big|_{T_1}^{T_2}(T_2 - T_1) \tag{3-11}$$

$$\mathrm{d}h = c_p \mathrm{d}T, \quad \Delta h = q_p = \int_{T_1}^{T_2} c_p \mathrm{d}t = c_p \Big|_{T_1}^{T_2}(T_2 - T_1) \tag{3-12}$$

2. 状态参数熵

状态参数熵是研究热力学第二定律而得出的，熵是以数学式定义的，即

$$\mathrm{d}s = \left(\frac{\delta q}{T}\right)_{可逆} \tag{3-13}$$

对于理想气体，将可逆过程的热力学第一定律解析式 $\delta q = c_p \mathrm{d}t - v\mathrm{d}p$，$\delta q = c_V \mathrm{d}t + p\mathrm{d}v$ 和状态方程 $pv = R_g T$ 分别代入熵的定义式并积分得

$$\Delta s_{1-2} = \int_{T_1}^{T_2} c_p \frac{\mathrm{d}T}{T} - R_g \ln \frac{p_2}{p_1} \tag{3-14}$$

$$\Delta s_{1-2} = \int_{T_1}^{T_2} c_V \frac{\mathrm{d}T}{T} + R_g \ln \frac{v_2}{v_1} \tag{3-15}$$

将微分形式的理想气体状态方程 $\dfrac{\mathrm{d}p}{p} + \dfrac{\mathrm{d}v}{v} = \dfrac{\mathrm{d}T}{T}$ 和迈耶公式带入式（3-15）或式（3-16）可得

$$\Delta s_{1-2} = \int_{T_1}^{T_2} c_p \frac{\mathrm{d}v}{v} + c_V \ln \frac{p_2}{p_1} \tag{3-16}$$

当比热容为定值时，可得

$$\Delta s_{1-2} = c_V \ln \frac{T_2}{T_1} + R_g \ln \frac{v_2}{v_1} \tag{3-17}$$

$$\Delta s_{1-2} = c_p \ln \frac{T_2}{T_1} - R_g \ln \frac{p_2}{p_1} \tag{3-18}$$

$$\Delta s_{1-2} = c_V \ln \frac{p_2}{p_1} + c_p \ln \frac{v_2}{v_1} \tag{3-19}$$

理想气体的熵变虽然是在可逆条件下导得，但熵为状态参数，熵变完全取决于初态和终态，而与过程经历的途径无关，因此熵变的各计算式适用于任何过程。

四、理想气体的基本热力过程

1. 研究热力过程的一般步骤

(1) 确定过程中状态参数的变化规律，即

$$p = f(v), \quad T = f(p), \quad T = f(v)$$

这种变化规律反映了过程的特征，称为过程方程。

(2) 由过程方程和状态方程建立起初、终态 p、v、T 之间的关系式，以确定未知参数。

(3) 将过程中状态参数的变化规律表示在 p-v 图和 T-s 图上，以便利用图示方法进行定性分析，如功量、热量的正负。

(4) 根据理想气体性质确定过程中的 $\Delta u = c_V \Delta T$ 和 $\Delta h = c_p \Delta T$。

(5) 运用热力学第一定律的能量方程或比热容计算过程中的热量。

2. 理想气体的基本热力过程

基本热力过程可近似地概括为定容、定压、定温和绝热过程。

(1) 定容过程。工质在保持比体积不变的情况下进行的热力过程。过程方程为 $v=$ 定值，定容过程的参数关系

$$\frac{T_2}{T_1} = \frac{p_2}{p_1} \tag{3-20}$$

定容过程的过程曲线如图 3-2 所示。

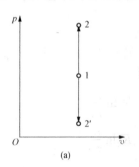
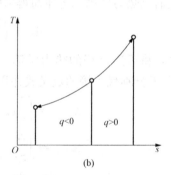

图 3-2

由于 $\mathrm{d}v = 0$，过程的膨胀功为零，$w = \int_{v_1}^{v_2} p\,\mathrm{d}v = 0$。

定容过程技术功

$$w_t = -\int_{p_1}^{p_2} v\,\mathrm{d}p = v(p_1 - p_2) \tag{3-21}$$

定容过程工质与外界交换的热量全部用于改变工质的热力学能，即

$$q = u_2 - u_1 = c_V \Big|_{t_2}^{t_1} (t_2 - t_1) \tag{3-22}$$

定容过程工质的焓值及熵值的变化

$$\Delta h = c_p \Big|_{t_1}^{t_2} (t_2 - t_1) \tag{3-23}$$

$$\Delta s = \int_{T_1}^{T_2} c_V \mathrm{d}T \Rightarrow \Delta s = c_V \ln \frac{T_2}{T_1} \tag{3-24}$$

(2) 定压过程。工质在保持压力不变的情况下进行的热力过程。过程方程为 $p=$ 定值，

定容过程的参数关系为

$$\frac{v_1}{T_1} = \frac{v_2}{T_2} \tag{3-25}$$

定压过程的过程曲线如图 3-3 所示。

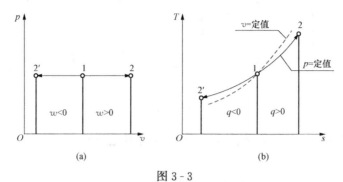

图 3-3

定容过程和定压过程的斜率分别为

$$\left(\frac{\partial T}{\partial s}\right)_V = \frac{T}{c_V} \; 及 \; \left(\frac{\partial T}{\partial s}\right)_p = \frac{T}{c_p} \tag{3-26}$$

任何气体，同一温度下 $c_p > c_V$，故同一状态下，定压线比定容线平坦。

由于 $\mathrm{d}p = 0$，定压过程的技术功 $w_t = -\int_{p_1}^{p_2} v \mathrm{d}p = 0$。

定压过程膨胀功

$$w = \int_{v_1}^{v_2} p \mathrm{d}v = p(v_2 - v_1) = R(T_2 - T_1) \tag{3-27}$$

定压过程热量

$$q = u_2 - u_1 + p(v_2 - v_1) = h_2 - h_1 \tag{3-28}$$

定压过程工质热力学能的变化

$$\Delta u = c_V \bigg|_{t_2}^{t_1} (t_2 - t_1)$$

定压过程工质焓值及熵值的变化

$$\Delta h = c_p \bigg|_{t_1}^{t_2} (t_2 - t_1) \tag{3-29}$$

$$\Delta s = \int_{T_1}^{T_2} c_p \mathrm{d}T \Rightarrow \Delta s = c_p \ln \frac{T_2}{T_1} \tag{3-30}$$

（3）定温过程。工质在保持温度不变的情况下进行的热力过程。过程方程为 $T =$ 定值，定容过程的参数关系

$$p_1 v_1 = p_2 v_2 \tag{3-31}$$

定温过程的过程曲线如图 3-4 所示。

定温过程的过程功

$$w = \int_{v_1}^{v_2} p \mathrm{d}v = \int_{v_1}^{v_2} \frac{pv}{v} \mathrm{d}v = R_g T \ln \frac{v_2}{v_1} \tag{3-32}$$

定温过程的技术功

$$w_t = -\int_{p_1}^{p_2} v \mathrm{d}p = -\int_{p_1}^{p_2} \frac{vp}{p} \mathrm{d}v = -R_g T \ln \frac{p_2}{p_1} = R_g T \ln \frac{v_2}{v_1} \tag{3-33}$$

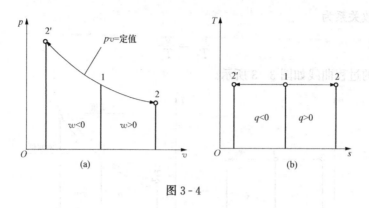

图 3-4

定温过程工质热力学能的变化 $\Delta u = 0$，焓值的变化 $\Delta h = 0$。

定温过程热量

$$q = \Delta u + w = \Delta h + w_t = w = w_t \tag{3-34}$$

定温过程工质热力学熵值的变化

$$\Delta s = \int_{T_1}^{T_2} c_V \mathrm{d}T + R_g \ln \frac{v_2}{v_1} \Rightarrow \Delta s = R_g \ln \frac{v_2}{v_1} = -R_g \ln \frac{p_2}{p_1} \tag{3-35}$$

（4）绝热过程。状态变化的任何微元过程中系统与外界都不交换热量，即过程中每一时刻均有 $\delta q = 0$，全部过程与外界交换的热量也为零，即 $q = 0$。

根据熵的定义，$\mathrm{d}s = \dfrac{\delta q_{rev}}{T}$，可逆绝热时 $\delta q_{rev} = 0$，固有 $\mathrm{d}s = 0$。可逆绝热过程又称为定熵过程。值得指出，可逆绝热过程一定是定熵过程，但定熵过程不一定是可逆绝热过程。不可逆的绝热过程不是定熵过程，定熵过程与绝热过程是两个不同的概念。

定熵过程中参数的关系

$$p_1 v_1^{\kappa} = p_2 v_2^{\kappa} \quad \frac{T_2}{T_1} = \left(\frac{p_2}{p_1}\right)^{\frac{\kappa-1}{\kappa}} \tag{3-36}$$

定熵过程的曲线如图 3-5 所示。

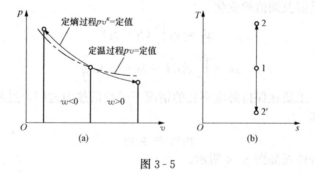

图 3-5

定熵线为一条高次双曲线，与定温线斜率相比，因 $\kappa > 1$，定熵线斜率的绝对值大于等温线的斜率，故定熵线更陡些。

定熵过程的过程功

$$w = -\Delta u = \frac{R_g T_1}{\kappa - 1}\left[1 - \left(\frac{p_2}{p_1}\right)^{\frac{\kappa-1}{\kappa}}\right] = \frac{R_g}{\kappa - 1}(T_1 - T_2) \tag{3-37}$$

定熵过程的技术功

$$w_t = q - \Delta h = -\Delta h = \frac{\kappa}{\kappa - 1}R_g(T_1 - T_2) = \kappa w \tag{3-38}$$

定熵过程热力学能的变化

$$\Delta u = c_V\Big|_{t_1}^{t_2}(t_2 - t_1) \tag{3-39}$$

定熵过程工质热力学焓值的变化

$$\Delta h = c_p\Big|_{t_1}^{t_2}(t_2 - t_1) = -w_t \tag{3-40}$$

定熵过程热量 $\Delta q = 0$，熵值的变化 $\Delta s = 0$。

五、多变过程

实际过程是多种多样的，气体的所有状态参数是发生变化的，对于这些过程，不能将它们简单地简化成基本热力过程，因此，要进一步研究一种理想的热力过程，这种理想过程就是多变过程，过程方程为

$$pv^n = 定值 \tag{3-41}$$

式中：n 为多变指数，可为 $-\infty \rightarrow 0 \rightarrow +\infty$ 之间的任一实数值。

多变过程的过程功

$$w = \frac{R_g T_1}{n - 1}\left[1 - \left(\frac{p_2}{p_1}\right)^{\frac{n-1}{n}}\right] = \frac{R_g}{n - 1}(T_1 - T_2) = \frac{\kappa - 1}{n - 1}c_V(T_1 - T_2) \tag{3-42}$$

多变过程的技术功

$$w_t = \frac{n}{n - 1}R_g(T_1 - T_2) = \frac{n}{n - 1}R_g T_1\left[1 - \left(\frac{p_2}{p_1}\right)^{\frac{n-1}{n}}\right] = nw \tag{3-43}$$

多变过程热力学能的变化

$$\Delta u = c_V\Big|_{t_1}^{t_2}(t_0 - t_1) \tag{3-44}$$

多变过程工质热力学焓值的变化

$$\Delta h = c_p\Big|_{t_1}^{t_2}(t_2 - t_1) \tag{3-45}$$

熵值的变化

$$\Delta s = c_V\ln\frac{p_2}{p_1} + c_p\ln\frac{V_2}{V_1} \tag{3-46}$$

多变过程热量

$$q = \Delta u + w = c_V(T_2 - T_1) + \frac{\kappa - 1}{n - 1}c_V(T_1 - T_2) = \frac{n - \kappa}{n - 1}c_V(T_2 - T_1) \tag{3-47}$$

与（3-46）比较可得多变过程的比热容为

$$c_n = \frac{n - \kappa}{n - 1}c_V \tag{3-48}$$

六、理想气体热力过程综合分析

四种基本热力过程实际上是多变过程的特例。

定压过程，$n=0$ 时，$p=$ 定值，定压线为一水平线；

定温过程，$n=1$ 时，$pv=$ 定值，定温线为一斜率为负的等边双曲线；

定熵过程，$n=\kappa$ 时，$pv^\kappa=$ 定值，定熵线不为等边双曲线，且比定温线更陡；

定容过程，$n=\pm\infty$ 时，$v=$ 定值，定容线为一垂直线。

四种基本过程在 p-v 和 T-s 图上的相对位置如图 3-6 所示。

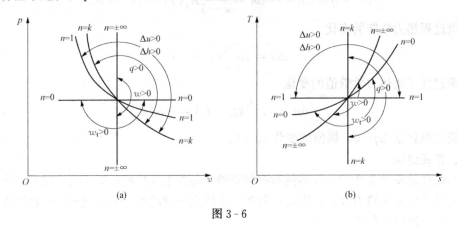

图 3-6

过程中 w、w_t、q、Δs、Δu、Δh 值的判断方法如下：

（1）过程功 w 的正负以定容线为分界，p-v 图上，若位于定容线的右方，则各过程的 w 为正，反之为负；T-s 图上，$w>0$ 的过程线位于定容线的右下方，$w<0$ 的过程线位于定容线的左上方。

（2）技术功 w_t 的正负应以过起点的定压线为分界，p-v 图上位于定压线的下方，各过程的 w_t 为正，反之为负；T-s 图上，$w_t>0$ 的过程线位于定压线的右下方，$w_t<0$ 的过程线位于定压线的左上方。

（3）过程热量 q 的正负以定熵线为分界，T-s 图上，若位于定熵线右方，则 $q>0$、$\Delta s>0$；反之 $q<0$、$\Delta s<0$。p-v 图上，若位于定熵线右上方，$q>0$、$\Delta s>0$；反之，则 $q<0$、$\Delta s<0$。

（4）理想气体热力学能或焓仅是温度的函数，故其增减以定温线为分界，显然，T-s 图上，任意同一起点的多变过程线，若位于定温线之上，则 $\Delta u>0$、$\Delta h>0$；反之 $\Delta u<0$、$\Delta h<0$。p-v 图上，$\Delta u>0$、$\Delta h>0$ 的过程若位于定温线右上方；反之，则位于定温线左下方。

思考题与习题

1. 一台蒸汽动力装置从炉膛得到热量 280GJ/h，估计蒸汽通过管道和部件向环境空气的散热损失为 8GJ/h，如果排放给冷却水的废热是 145GJ/h，试确定：（1）净功率输出；（2）装置热效率。

解：（1）净功率输出

$$P = \Phi_1 - \Phi_2 = \Phi_b - \Phi_L - \Phi_2 = 280 - 8 - 145 = 127000\text{MJ}/3600\text{s} = 35.28(\text{MW})$$

（2）装置热效率

$$\eta_t = P/\Phi_1 = 35.28\text{MW}/280\text{GJ/h} = 45.36\%$$

注：动力装置的净功率输出也等于传给系统的净热。输入热量中被转换成功的份额称为热效率。

2. 在稳定状态，一个循环输出功率 10kW，从温度为 1500K 的高温热源每次循环吸收 10kJ 热量，有热量排放给温度为 300K 的冷源。求每分钟需要的最少理论循环次数。

解：循环效率为

$$\eta_t = 1 - T_L/T_H = 1 - 300/1500 = 0.8$$

每分钟输出功

$$W = P_\tau = 10 \times 60 = 600 (\text{kJ})$$

要求吸收热量

$$\eta_t = 1 - W/Q_1$$
$$0.8 = 600\text{kJ}/Q_1$$
$$Q_1 = 750\text{kJ}$$

每分钟循环次数

$$n = Q_1/Q_{1,\text{cycle}} = 750\text{kJ}/10\text{kJ} = 75 \text{ 次/min}$$

注：运行在相同两个热源间的可逆热机的效率总是最大的。

3. 某理想气体体积按 $\alpha/\sqrt{p}$ 的规律膨胀，其中 α 为常数，p 代表压力。问：（1）气体膨胀时温度升高还是降低？（2）此过程气体的比热容是多少？

解：（1）由 $V = \alpha/\sqrt{p}$ 及 $pV = mR_gT$，有

$$\alpha/\sqrt{p} = mR_gT$$

当体积膨胀时，压力降低，由上式看到温度也随之降低。

（2）由 $V = \alpha/\sqrt{p}$ 得到过程方程

$$pV^2 = \alpha^2 = \text{常数}$$

多变指数 $n = 2$
则

$$c_n = \frac{n-\kappa}{n-1}c_V = (2-\kappa)c_V$$

又由状态方程得

$$R_g = \frac{pV}{mT} = \frac{\alpha\sqrt{p}}{mT}, \quad c_V = \frac{1}{\kappa-1}R_g = \frac{\alpha\sqrt{p}}{(\kappa-1)mT}$$

故

$$c_n = (2-\kappa)c_V = \frac{(2-\kappa)\alpha\sqrt{p}}{(\kappa-1)mT}$$

4. 2kg 氮气经定压加热过程从 67℃ 升到 237℃，用定值比热容计算其热力学能的变化为____，吸热量为____。接着又经定容过程降到 27℃，其熵变化为____，吸热量为____。
答：252.4kJ，353.3kJ，−436.5kJ，311.8kJ。

5. 空气和燃料进入用于房间采暖的炉膛。空气的比焓值是 302kJ/kg，燃料的比焓值为 43 027kJ/kg。离开炉膛的烟气的比焓值为 616kJ/kg。空气燃料比为 17kg（空气）/kg（燃料）。经过炉膛壁的循环水吸收热量，房间需要热量 17.6kW。试确定燃料每天的消耗量。

解：对 1kg 燃料进行计算，炉膛进出口气体比焓差为

$$\Delta h = 17 \times 302 + 1 \times 43\ 027 - 18 \times 616 = 37\ 073 [\text{kJ/kg(燃料)}]$$
$$\Phi_{\text{fj}} = q_{\text{mf}} \Delta h = 17.6 (\text{kW}) = q_{\text{mf}} \times 37\ 073 (\text{kJ/kg})$$
$$q_{\text{mf}} = 4.747\ 4 \times 10^{-4} \text{kg(燃料)/s}$$
$$= 4.747\ 4 \times 10^{-4} \text{kg(燃料)/s} \times (24 \times 3600)/\text{天}$$
$$= 41.017\ 5 \text{kg(燃料)/天(燃料消耗量)}$$

注：掌握空气燃料比的概念。炉膛中的质量守恒即进出质量流量相等。炉膛进出口气体放热量等于循环水吸收热量，即房间需要热量。

6. "理想气体在绝热过程中的技术功，无论可逆与否均可由 $w_{\text{t}} = \dfrac{\kappa}{\kappa - 1} R_{\text{g}} (T_1 - T_2)$ 计算"对吗？为什么？

答：正确。根据热力学第一定律，对于绝热过程，无论过程是否可逆，技术功都等于工质的焓降，即 $w_{\text{t}} = h_1 - h_2$，而对于理想气体，$\Delta h = c_p \Delta T = \dfrac{\kappa R_{\text{g}}}{\kappa - 1} \Delta T$。

7. 如果通过冷却方法使压气机的压缩过程为定温过程，则采用多级压缩的意义是什么？

答：降低每一级的增压比，提高每一级的容积效率。

8. 有 2.268kg 的某种理想气体，经可逆定容过程，其比热力学能的变化为 $\Delta u = 139.6$kJ/kg，求过程膨胀功、过程热量。

解：气体质量 $m = 3.268$kg，比热力学能增量 $\Delta u = 139.6$kJ/kg

定容过程的膨胀功为 0，即 $W = mw = 0$

依据热力学第一定律 $q = \Delta u + w$，过程热量等于系统热力学能的增量，即

$$Q = m \Delta u = 2.268 \times 139.6 = 316.6 \ (\text{kJ})$$

9. 甲烷（CH_4）的初始状态 $p_1 = 0.47$MPa、$T_1 = 293$K，经可逆定压冷却，对外放出热量 4110.76J/mol，试确定其终温及 1mol CH_4 的热力学能变化量 ΔU_{m}、焓变化量 ΔH_{m}。设甲烷的比热容近似为定值，$c_p = 2.329\ 8$kJ/(kg·K)。

解：甲烷的摩尔质量 $M = 16.04 \times 10^{-3}$kJ/mol

由 $C_p = \dfrac{c_{p,\text{m}}}{M}$ 可得

$$C_{p,\text{m}} = M C_p = 16.04 \times 10^{-3} \times 2.329\ 8 = 37.37 [\text{J/(mol·K)}]$$
$$\Delta H_{\text{m}} = C_{p,\text{m}} (T_2 - T_1) = Q_{\text{m}} = -4110.76 [\text{J/(mol·K)}]$$
$$T_2 = \frac{Q_{\text{m}}}{C_{p,\text{m}}} + T_1 = \frac{-4110.76}{37.37} + 393 = 283 (\text{K})$$

$$\Delta U_{\text{m}} = (C_{p,\text{m}} - R)(T_2 - T_1) = (37.37 - 8.3145) \times (283 - 393) = -3196.11 (\text{J/mol})$$

10. 气动手枪在准备射击前枪管内有 1MPa、27℃的压缩空气 1cm³ 被扳机锁住，质量为 15g 的子弹起到活塞作用，封住空气。扣动扳机后压缩空气膨胀推动子弹，若膨胀过程可假定为等温过程，子弹离开枪管后枪管内压力为 0.1MPa，求子弹离开枪管瞬间的速度。

解：枪管内空气质量为

$$m = \frac{p_1 V_1}{R_{\text{g}} T_1} = \frac{1000 \times 1 \times 10^{-6}}{0.287 \times (273.15 + 27)} = 1.161 \times 10^{-5} (\text{kg})$$

枪管体积

$$V_2 = \frac{m R_{\text{g}} T_2}{p_2} = \frac{1.161 \times 10^{-5} \times 0.287 \times (273.15 + 27)}{100} = 1 \times 10^{-5} (\text{m}^3)$$

压缩空气等温膨胀做功

$$W = \int_1^2 p \mathrm{d}v = p_1 V_1 \ln \frac{V_2}{V_1} = 1 \times 10^6 \times 1 \times 10^{-6} \times \ln \frac{1 \times 10^{-5}}{0.01 \times 10^{-4}} = 2.30(\mathrm{J})$$

有用功

$$W_\mathrm{u} = W - W_\mathrm{p} = W - p(V_2 - V_1) = 2.30 - 100 \times 10^3 \times (1 \times 10^{-5} - 1 \times 10^{-6}) = 1.40(\mathrm{J})$$

子弹在枪管出口的速度

$$c = \sqrt{\frac{2W_\mathrm{u}}{m}} = \sqrt{\frac{2 \times 1.40\mathrm{J}}{15 \times 10^{-3}\mathrm{kg}}} = 13.66(\mathrm{m/s})$$

11. 柴油机将吸入的空气在气缸内进行绝热压缩，使温度升高到550℃以上，而后将柴油喷入气缸自燃。设压缩前气缸内空气压力为0.095MPa、温度为60℃。若压缩过程每千克空气的熵增为0.1kJ/(kg·K)，求：（1）压缩到多高压力时，才能使空气温度升高到550℃？（2）若可逆绝热压缩到同样压缩，压力是多少？空气视为理想气体，比热容取定值，$c_p = 1005\mathrm{J/(kg \cdot K)}$、$R_\mathrm{g} = 287\mathrm{J/(kg \cdot K)}$。

解：（1）据 $\Delta s = c_p \ln \frac{T_2}{T_1} - R_\mathrm{g} \ln \frac{p_2}{p_1}$，$\ln \frac{p_2}{p_1} = \dfrac{c_p \ln \frac{T_2}{T_1} - \Delta s}{R_\mathrm{g}}$

其中

$$\frac{c_p \ln \frac{T_2}{T_1} - \Delta s}{R_\mathrm{g}} = \frac{1005 \times \ln \frac{500 + 273}{60 + 273} - 0.1 \times 1000}{287} = 2.8$$

所以

$$p_2 = p_1 \mathrm{e}^{\frac{c_p \ln \frac{T_2}{T_1} - \Delta s}{R_\mathrm{g}}} = 0.095\mathrm{MPa} \times \mathrm{e}^{2.82} = 1.59(\mathrm{MPa})$$

（3）若可逆压缩，则

$$\Delta s = c_p \ln \frac{T_2}{T_1} - R_\mathrm{g} \ln \frac{p_{2\mathrm{s}}}{p_1} = 0, \quad \ln \frac{p_{2\mathrm{s}}}{p_1} = \frac{c_p \ln \frac{T_2}{T_1}}{R_\mathrm{g}}$$

$$p_2 = p_1 \mathrm{e}^{\frac{c_p \ln \frac{T_2}{T_1}}{R_\mathrm{g}}} = 0.095 \times \mathrm{e}^{3.168} = 2.26(\mathrm{MPa})$$

12. 一个绝热活塞把刚性绝热密封气缸分成A和B两部分，A室与B室内装有同种理想气体。已知$C_{p,m} = 29.184\mathrm{J/(mol \cdot K)}$，活塞面积为0.1$\mathrm{m}^2$，气缸长度为0.3m。初始时A室占1/3V，$p_{A1} = 0.4\mathrm{MPa}$，$T_{A1} = 400\mathrm{K}$；$p_{B1} = 0.2\mathrm{MPa}$，$T_{B1} = 300\mathrm{K}$，活塞两侧的压力差与通过活塞杆上作用的外力F保持平衡。外力F缓慢减小，直至两室压力相等，此时测得A室内温度为354.6K。若活塞与缸壁之间无摩擦，求终态时两室压力、温度和系统对外力做的功。

解：据题意确定该气体的摩尔定容热容、绝热指数及总体积，再分别求出两侧气体的体积和物质的量。根据A室内的过程为可逆绝热过程可求得$p_2 = 0.262\mathrm{MPa}$，进而利用理想气体的状态方程求得A室终态体积。由于气缸总体积及缸内气体质量为定值，故而可求得B室总态参数$T_{B2} = 324.2\mathrm{K}$。取全部气体为系统，根据$Q = \Delta U + W$解得$W = 329.7\mathrm{J}$。

13. 已知理想气体可逆过程中膨胀功等于技术功，则此过程的特性为（　　）。

A. 定压　　　　B. 定温　　　　C. 定容　　　　D. 绝热

答：B。在无摩擦的情况下，理想气体定温过程的膨胀功、技术功分别计算如下：

$$w = \int_1^2 p\mathrm{d}v = \int_1^2 \frac{R_g T}{v}\mathrm{d}v = R_g T\ln\frac{v_2}{v_1}$$

$$w_t = -\int_1^2 v\mathrm{d}p = -\int_1^2 \frac{R_g T}{p}\mathrm{d}p = R_g T\ln\frac{p_2}{p_1}$$

由于定温过程中 $\frac{v_2}{v_1} = \frac{p_2}{p_1}$，因此有 $w = w_t$，也就是说，理想气体在定温过程中的技术功和膨胀功相等。

14. 理想气体的热力学能和焓是温度的单值函数，理想气体的熵也是温度的单值函数吗？

答：由理想气体的熵变公式 $\Delta s_{1-2} = c_V\ln\frac{T_2}{T_1} + R_g\ln\frac{v_2}{v_1}$ 或 $\Delta s_{1-2} = c_p\ln\frac{T_2}{T_1} - R_g\ln\frac{p_2}{p_1}$ 可知，理想气体的熵不是温度的单值函数。

15. 理想气体熵变 Δs 公式有三个，他们都是从可逆过程的前提推导出来的，那么，在不可逆过程中，这些公式也可以用吗？

答：可以用。熵是状态参数，Δs 取决于初、终状态，而与过程无关。

16. （上海交通大学 2004 年硕士研究生入学试题）等量水蒸气从相同的初态出发分别经过不可逆绝热过程 A 和任意可逆过程 B 到达相同的终态，若热力学能变化分别用 ΔU_A 和 ΔU_B 表示，则（　　）。

　A. $\Delta U_A = \Delta U_B$　　　　B. $\Delta U_A > \Delta U_B$　　　C. $\Delta U_A < \Delta U_B$　　　D. $\Delta U_A = \Delta U_B = 0$

答：A。因为热力学能的变化与过程无关，所以只要初、终态相同，热力学能的变化就相同。

17. （上海交通大学 2004 年硕士研究生入学试题）气缸内的正丁烷（C_4H_8）从 $p_1 = 100\mathrm{kPa}$、$t_1 = 300℃$ 被可逆等温压缩到 $p_2 = 500\mathrm{kPa}$，若初始时体积为 $0.015\mathrm{m}^3$，试求过程功。已知，正丁烷临界压力 $p_{cr} = 3.8\mathrm{MPa}$、临界温度 $T_{cr} = 4254\mathrm{K}$，$z_1 = 0.99$，$z_2 = 0.98$。

解：因为初态 $z_1 = 0.99$，终态 $z_2 = 0.98$，所以在过程中可以近似把正丁烷当作理想气体。理想气体等温过程下 $pV = mR_g T = C$，所以过程功为

$$W = \int_1^2 p\mathrm{d}V = \int_1^2 -V\mathrm{d}p = \int_1^2 -\frac{pV}{p}\mathrm{d}p$$

$$= p_1 V_1\ln\frac{p_1}{p_2} = 100\times0.015\times\ln\frac{100}{500} = -2.414(\mathrm{kJ})$$

18. （上海交通大学 2006 年考研试题）迈耶公式 $c_p - c_V = R_g$ 是否适合于动力工程应用的高压水蒸气？是否适合于地球大气中的水蒸气？

解：因为迈耶公式 $c_p - c_V = R_g$ 的推导中应用了理想气体的性质，所以迈耶公式一般适用于理想气体，故不适合动力工程中的高压水蒸气。另外，地球大气压力较低，大气中水蒸气的分压力更低一些，所以可将大气视为理想气体混合物，故迈耶公式可以适用于大气中的水蒸气。

19. $50\mathrm{m}^3$ 的刚性容器正在充空气，某瞬刻容器中的空气压力为 $1380\mathrm{kPa}$，温度为 $400\mathrm{K}$，在该瞬刻压力增大的速率为 $138\mathrm{kPa/s}$，温度上升的速率为 $25\mathrm{K/s}$。试确定该瞬时空气的流量（$\mathrm{kg/s}$）。

解：由理想气体状态方程 $PV = mRT$ 可得

$$1380 \times 50 = m \times 0.287 \times 400$$

解得
$$m = 601.045 \text{ (kg)}$$

将状态方程对时间求导：$V \mathrm{d}p/\mathrm{d}\tau + p \mathrm{d}V/\mathrm{d}\tau = R(T \mathrm{d}m/\mathrm{d}\tau + m \mathrm{d}T/\mathrm{d}\tau)$

$$50 \times 138 + 1380 \times 0 = 0.287 \times (400 \mathrm{d}m/\mathrm{d}\tau + 601.045 \times 25)$$

瞬时空气的流量

$$\mathrm{d}m/\mathrm{d}\tau = 22.539 \text{ (kg/s)}$$

注：空气看作理想气体。$\mathrm{d}V = \mathrm{d}\tau = 0$，状态方程对时间求导。

20.（同济大学 2005 年考研试题）判断题：工质经过一定压加热过程，其焓一定增加。

答：错。由热力学第一定律 $q = \Delta u + w$，定压加热过程中，若工质对外做功，热力学能可能降低，温度降低，则焓就可能减小。

21.（同济大学 2005 年考研试题）一个门窗打开的房间温度上升，压力不变，则房间内的空气能如何变化？（空气比热容按定值计算）

解：对理想气体状态方程求导可得

$$pV = mRT$$
$$p\mathrm{d}V + V\mathrm{d}p = mR\mathrm{d}T + RT\mathrm{d}m = R(m\mathrm{d}T + T\mathrm{d}m)$$

房间温度上升时容积和压力都不变，则 $\mathrm{d}V = 0$，$\mathrm{d}p = 0$

$$m\mathrm{d}T + T\mathrm{d}m = 0$$

房间内的空气能

$$\mathrm{d}U = \mathrm{d}(um) = m\mathrm{d}u + u\mathrm{d}m = mc_V\mathrm{d}T + c_V T\mathrm{d}m = c_V(m\mathrm{d}T + T\mathrm{d}m) = 0$$

22. 1kmol 氮气由 $p_1 = 1\text{MPa}$，$T_1 = 400\text{K}$ 变化到 $p_2 = 0.4\text{MPa}$，$T_2 = 900\text{K}$，试求摩尔熵变量 ΔS_m。（1）比热容可近似为定值；（2）借助气体热力性质表计算。

解：（1）氮为双原子气体，比热容近似取定值时

$$C_{p,m} = \frac{7}{2}R = \frac{7 \times 8.314\ 5}{2} = 29.10[\text{J/(mol} \cdot \text{K)}]$$

$$\Delta s = 29.10 \times \ln\frac{900}{400} - 8.3145 \times \ln\frac{0.4}{1} = 31.22[\text{J/(mol} \cdot \text{K)}]$$

$$\Delta S = n\Delta S_m = 1000 \times 31.22 = 31.22(\text{kJ/K})$$

（2）热容为变值时，由气体热力性质表查得

$$T_1 = 400K \text{ 时}, S_{m,1}^0 = 200.179[\text{J/(mol} \cdot \text{K)}]$$
$$T_2 = 900K \text{ 时}, S_{m,2}^0 = 224.756[\text{J/(mol} \cdot \text{K)}]$$

$$\Delta S_m' = S_{m,2}^0 - S_{m,1}^0 - R\ln\frac{p_2}{p_1}$$

$$= 224.756 - 200.179 - 8.314\ 5 \times \ln\frac{0.4}{1}$$

$$= 32.2[\text{J/(mol} \cdot \text{K)}]$$

$$\Delta S = m\Delta S_m = 1000 \times 32.20 = 32.20(\text{kJ/K})$$

23. 氮气流入绝热收缩喷管时压力 $p_1 = 300\text{kPa}$，温度 $T_1 = 400\text{K}$，速度 $c_n = 30\text{m/s}$，流出喷管时压力 $p_2 = 100\text{kPa}$，温度 $T_2 = 330\text{K}$。若位能可忽略不计，求出口截面上的气体流速。氮气比热容可取定值，$c_p = 1042\text{J/(kg} \cdot \text{K)}$。

解：取喷管为控制体积，列能量方程

$$h_1 + \frac{c_{f1}^2}{2} + gz_1 = h_2 + \frac{c_{f2}^2}{2} + gz_2$$

忽略位能差

$$\begin{aligned}
c_{f2} &= \sqrt{2(h_1 - h_2) + c_{f1}^2} = \sqrt{2c_p(T_1 - T_2) + c_{f1}^2} \\
&= \sqrt{2 \times 1042 \times (400 - 330) + 30^2} \\
&= 383.1 (\text{m/s})
\end{aligned}$$

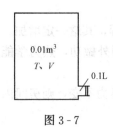

图 3 - 7

24. 为了使刚性气瓶内残余气体压力降低到原来的一半以下，利用抽气设备进行抽气，若抽气过程缓慢，可以认为气体的温度保持不变，如图 3 - 7 所示。今有一个气瓶的容积为 0.01m^3，内有压力为 0.1MPa 的空气，用每次有效抽气容积为 0.1L 的抽气设备进行抽气。有人认为，因为过程中温度保持不变，所以只要抽去 0.01m^3/2 = 0.005m^3 的气体，气瓶内的压力就可降低到原来压力的一半，而抽气设备每次有效抽气体积是 0.1L，所以抽气次数是 50 次，对不对？若不对，求抽气的次数。

解：此计算是错的，如果抽去压力为 0.1MPa，体积为 0.005m^3 的空气，那么瓶内空气的压力确实降低到原来的一半。因为根据 $p = \dfrac{mR_g T}{V}$，当质量变为原质量的 1/2，温度和体积保持不变时，压力是原来的一半。但是随着抽气设备的进行，瓶内空气压力不断降低，所以虽然每次有效抽气的体积不变，但抽出空气的质量不断下降，因此抽气 50 次，抽出的空气质量少于原质量的 1/2，所以压力不能降低到原来压力的一半。

第一次抽气抽去的空气质量

$$m_{\text{out},1} = \frac{V + V'}{V} m_1 = \frac{0.1 \times 10^{-3}}{0.01 + 0.1 \times 10^{-3}} m_1 = \frac{1}{101} m_1$$

第一次抽气后留在气瓶内的空气质量

$$m_2 = m_1 - m_{\text{out},1} = m_1 - \frac{1}{101} m_1 = \frac{100}{101} m_1$$

第二次抽气后留在气瓶内的空气质量

$$m_3 = \frac{100}{101} m_2 = \left(\frac{100}{101}\right)^2 m_1$$

因此，经过 n 次抽气后气瓶内质量是初态的 1/2，则

$$\frac{1}{2} m_1 = \left(\frac{100}{101}\right)^n m_1$$

解得 $n = 69.7$，所以抽气 70 次即可使气瓶内压力降低到原来的一半以下。

注：本例的要点是每次抽出气体体积相等，但由于每次抽出气体后压力改变，所以抽出气体的质量不同，这里再次指出，同样体积的气体在不同压力、温度下的质量是不同的。

25. 空气压缩机每分钟从大气中吸入温度 $t_0 = 17℃$，压力等于当地大气压力 $p_b = 750\text{mmHg}$ 的空气 0.2m^3，充入体积为 $V = 1\text{m}^3$ 的储气罐中。储气罐中原有空气的温度 $t_1 = 17℃$，表压力 $p_{g1} = 0.05\text{MPa}$，问经过多长时间，储气罐内气体压力才能提高到 $p_2 = 0.7\text{MPa}$，温度 $t_2 = 50℃$？

解：利用气体的状态方程 $pV = mR_g T$，充气前储气罐中空气质量

$$m_1 = \frac{p_1 v}{R_g T_1} = \frac{\left(0.5 + \frac{750}{750.062}\right) \times 10^5 \times 1}{R_g(17+273)} = \frac{517.21}{R_g}$$

充气后储气罐中空气质量

$$m_2 = \frac{p_2 v}{R_g T_2} = \frac{7 \times 10^5 \times 1}{R_g(50+273)} = \frac{2167.18}{R_g}$$

已知压气机吸入空气体积流率 $qv_{in} = 0.2 \text{m}^3/\text{min}$，故质量流量

$$q_{m,in} = \frac{p_{in} q v_{in}}{R_g T_{in}} = \frac{p_b q v_{in}}{R_g T_{in}} = \frac{\frac{750}{750.062} \times 10^5 \times 0.2}{R_g(17+273)} = \frac{68.96}{R_g}$$

若充气时间为 τ 分钟，由质量守恒 $q_{min}\tau = m_2 m_1$，得

$$\tau = \frac{m_2 - m_1}{q_{m,in}} = \frac{\frac{2167.18}{R_g} - \frac{517.21}{R_g}}{\frac{68.96}{R_g}} = 23.93(\text{min})$$

26．（北京理工大学 2007 年考研试题）将实际气体近似处理为理想气体的条件是____。理想气体状态方程不能准确反映实际气体 p、v、T 之间关系的根本原因是在理想气体模型中忽略了____和____的影响。

答：温度较高、压力较低，分子自身所占有的体积，分子之间的作用力。

27．（北京理工大学 2007 年考研试题）比热容 c_V 为常数的某理想气体，从初态 p_1、T_1 经历一定容过程，达到终态 p_2 时，其温度为____，此过程中该气体对外所做的膨胀功为____；热力学能变化量为____，与外界交换的热量为____。

答：$T_1\left(\frac{p_2}{p_1}\right)$，0，$c_V(T_2-T_1)$，$c_V(T_2-T_1)$。

28．（北京理工大学 2007 年考研试题）初态为 p、T_1 的流体，经过定压加热后温度上升到 T_2，如果此流体的比热容 c_p 为常数，那么加热每千克流体所需要的热量为____，熵变化量计算式为____。

答：$c_p(T_2-T_1)$，$c_p \ln\frac{T_2}{T_1}$。

29．（北京理工大学 2007 年考研试题）气体从同一初态 $(s_1、T_1)$ 分别经历可逆定压加热过程和可逆定容加热过程达到相同的 s_2，试在温熵图 $(T\text{-}s)$ 上定性绘出其过程线，并说明完成这两个过程时哪个过程所需的加热量大？哪个过程的状态温度高？

答：该两个过程的过程线如图 3-8 所示。由图可知，两个过程到达相同的 s_2 时，由于定容过程线更陡些，所以终态时的温度高于定压过程的温度，其过程热量也大于定压过程的。

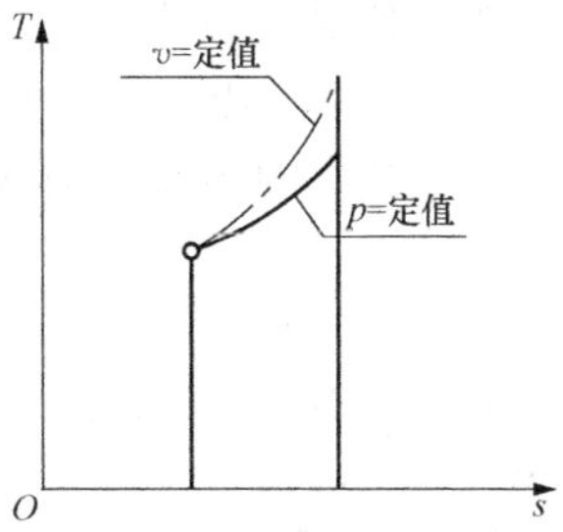

图 3-8

30．（北京理工大学 2007 年考研试题）已知气缸内有 0.8kg 氮气，温度为 70℃，压力为 0.2MPa。若将其分别通过定压加热和定容加热，使温度达到 500℃。问采用这两种过程分别需要多少加热量？对外做功多少？氮气 $c_V = 742\text{kJ}/(\text{kg}\cdot\text{K})$。

解：氮气的理想气体常数为

$$R_g = 8.314/28 = 0.297 \ [\text{kJ}/(\text{kg} \cdot \text{K})]$$

比定压热容为

$$c_p = c_V + R_g = 0.742 + 0.297 = 1.039 \ [\text{kJ}/(\text{kg} \cdot \text{K})]$$

定压过程中加入的热量为

$$Q_p = mc_p(T_2 - T_1) = 0.8 \times 1.039 \times (773 - 343) = 357.38 \ (\text{kJ})$$

定容过程加入的热量为

$$Q_V = mc_V(T_2 - T_1) = 0.8 \times 0.742 \times (773 - 343) = 255.25 \ (\text{kJ})$$

定压过程中对外的做功量为

$$W_p = p\Delta v = p \frac{mR_g(T_2 - T_1)}{p} = 0.8 \times 0.297 \times 430 = 102.2 (\text{kJ})$$

定容过程中对外的做功量为

$$W_V = 0$$

31. （北京理工大学 2007 年考研试题）有一服从状态方程 $p(v-b) = R_g T$ 的气体（b 为正值常数），假定 c_V 为常数。求证：

(1) $du = c_V dT$；

(2) 此气体经绝热节流后，温度一定升高。

证明：(1) 热力学能的一般关系式为

$$du = c_V dT + \left[T \left(\frac{\partial p}{\partial T} \right)_V - p \right] dv$$

可将原方程变为 $p = \dfrac{R_g T}{v - b}$，并对其求导可得

$$\left(\frac{\partial p}{\partial T} \right)_V = \frac{R_g}{v - b}$$

将上述方程带入 du 方程，得

$$du = c_V dT + \left(\frac{R_g T}{v - b} - p \right) dv = c_V dT + (p - p) dv = c_V dT$$

(2) 根据热力第一定律 $h = pv + u$，对上式两边同时取微分，得

$$dh = du + d(pv)$$

由气体状态方程 $pv = R_g T + pb$，带入上式可得

$$dh = du + R_g dT + b dp = (c_V + R_g) dT + b dp = c_p dT + b dp$$

由节流能量方程，可知 $dh = 0$，两边对 p 求导得

$$c_p \left(\frac{\partial T}{\partial p} \right)_h + b = 0$$

$\left(\dfrac{\partial T}{\partial p} \right)_h = -\dfrac{b}{c_p} < 0$，所以，气体经绝热节流后温度一定升高。

32. （北京理工大学 2007 年考研试题）对于二氧化碳气体，若已知在 0～600℃ 范围内其平均比定压热容为 1.040kJ/(kg·K)，在 0～400℃ 范围内其平均比定容热容为 0.983kJ/(kg·K)。问它在 400～500℃ 范围内的平均比定压热容和平均比定容热容各为多少？

答：0～600℃ 时有

$$h_{0 \sim 600} = 1.040 \times 600 = 624 \ (\text{kJ/kg})$$

0～400℃ 时有

$$h_{0\sim400}=0.983\times400=393.2\ (\mathrm{kJ/kg})$$

由于比热容变化不大，故 $500℃$ 时焓值为

$$h_{500}=(h_{0\sim600}+h_{0\sim400})/2=0.5\times(624+393.2)=508.6(\mathrm{kJ/kg})$$

$400\sim500℃$ 焓的变化为

$$\Delta h=h_{500}-h_{400}=508.6-393.2=115.4\ (\mathrm{kJ/kg})$$

$400\sim500℃$ 范围内的平均比定压热容和平均比定容热容分别为

$$c_p=\Big|_{400}^{500}=\frac{\Delta h}{500-400}=1.154[\mathrm{kJ/(kg\cdot K)}]$$

$$c_V=\Big|_{400}^{500}=c_p-R_{\mathrm{CO_2}}=1.154-\frac{8.314}{44}=0.965[\mathrm{kJ/(kg\cdot K)}]$$

33.（北京理工大学 2007 年考研试题）一热力循环经历了等熵压缩、可逆定压加热及可逆定容放热过程回到初始状态，试在 $p\text{-}v$ 图和 $T\text{-}s$ 图上绘出此循环。

答：此循环的图如图 3-9 所示。

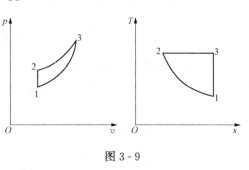

图 3-9

34.（北京理工大学 2006 年考研试题）1kg 空气从初态 $p_1=0.2\mathrm{MPa}$、$v_1=0.574\mathrm{m^3/kg}$ 经历一多变过程至终态 $p_2=0.1\mathrm{MPa}$、$v_2=1.027\ 5\mathrm{m^3/kg}$，则此过程的多变指数为____、体积变化功为____、多变过程的比热容为____。

答：1.19，63.42J，2.23kJ/kg·K。

35.（北京理工大学 2005 年考研试题）试推导当比热容为常数时理想气体熵差的计算式为 $\Delta s=c_V\ln\dfrac{p_2}{p_1}+c_p\ln\dfrac{v_2}{v_1}$。计算空气由初态 $p_1=0.105\mathrm{MPa}$、$T_1=450\mathrm{K}$ 经等压冷却到终态 $t_2=320\mathrm{K}$ 的熵差。

解：由热力第一定律 $T\mathrm{d}s=c_V\mathrm{d}T+p\mathrm{d}v$，两边同时除以 T 并积分，可得

$$\Delta s=c_V\ln\frac{T_2}{T_1}+R_{\mathrm{g}}\ln\frac{v_2}{v_1}$$

由理想气体状态方程 $\dfrac{T_2}{T_1}=\dfrac{p_2v_2}{p_1v_1}$，并带入得

$$\Delta s=c_V\ln\frac{p_2v_2}{p_1v_1}+R_{\mathrm{g}}\ln\frac{v_2}{v_1}=c_V\ln\frac{p_2}{p_1}+c_p\ln\frac{v_2}{v_1}$$

由于过程为等压过程，则

$$\frac{T_2}{T_1}=\frac{v_2}{v_1}$$

36.（北京理工大学 2005 年考研试题）空气（理想气体状态）在 $0\sim100℃$ 间的平均比定压热容为 0.923kJ/（kg·K），在 $0\sim400℃$ 间的平均比定压热容为 0.965kJ/（kg·K），则在 $100\sim400℃$ 时的平均比定压热容为____kJ/（kg·K），平均比定容热容为____kJ/（kg·K），比热容比为____。

答：0.979，0.719，1.362。

37.（北京理工大学 2005 年考研试题）已知理想气体初态参数为 p_1、T_1，经历一个可

逆绝热过程后，压力为 p_2，若比热容比为 κ，则该过程的终态温度为____，熵的变化量为____。

答：$T_1\left(\dfrac{p_2}{p_1}\right)^{\frac{\kappa-1}{\kappa}}$，0。

38. （北京理工大学 2004 年考研试题）已知初态为 0.1MPa、温度为 290K 的空气在压缩机中被绝热压缩到 0.5MPa，试分析此时的终态气温有无可能为 423K。最小可能的终温为多少？$c_V=0.717\mathrm{kJ/(kg\cdot K)}$，$R=0.287\mathrm{kJ/(kg\cdot K)}$。

解：可逆绝热压缩的终温是最小的终温，由可逆绝热过程的方程可得，终温 T_2 为

$$T_2=T_1\pi^{\frac{\kappa-1}{\kappa}}=290\times5^{\frac{0.4}{1.4}}=459.3(\mathrm{K})$$

最小温度为 459.3K，所以不可能为 423K。

$$\Delta s=c_p\ln\frac{T_2}{T_1}=1.003\times\ln\frac{320}{450}=-0.341\,9[\mathrm{kJ/(kg\cdot K)}]$$

39. （东南大学 2002 年考研试题）某一动力循环工作于温度为 1000K 及 300K 的热源与冷源之间，循环过程为 1—2—3—1，其中 1—2 为定压吸热过程，2—3 为可逆绝热膨胀过程，3—1 为定温放热过程。点 1 的参数是 $p_1=0.1\mathrm{MPa}$，$T_1=300\mathrm{K}$；点 2 的参数是 $T_2=1000\mathrm{K}$。如循环中是 1kg 空气，其 $c_p=1.01\mathrm{kJ/(kg\cdot K)}$，$\kappa=1.4$。试求：（1）给出此循环的 $p\text{-}v$ 图和 $T\text{-}s$ 图；（2）计算循环的热效率及循环净功。

解：（1）循环的 $p\text{-}v$ 图和 $T\text{-}s$ 图如图 3-10 所示。

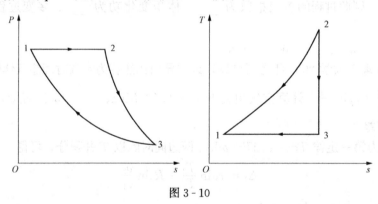

图 3-10

（2）在吸热过程中的熵变为

$$\Delta s_{1-2}=c_p\ln\frac{T_2}{T_1}=1.01\times\ln\frac{1000}{300}=1.22[\mathrm{kJ/(kg\cdot K)}]$$

吸热过程中的吸热量为

$$q_{1-2}=c_p(T_2-T_1)=1.01\times700=707(\mathrm{kJ/kg})$$

故该过程中的平均吸热温度为

$$T_{1-2}=\frac{q_{1-2}}{\Delta s_{1-2}}=\frac{707}{1.22}=581.4(\mathrm{K})$$

循环的热效率为

$$\eta=1-\frac{T_2}{T_1}=1-\frac{300}{581.4}=48.4\%$$

40.（东南大学 2003 年考研试题）由 $Tds=\delta q$ 推导定比热容理想气体，其多变过程中熵的变化量为：$s_2-s_1=\dfrac{(n-\kappa)R_g}{(n-1)(\kappa-1)}\ln\dfrac{T_2}{T_1}(n\neq1)$

证明：多变过程的定比热容为 $c_n=\dfrac{n-\kappa}{n-1}c_V$，其中 $c_V=\dfrac{R}{\kappa-1}$

对 $ds=\dfrac{\delta q}{T}$ 两边同时积分得

$$\int_1^2 ds=\int_1^2\frac{\delta q}{T}dT=s_2-s_1=\frac{n-\kappa}{n-1}\frac{R_g}{\kappa-1}\ln\frac{T_2}{T_1}$$

41.（东南大学 2002 年考研试题）某气体的状态方程为 $p(V-b)=RT$，热力学能 $u=c_VT+u_0$，其中 c_V、u_0 为常数。试证明在可逆绝热过程中该气体满足方程式：$p(V-b)\kappa=$ 定值，其中 $\kappa=c_p/c_V$。

解：由热力学第一定律可得，$du=dq+\delta w$，绝热过程的 $du=c_VdT=0$

$$c_VdT=-pdV=\frac{-RT}{c_V(V-b)}dV$$

两边积分得

$$c_V\ln T+R\ln(V-b)\kappa=C_1$$

整理得

$$Tc_V(V-b)^R=e^{c_1}=c_2$$

由已知条件：$T=\dfrac{p(V-b)}{R}$ 代入上式得

$$\left[\frac{p(V-b)}{R}\right]^{c_V}(V-b)^R=e^{c_1}=c_2$$

即

$$p(V-b)\kappa=Rc_2^{\frac{1}{c_V}}=c$$

42.（东南大学 2004 年考研试题）工质进行一个吸热、升温、比热容减小的多变过程，其多变指数 n 的变化应该在（　　）范围内。

A. $0<n<1$ 　　　B. $1<n<\kappa$ 　　　C. $n>\kappa$ 　　　D. $n<0$

答：C。在 T-s 图上该多变过程的范围如图 3-11 中阴影所示。

43.（东南大学 2004 年考研试题）某理想气体吸收 3349kJ 的热量而作定压变化。设比定容热容为 $0.741\mathrm{kg/(kg\cdot K)}$，气体常数为 $0.297\mathrm{kg/(kg\cdot K)}$，此过程中气体对外界所做的容积功为（　　）。

A. 858kJ 　　　B. 900kJ 　　　C. 245kJ 　　　D. 985kJ

答：B。由热力第一定律 $Q=c_p\Delta T=\Delta U+W=c_V\Delta T+W$ 可求出。

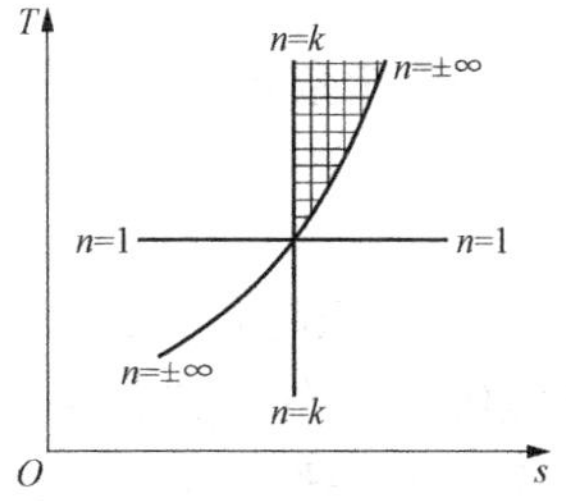

图 3-11

44.（东南大学 2003 年考研试题）热工实验中常用下述方法测定气体的绝热指数。如向一刚性容器中充入一定量空气，使其压力为 p_1（此时温度 T_1 等于环境温度 T_0）；打开控制阀迅速放出一部分气体，使容器内（虚线包围）的剩余气体实现一定熵膨胀过程，测出膨胀终态压力 p_2；后让其与环境充分换热，记录该状态下的压力 p_3，过程如图 3-12 所示。（1）将该 1—2—3 过程表示在 p-v 图和 T-s 图上；（2）分析其热力学原理，整理出绝热指数 κ 与压力（p_1、p_2、p_3）之间的关系式。

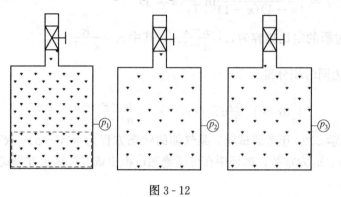

图 3-12

解：（1）将 1—2—3 过程表示在 p-v 图和 T-s 图上，如图 3-13 所示。

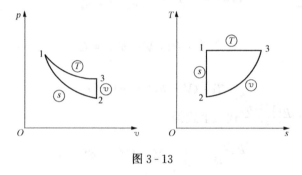

图 3-13

（2）由题意可知，1—2 定熵过程的过程方程为 $p_1 v_1^{\kappa} = p_2 v_2^{\kappa}$，2—3 定容过程的过程方程为 $v_2 = v_3$，3—1 定温过程的过程方程为 $p_1 v_1 = p_3 v_3$。

$$\left(\frac{p_1}{p_3}\right)^{\kappa} = \left(\frac{v_2}{v_1}\right)^{\kappa} = \frac{p_1}{p_2}$$

对上式求对数可得

$$\kappa \ln \frac{p_1}{p_3} = \ln \frac{p_1}{p_2}$$

绝热指数 κ 与压力之间的关系式为

$$\kappa = \ln \frac{p_1(p_3 - p_2)}{p_2 p_3}$$

45.（东南大学 2002 年考研试题）一容积为 $2\,\mathrm{m^3}$ 的封闭容器内储有温度为 20℃、压力为 500kPa 的空气，其 $c_p = 1.01\,\mathrm{kJ/(kg \cdot K)}$，$\kappa = 1.4$。若使压力提高至 1MPa，问：需要将容器内空气加热到多高温度？其间空气将吸收多少热量？

解：过程的气体常数为

$$R_g = c_p - c_V = 1.04 - 0.72 = 0.289\ [\mathrm{kJ/(kg \cdot K)}]$$

此过程为定容过程，过程方程为

$$\frac{p_1}{p_2} = \frac{T_1}{T_2}$$

过程终了时的温度为

$$T_2 = T_1 \frac{p_2}{p_1} = 293 \times \frac{1000}{500} = 586 \ (\text{K})$$

空气的质量为

$$m = \frac{pV}{RT} = \frac{500 \times 10^3 \times 2}{0.289 \times 293} = 1.18 \ (\text{kg})$$

空气将吸收的热量为

$$Q = mc_V \Delta t = 1.83 \times 0.72 \times 293 = 2499.12 \ (\text{kJ})$$

46. （南京航空航天大学 2008 年考研试题）对于理想气体，下列参数中不是温度的单值函数的是（   ）。

A. 热力学能   B. 焓   C. 熵   D. 比热容

答：C。熵不是温度的单值函数，是与温度和压力都有关的函数。

47. （南京航空航天大学 2008 年考研试题）判断题：工质经历任一循环，其熵变为零。

答：对。熵是状态参数，满足状态参数的特征，经历循环后其变化为零。

48. （南京航空航天大学 2008 年考研试题）将空气视为理想气体，若已知它的热力学能和焓或热力学能和温度，能否确定它的状态？说明理由。

答：不能。理想气体的热力学能和焓是温度的单值函数，而确定一个状态需要两个相互独立的变量，将空气作为理想气体时，如果确定的是热力学能和焓或热力学能和温度则确定的只有一个独立变量，不能确定它的状态。

49. （南京航空航天大学 2008 年考研试题）某理想气体初态时，经放热膨胀过程，终态的，过程中焓值变化。已知该气体的比定压热容，且为定值，试求：（1）ΔU；（2）比定容热容 c_V 和气体常数 R_g。

解：由理想气体状态方程可知

$$p_1 V_1 = m R_g T_1, \quad p_2 V_2 = m R_g T_2$$

上述两式相减后得

$$p_2 V_2 - p_1 V_1 = m R_g (T_2 - T_1)$$
$$= 170 \times 0.274 \ 4 - 520 \times 0.141 \ 9 \tag{1}$$
$$= -27.14 (\text{K})$$
$$\Delta H = m c_p (T_2 - T_1) = -67.85 (\text{kJ})$$
$$m(T_2 - T_1) = \frac{\Delta H}{c_p} = \frac{-67.95}{5.20} = -13.067 \tag{2}$$

联立式（1）、式（2），可得

$$R_g = \frac{-27.14}{-13.067} = 2.077 [\text{kJ}/(\text{kg} \cdot \text{K})]$$
$$c_V = c_p - R_g = 5.20 - 2.077 = 3.123 [\text{kJ}/(\text{kg} \cdot \text{K})]$$
$$\Delta U = c_V (T_2 - T_1) = 3.123 \times (-13.067) = -40.8 (\text{kJ})$$

50. （西安交通大学 2002 年考研试题）一容积为 0.3m^3 的储气罐内装初压 $p_1 = 0.5\text{MPa}$，初温 $t_1 = 27℃$ 的氮气（N_2）。若对罐加热，温度、压力升高。储气罐上装有压力控制阀，当压力超过 0.8MPa 时，阀门自动打开，放走氮气，即储气罐维持最大压力为 0.8MPa。问当罐内氮气温度为 306℃时，对管内氮气共加入多少热量？设氮气比热容为定值。

解：该加热过程可以分为两个阶段，第一阶段为定容过程，第二阶段为定压过程。

第一阶段结束时，压力为 0.8MPa，容积为 0.3m³，则由定容过程方程可知，温度为

$$T_2 = T_1 \frac{p_2}{p_1} = 300 \times \frac{0.8}{0.5} = 480 \text{(K)}$$

又因为 $m = \dfrac{p_1 V}{R_g T}$，$c_V = \dfrac{5}{2} R_g$

第一阶段的吸热量为

$$Q_1 = m c_V \Delta T = \frac{p_1 V}{R_g T} \times \frac{5}{2} R_g \times \Delta T = \frac{5}{2} \frac{p_1 V_1}{T_1} \Delta T$$

$$= \frac{5}{2} \times \frac{0.5 \times 10^3 \times 0.3}{300} \times (480 - 300)$$

$$= 225 \text{(kJ)}$$

第二阶段是定压过程，过程中氮气的质量发生变化，吸热量为

$$Q_2 = \int_{T_2}^{T_3} m c_p \, dT = \int_{T_2}^{T_3} \frac{p_2 V_1}{R_g T} \times \frac{7}{2} R_g \, dT = \frac{7}{2} p_2 V_1 \ln \frac{T_3}{T_2}$$

$$= \frac{7}{2} \times 0.8 \times 10^3 \times 0.3 \ln \frac{579}{480}$$

$$= 157.5 \text{(kJ)}$$

对管内氮气共加入的热量为

$$Q = Q_1 + Q_2 = 382.5 \text{（kJ）}$$

51.（西安交通大学 2003 年考研试题）工质经历了一个吸热、升温、压力下降的多变过程，则多变指数 n 满足（　　　）。

A. $0 < n < 1$　　　　B. $1 < n < \kappa$　　　　C. $n > \kappa$

答：A。由理想气体状态方程 $pv = R_g T$，由于 T 增大，p 减小，R 不变，则 v 增大，可得 $\dfrac{dp}{dv} < 0$，$n > 0$；$\dfrac{ds}{dT} < 0$ 故 $0 < n < 1$。

52.（西安交通大学 2004 年考研试题）氧气的平均比定压热容见表 3-2，求 1kg 氧气定压下从 135℃加热到 300℃所吸收的热量。

表 3-2　　　　　　　　　　　　　　　氧气的平均比定压热容

t(℃)	$c_p \Big|_0^t$ 〔kJ/(kg·K)〕
100	0.923
200	0.935
300	0.950

解：1kg 氧气定压下从 135℃加热到 300℃所吸收的热量为

$$q = c_p \Big|_0^{300} \times 300 - c_p \Big|_0^{135} \times 135 = 0.95 \times 300 - 0.927 \times 135 = 159.9 \text{(kJ/kg)}$$

53.（西安交通大学 2004 年考研试题）某气体遵循状态方程 $v = \dfrac{R_g T}{p} + \dfrac{C}{T^2}$（式中 C 为常

数），试推导这种气体在定温过程中焓变化的表达式。已知 $\mathrm{d}h = c_p\mathrm{d}T - \left[T\left(\dfrac{\partial v}{\partial T}\right)_p - v\right]\mathrm{d}p$。

解：定温过程的 $\mathrm{d}T = 0$，所以

$$\mathrm{d}h = -\left[T\left(\frac{\partial v}{\partial T}\right)_p - v\right]\mathrm{d}p$$

对状态方程求导得

$$\left(\frac{\partial v}{\partial T}\right)_p = \frac{R_g}{p} - 2CT^{-3}$$

将 $\mathrm{d}h$ 带入上式可得

$$\mathrm{d}h = \left[-T\left(\frac{R_g}{p} - 2CT^{-3}\right) + v\right]\mathrm{d}p$$

$$= \left[v - \left(\frac{R_g T}{p} + \frac{C}{T^2}\right) + 3\frac{C}{T^2}\right]\mathrm{d}p$$

$$= 3\frac{C}{T^2}\mathrm{d}p$$

54.（西安交通大学 2005 年考研试题）证明：（1）试证明理想气体定熵过程的过程方程为 $pv^\kappa = c$。其中 $\kappa = \dfrac{c_p}{c_V}$，$\kappa$、$c$ 均为常数。（2）理想气体多变过程的多变比热容 $c_n = \dfrac{n-\kappa}{n-1}c_V$，$n$ 为多变指数。

证明：（1）因为是定熵过程

$$\mathrm{d}s = c_V\frac{\mathrm{d}p}{p} + c_p\frac{\mathrm{d}v}{v} = 0$$

$$\frac{\mathrm{d}p}{p} + \kappa\frac{\mathrm{d}v}{v} = 0$$

对上式积分可得

$$pv^\kappa = c$$

（2）由热力学第一定律，多变过程的方程为

$$q = \Delta u + w = c_V\Delta T \mid \frac{R_g}{n-1}(T_1 - T_2)$$

$$= c_V\Delta T - \frac{\kappa-1}{n-1}c_V(T_1 - T_2)$$

$$= \frac{n-\kappa}{n-1}c_V\Delta T$$

理想气体多变过程的多变比热容

$$c_n = \frac{n-\kappa}{n-1}c_V\Delta T$$

55.（西安交通大学 2002 年考研试题）如图 3-14 所示，试在 T-s 图上把理想气体任意状态间的热力学能及焓的变化表示出来。

对于定容过程 $q_v = \Delta u + w = \Delta u = \displaystyle\int_1^2 c_V\mathrm{d}T$，对于定压过程 $q_p = \Delta h + w_t = \Delta h = \displaystyle\int_1^2 c_p\mathrm{d}T$，则理想气体任意状态间的

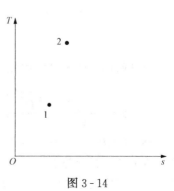

图 3-14

热力学能及焓如图 3-15 中阴影面积所示。

56. （西安交通大学 2002 年考研试题）已知理想气体的比定容热容 $c_V = a + bT$，其中 a，b 为常数，试导出其热力学能、焓和熵的计算式。

解：由热力学能、焓和熵的计算式可得

$$\Delta u = \int_{T_1}^{T_2} c_V dT = \int_{T_1}^{T_2} (a + bT)dT = a(T_2 - T_1) + \frac{b}{2}(T_2^2 - T_1^2)$$

$$\Delta h = \int_{T_1}^{T_2} c_p dT = \int_{T_1}^{T_2} (a + bT + R_g)dT = (a + R_g)(T_2 - T_1) + \frac{b}{2}(T_2^2 - T_1^2)$$

$$\Delta s = \int_{T_1}^{T_2} c_V \frac{dT}{T} + R_g \ln \frac{v_2}{v_1} = a \ln \frac{T_2}{T_1} + b(T_2 - T_1) + R_g \ln \frac{v_2}{v_1}$$

热力学能及焓的变化表示如图 3-15 所示。

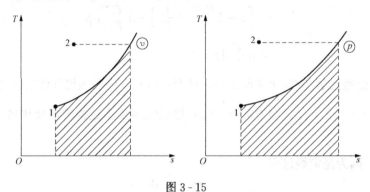

图 3-15

57. （天津大学 2004 年考研试题）如图 3-16 所示，绝热容器 A、B 内装有相同的气体，已知 T_A、p_A、V_A 和 T_B、p_B、V_B，比定容热容 c_V 可看成为常量，管路、阀门均绝热。求打开阀门后，A、B 容器内气体的终温与终压。

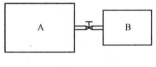

图 3-16

解：将 A、B 作为一个系统，该系统不对外做功，由能量守恒定律

$$\Delta U = \Delta U_A + \Delta U_B = m_A c_V(T - T_A) + m_B c_V(T - T_B) = 0$$

两个容器中气体的质量为

$$m_A = \frac{p_A V_A}{R_m T_A}, \quad m_B = \frac{p_B V_B}{R_m T_B}$$

将 m_A、m_B 带入后得

$$T = \frac{T_A T_B(p_A V_A + p_B V_B)}{T_A p_B V_B + T_B p_A V_A}$$

打开阀门后两部分气体相互混合，则混合后气体的终压为

$$p = \frac{mR_m T}{V} = \frac{\left(\frac{p_A V_A}{R_m T_A} + \frac{p_B V_B}{R_m T_B}\right)R_m}{V_A + V_B} \frac{T_A T_B(p_A V_A + p_B V_B)}{T_A p_B V_B + T_B p_A V_A} = \frac{p_A V_A + p_A V_A}{V_A + V_B}$$

58. （天津大学 2005 年考研试题）如图 3-17 所示，管道 1 中的空气和管道 2 中的空气进入管道 3 进行绝热混合。若管道 1 气流温度为 200℃，流量为 6kg/s，流速为 100m/s，管道 2 气流温度为 100℃，流量为 1kg/s，流速为 50m/s，混合后的压力为 4bar。管道 3 的直

径为100mm。若空气可视为理想气体而且比热容为定值 $c_p = 1.004\text{kJ/(kg·K)}$，$R = 0.287\text{kJ/(kg·K)}$。试求混合后空气的流速和温度。

解：根据质量守恒

$$m_1 + m_2 = m_3$$

该过程为绝热混合过程，根据热力学第一定律可知：

$E_3 = E_1 + E_2$

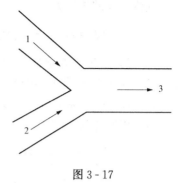

$$E_1 = U_1 + E_{k1} = m_1 c_{V1} T_1 + \frac{1}{2} m_1 v_1^2$$

$$E_2 = U_2 + E_{k2} = m_2 c_{V2} T_2 + \frac{1}{2} m_2 v_2^2$$

$$E_3 = U_3 + E_{k3} = m_3 c_{V3} T_3 + \frac{1}{2} m_3 v_3^2$$

图 3-17

根据理想气体状态方程：$p_3 V_3 = m_3 R T_3$，又 $V_3 = \pi \left(\dfrac{d_3}{2} \right)^2 c_3$

可得混合后的温度和流速为：$c_3 = 91.0\text{m/s}$，$T_3 = 142.4\text{℃}$。

59.（天津大学2005年考研试题）一定量理想气体经历一个不可逆过程，对外做功12kJ，放热3kJ，则气体温度变化为____。（填升高或降低或不变）

答：降低。由热力学第一定律 $Q = \Delta U + W$，$Q = -3\text{kJ}$，$W = 12\text{kJ}$，则 $\Delta U = -15\text{kJ}$，气体温度降低。

60.（天津大学2005年考研试题）判断题：理想气体不可能进行放热并且升温过程。

答：错。由热力学第一定律 $Q = \Delta U + W$，$Q < 0$，$\Delta U > 0$ 时，只要 $W < 0$，即外界对气体做功时可以实现。

61.（大连理工大学2002年考研试题）在压力为0.2MPa的条件下，1标准立方米的空气从100℃定压加热到200℃时所吸收的热量是多少？已知：空气 $\kappa = c_p/c_V = 1.4$，$c_V = 0.717\text{kJ/(kg·K)}$。

解：1标准立方米的空气质量为

$$m = \frac{p_0 V_0}{R_g T_0} = \frac{101\,325 \times 1}{287 \times 273.15} = 1.29(\text{kg})$$

$$c_p = \kappa \times c_V = 1.4 \times 0.717 = 1.004[\text{kJ/(kg·K)}]$$

空气从100℃定压加热到200℃时所吸收的热量为

$$Q = m c_p \Delta T = 1.29 \times 1.004 \times 100 = 129.77 \ (\text{kJ})$$

62.（大连理工大学2002年考研试题）容积为0.3m³的钢制容器中盛有压力为3.1MPa，温度为18℃的理想气体。试确定：（1）打开阀门使容器内气体压力和温度降到1.7MPa、15℃时，消耗的气体量为多少？（2）关闭阀门使容器内气体逐步恢复到初始温度时，气体吸收的热量为多少？设气体在标准状态下的密度为1.429kg/m³，$\kappa = 1.4$。

解：（1）由理想气体状态方程可得

$$\Delta m = m_1 - m_2 = \frac{p_1 V_1}{R_g T_1} - \frac{p_2 V_2}{R_g T_2} = \frac{3.1 \times 10^6 \times 0.3}{259 \times 291} - \frac{1.7 \times 10^6 \times 0.3}{259 \times 288}$$

$$= 12.34 - 6.84 = 5.50(\text{kg})$$

（2）在标准状态下的密度为1.429kg/m³，则

$$\frac{p_0}{R_g T_0} = 1.429 \Rightarrow R_g = 259\text{J}/(\text{kg} \cdot \text{K})$$

气体吸收的热量为

$$Q = m_2 \times \frac{1}{\kappa - 1} R_g = 6.84 \times 647.5 = 4428.9(\text{J}) = 4.4289(\text{kJ})$$

63. （大连理工大学 2004 年考研试题）什么是 1 标准立方米？1m³ 温度为 30℃，压力为 0.11MPa 的空气相当于多少标准立方米？

答：标准立方米为在 1 个标准大气压下、0℃时的 1m³ 气体。

由理想气体状态方程，1m³ 温度为 30℃，压力为 0.11MPa 空气的标准立方米为

$$\frac{p_0 V_0}{R_g T_0} = \frac{p_1 V_1}{R_g T_1} \Rightarrow V_0 = \frac{p_1 T_0}{p_0 T_1} V_1 = \frac{0.11}{0.101\,325} \times \frac{273.15}{303.15} \times 1 = 0.98(\text{m}^3)$$

1m³ 温度为 30℃，压力为 0.11MPa 的空气相当于 0.98 标准立方米。

64. （大连理工大学 2004 年考研试题）试写出质量比热容、摩尔比热容和体积比热容之间的关系式。

答：c 为质量比热容，C_m 为摩尔比热容，C' 为体积比热容。三者之间的关系为
$$C_m = Mc = V_{m0} C'$$
式中：V_{m0} 为标准状态的摩尔体积。

65. （大连理工大学 2004 年考研试题）10kg 空气，初始状态为 $p_1 = 1\text{MPa}$，$t_1 = 500℃$，定容放热到 $t_2 = 350℃$ 后，再定压放热 2000kJ，试求空气热力学能、焓、熵的变化量以及环境的熵变量。已知环境 $t_0 = 15℃$，空气 $c_p = 1.004\text{kJ}/(\text{kg} \cdot \text{K})$，$\kappa = 1.4$。

解：$c_V = \dfrac{c_p}{\kappa} = \dfrac{1.004}{1.4} = 0.717\text{kJ}/(\text{kg} \cdot \text{K})$

定容过程时，由热力学第一定律 $Q_V = \Delta U + W$，$W = 0$
$$Q_V = \Delta U = mc_V \Delta T = 10 \times 0.717 \times (300 - 150) = 1075.5 \ (\text{kJ})$$

定压过程时，$Q_p = \Delta H + W_t$，$W_t = 0$
$$Q_p = \Delta H = mc_p \Delta T = 10 \times 1.004 \times (T_3 - 350) = -2000 \ (\text{kJ})$$
得 $$T_3 = 150.8\text{K}$$

热力学能和焓的变化为
$$\Delta U = mc_V(T_3 - T_1) = 10 \times 0.717 \times (423.95 - 723.15) = -2145.3(\text{kJ})$$
$$\Delta H = mc_p(T_3 - T_1) = 10 \times 1.004 \times (423.95 - 723.15) = -3004.0(\text{kJ})$$

熵的变化为
$$\Delta S = \Delta S_{1-2} + \Delta S_{2-3} = m\left(c_V \ln \frac{T_2}{T_1} + c_p \ln \frac{T_3}{T_2}\right)$$
$$= 10 \times \left(0.717\ln\frac{623.15}{773.15} + 1.004\ln\frac{423.95}{623.15}\right) = -5.4(\text{kJ/K})$$

外界环境熵的变化为
$$\Delta S = \frac{|Q_1| + |Q_2|}{T_0} = \frac{1075.5 + 2000}{288.15} = 10.67(\text{kJ/K})$$

66. （华中科技大学 2003 年考研试题）为什么 $T\text{-}s$ 图上过同一点的气体定容线要比定压线陡一些？

答：定容过程和定压过程的斜率分别为

$$\left(\frac{\partial T}{\partial s}\right)_V = \frac{T}{c_V} \text{ 及 } \left(\frac{\partial T}{\partial s}\right)_p = \frac{T}{c_p}$$

任何气体，同一温度下 $c_p > c_V$，故过同一点的定压线比定容线平坦。

67.（北京航空航天大学 2006 年考研试题）多变过程不是可逆过程，____（填对或错），它的比热容表达式为____，过程中技术功和膨胀功之比为____。

答：错，$c_n = \frac{n-\kappa}{n-1}c_V$，$n$。

68.（北京航空航天大学 2004 年考研试题）在 $p\text{-}v$ 图上表示出从同一初温、初压条件下，气体分别经历等温和等熵压缩到达相同终态压力时的过程功，比较其大小，并说明为什么？（过程功分别指技术功和膨胀功）

答：等温和等熵压缩到达相同终态压力的过程功如图 3-18 所示。

等温过程的膨胀功为 $1-3-6-8-1$ 所包围的面积，技术功为 $1-3-4-5-1$ 所包围的面积；等熵过程的膨胀功为 $1-2-7-8-1$ 所包围的面积，技术功改为 $1-2-4-5-1$ 所包围的面积。

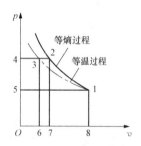

图 3-18

69.（北京航空航天大学 2004 年考研试题）气体常数 $R = 8314\text{J}/(\text{kg}\cdot\text{K})$ 适用于____气体。

答：所有理想。

70.（北京航空航天大学 2004 年考研试题）如图 3-19 所示，有 1kg 完全气体（比热容比为 κ）经可逆定容过程压力由 p_1 增至 p_2，然后经一可逆等压过程至状态 3，最后返回到初始状态，构成一个循环，若过程 3-1 的 $p\text{-}v$ 变化为线性的，求：（1）该循环的循环功；（2）该循环的热效率。

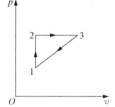

图 3-19

解：（1）该循环在 $p\text{-}v$ 上是一个直角三角形，其所包围的面积为循环的净功

$$w = 1/2(p_2 - p_1)(v_2 - v_1)$$

（2）该循环的吸热过程为 $1-2$ 和 $2-3$，两个过程的吸热量分别为

$$Q_1 = c_V(T_2 - T_1) = \frac{R_g}{\kappa-1}\frac{p_2 v_2 - p_1 v_1}{R_g} = \frac{p_2 v_2 - p_1 v_1}{\kappa-1}$$

$$Q_2 = c_p(T_3 - T_2) = \frac{\kappa}{\kappa-1}R_g\frac{p_3 v_3 - p_2 v_2}{R_g} = \frac{\kappa(p_3 v_3 - p_2 v_2)}{\kappa-1}$$

该循环的热效率为

$$\eta = \frac{w}{Q_1 + Q_2} = \frac{1/2(\kappa-1)\times(p_2 - p_1)\times(v_2 - v_1)}{(p_2 v_2 - p_1 v_1) + \kappa(p_3 v_3 - p_2 v_2)}$$

71.（北京航空航天大学 2005 年考研试题）空气的平均分子量为 28.97，比定压热容 $c_p = 1005\text{J}/(\text{kg}\cdot\text{K})$，则空气的气体常数为____$\text{J}/(\text{kg}\cdot\text{K})$，其比定容热容 c_V 为____$\text{J}/(\text{kg}\cdot\text{K})$。

答：287，718。

72.（北京航空航天大学 2006 年考研试题）比定压热容和比定容热容都是温度的函数，则二者之差也是温度的函数，该表述（　　）。

A．正确　　　　　　B．错

答：B。二者之差是理想气体常数，不随温度变化。

73. （北京航空航天大学 2005、2006 年考研试题）在 T-s 图上表示理想气体由状态 1 等熵膨胀到状态 2 时技术功的大小。并说明为什么？

答：1—2 为等熵过程，1—3 为等压过程。对于等熵过程 $q_s=\Delta h+w_t=0$，$w_t=-\Delta h$，对于等压过程 $q_p=\Delta h+w_t$，$w_t=0$，$q_p=\Delta h$，等熵过程的技术功与等压过程的吸热量相等。过程中的技术功如图 3-20 所示。

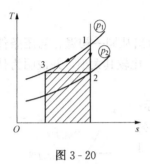

图 3-20

74. （北京航空航天大学 2004、2005 年考研试题）热力过程中，等容、等压、等温、等熵过程均为理想的可逆过程，而多变过程才是实际的不可逆过程，该是说法对否？多变过程比热容表达式是什么？

答：错。等容、等压、等温、等熵过程均为基本热力过程，其中等容、等压、等温不一定是可逆过程，等熵过程才是可逆过程。而工程中的很多热力过程满足多变过程的特点，但多变过程可以是可逆过程，也可以是不可逆过程，多变过程的比热容表达式为 $c_n=\dfrac{n-\kappa}{n-1}c_V$。

75. （哈尔滨工业大学 2003、2009 年考研试题）压气机中气体压缩后的极限温度为 150℃，吸入空气的压力和温度分别为 $p_1=0.1\text{MPa}$、$t_1=20℃$。若压气机缸套中流过 465kg/h 的冷却水，在气缸中的水温升高 14℃。求在单机压气机中压缩 250m³/h 进气状态下的空气可能达到的最高压力及压气机必需的功率。已知空气的 $R=0.287\text{kJ/(kg·K)}$、$c_V=0.717\text{kJ/(kg·K)}$，水的 $c_p=4.187\text{kJ/(kg·K)}$。

解：空气质量流量
$$m_1=\frac{p_1V_1}{RT_1}=\frac{0.1\times10^6\times250/3600}{287\times293}=0.083(\text{kg/s})$$

由能量守恒冷却水带走的热量为
$$Q=c_pm\Delta t=4.187\times465/3600\times14=7.57(\text{kJ/s})$$

冷却水带走的热量等于空气释放的热量
$$Q'=m_1\frac{n-\kappa}{n-1}c_V(T_2-T_1)=0.83\times\frac{n-1.4}{n-1}\times0.717\times130=-Q$$

解得
$$n=1.2$$

根据多变过程方程，可能达到的最高压力为
$$p_2=p_1\left(\frac{T_2}{T_1}\right)^{\frac{n}{n-1}}=0.91(\text{MPa})$$

压气机所需的功率为
$$W_t=m_1\frac{n}{n-1}R(T_1-T_2)=0.083\times6\times0.287\times(-130)=-18.49(\text{kW})$$

76. （哈尔滨工业大学 2003 年考研试题）1kg 空气多变过程吸取 41.87kJ 的热量时，将使其容积增大 10 倍，压力降低 8 倍，求：过程中空气的热力学能变化量，空气对外所做的膨胀功及技术功。已知：空气的比热容 $c_p=1.004\text{kJ/(kg·K)}$，气体常数 $R=0.287\text{kJ/(kg·K)}$。

解：多变过程的热量为

$$Q = \frac{n-\kappa}{n-1} c_V (T_2 - T_1) = 41.87(\text{kJ})$$

$$c_V = c_p - R = 1.004 - 0.287 = 0.717[\text{kJ}/(\text{kg} \cdot \text{K})]$$

$$\kappa = \frac{c_p}{c_V} = \frac{1.004}{0.717} = 1.4$$

因为过程前后容积增大 10 倍，压力降低 8 倍，故

$$p_1 v_1^n = p_2 v_2^n = \left(\frac{1}{8} p_1\right) \times (10v)_1^n = \frac{1}{8} \times 10^n \times p_1 v_1^n$$

可得

$$n = 0.9$$

过程中热力学能的变化为

$$\Delta U = c_V (T_2 - T_1) = \frac{Q}{\frac{n-\kappa}{n-1}} = \frac{41.87}{\frac{0.9-1.4}{0.9-1}} = 8.37(\text{kJ})$$

空气对外做的膨胀功为

$$W = Q - \Delta U = 41.87 - 8.37 = 33.50 \ (\text{kJ})$$

空气对外做的技术功为

$$W_t = nW = 30.15 \ (\text{kJ})$$

77. （哈尔滨工业大学 2002 年考研试题）在储有 0.2kg 空气的气缸 - 活塞装置中有一电阻 R，空气的初态 $p_1 = 1.03$bar，$t_1 = 20$℃。活塞的另一端为大气，大气压力为 1.03bar，气缸和活塞是绝热的。现用一电池对电阻 R 供给电流 2min，通过外界测量得知，电池电压力为 12V，通过电阻的电流为 2A。试求通电结束后，空气的终态温度、终态压力和所做的膨胀功。已知：空气的比热容 $c_p = 1.004$kJ/(kg·K)，气体常数 $R_g = 0.287$kJ/(kg·K)。

解：电阻在 2min 内产生的热量为

$$Q = I^2 Rt = 12 \times 2^2 \times 60 = 2.88 \ (\text{kJ})$$

由热力学第一定律得

$$Q = \Delta H = mc_p (T_2 - T_1)$$

$$T_2 = T_1 + \frac{Q}{mc_p} = 293 + \frac{2.88}{0.2 \times 1.004} = 307.34\text{K}$$

因为该过程为定压过程，过程终了时的压力为

$$p_2 = p_1 = 1.03\text{bar}$$

系统对外做的膨胀功为

$$W = Q - \Delta U = Q - c_V \Delta T = 2.88 - 0.2 \times 0.717 \times (307.34 - 293) = 0.82(\text{kJ})$$

78. （哈尔滨工业大学 2001 年考研试题）如图 3 - 21 所示，一个绝热活塞，可在绝热气缸中无摩擦地自由运动，活塞两边装有理想气体，每边容积均为 0.02m³，温度为 25℃，压力为 1atm。今对气缸左侧加热，使活塞缓慢向右侧移动，直到它对活塞右侧的气体加到 2atm，若气体绝热指数为 $\gamma = 1.4$。试求：（1）压缩后右侧气体的终温和终容积；（2）对气缸右侧气体所做的压缩功。

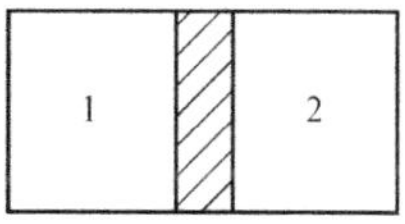

解：（1）以气缸右侧气体为系统则，右侧气体进行的为可逆绝热过程，由过程方程

图 3 - 21

$$p_1^\gamma V_1^\gamma = p_2^\gamma V_2^\gamma$$

由理想气体状态方程

$$\frac{T_2}{T_1} = \left(\frac{p_2}{p_1}\right)^{\frac{\gamma-1}{\gamma}}$$

可得压缩后右侧气体的终温和终容积为

$$V_2 = \left(\frac{p_2}{p_1}\right)^{\frac{1}{\gamma}} V_1 = \left(\frac{1}{2}\right)^{\frac{1}{1.4}} \times 0.02 = 0.012\ 2(\mathrm{m}^3)$$

$$T_2 = \left(\frac{p_2}{p_1}\right)^{\frac{\gamma-1}{\gamma}} T_1 = \left(\frac{1}{2}\right)^{\frac{1.4-1}{1.4}} \times 298 = 363.27(\mathrm{K})$$

(2) 对右侧气体所做的压缩功

$$W = \int_1^2 p\mathrm{d}V = \int_1^2 \frac{c}{V^\gamma}\mathrm{d}V = \frac{p_2 V_2 - p_1 V_1}{1-\gamma}$$

$$= \frac{2 \times 0.101 \times 0.012\ 2 - 0.101 \times 0.02}{1-1.4} \times 10^6$$

$$= -1111.6(\mathrm{J})$$

第四章　热力学第二定律

基 本 知 识 点

一、自发过程的方向性

能够独立、无条件地自动进行的过程称为自发过程，其逆过程通常是不能自动地、无条件地进行，需要外界帮助作为补偿条件，称为非自发过程。

1. 功热转换

功可以自动转换成热，但热不能自动地转换成功。

2. 有限温差传热

热可以自动地从高温物体传向低温物体，而反向的进行要付出其他代价，即有限温差传热是不可逆的。

3. 自由膨胀

绝热自由膨胀在膨胀过程中未遇到阻力，也不对外做功，为无阻膨胀，可以自发进行，相反的过程不能自发进行。

4. 混合过程

两种或几种不同流体的混合过程是常见的自发过程，而分离过程不可能自发进行。

二、热力学第二定律的表述

热力过程之所以具有方向性，是由于能量不仅有"量"的多少，而且有"质"的高低。热力学第二定律就是阐明与热现象相关的各种过程进行的方向、条件及限度的定律。热力学第二定律有各种形式的表述，最基本、广为应用的表达形式为克劳修斯表述和开尔文表述。

1. 克劳修斯表述

"热不可能自发地、不付代价地从低温物体传至高温物体"。

克劳修斯说法的实质是热量由高温传向低温是不可逆的自发过程。

2. 开尔文表述

"不可能制造出从单一热源吸热，使之全部转换为功而不留下其他任何变化的热力发动机"。

热机的热效率不可能达到 $\eta_t = 100\%$，故第二类永动机不存在。开尔文说法的实质是功变热是不可逆的自发过程。

热量从低温物体传至高温物体，以及热变功都是非自发过程，同时，非自发过程（热转变为功）的实现，必须有一个自发过程（部分热量由高温传向低温）作为补充条件。在制冷机或热泵中，此代价就是消耗功量或热量，而热变功中至少还要一个放热的冷源。

三、卡诺循环和多热源可逆循环分析

1. 卡诺循环

热力学第二定律指出，热机的热效率不可能达到100%。那么，在一定条件下，热机的热效率最大能达到多少？又与哪些因素有关？法国工程师卡诺提出了最理想的热机工作方

案，即卡诺循环，表述为工作于温度分别为 T_1 和 T_2 两个热源之间的正向循环，由两个可逆过程和两个可逆绝热过程组成。

工质为理想气体时卡诺循环的 p-v 图及 T-s 图如图 4-1 所示。图中，4-1 为绝热压缩；1-2 为定温吸热；2-3 为绝热膨胀；3-4 为定温放热。

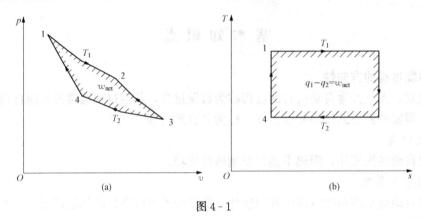

图 4-1

采用理想气体为工质时的卡诺循环热效率仅与热源温度 T_1 和冷源温度 T_2 有关，即

$$\eta_c = 1 - \frac{q_2}{q_1} = 1 - \frac{T_2}{T_1} \tag{4-1}$$

分析卡诺循环的热效率公式，可得出如下几点重要结论：

(1) 卡诺循环的热效率只取决于高温热源和低温热源的温度 T_1 和 T_2，提高 T_1 或降低 T_2，可提高热效率。

(2) 卡诺循环的热效率只能小于 1，绝不能等于 1。因为 $T_1 = +\infty$ 或 $T_2 = 0$ 的情况无法实现，也就是说，即使理想的情况下，也不可能将热能全部转化为机械能。

(3) $T_1 = T_2$ 时，$\eta_c = 0$，即在温度平衡体系中，热能不可能转变成机械能，热能产生动力一定要有温差作为热力学条件，从而验证了借助单一热源连续做功的机器或第二类永动机是不存在的。

2. 概括性卡诺循环

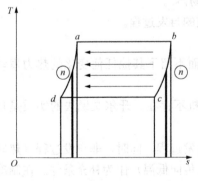

图 4-2

两个热源之间除卡诺循环外，也可用两个多变指数 (n) 相同的多变过程来替代两个可逆绝热过程，而形成可逆循环如图 4-2 所示。d—a 过程的吸热量等于 b—c 过程的放热量，即这两个多变过程互相交换热量，称为概括性卡诺循环，其循环热效率用 η_t 表示，即

$$\eta_t = 1 - \frac{q_2}{q_1} = 1 - \frac{T_2}{T_1} = \eta_c \tag{4-2}$$

在概括性卡诺循环中，一个重要的措施是采用回热，所谓回热，就是工质在回热器中实现工质内部相互传热，即工质自己加热自己，采用回热的循环称为回热循环，故概括性卡诺循环又称为两恒温热源间的极限回热循环。

3. 逆向卡诺循环

与卡诺循环的热力过程相同，按逆时针放行进行，以消耗一定代价作为补偿条件，而使热量从低温区传向高温区，如图 4-3 所示。

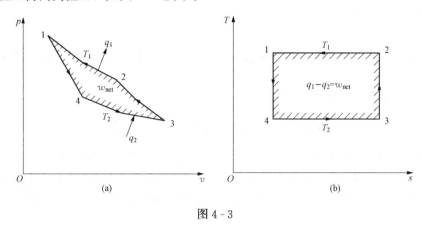

图 4-3

（1）制冷装置。维持低温区温度低于环境温度，不断地从低温区吸收热量。假定 q_1 为循环中向高温区放出的热量，q_2 表示循环中从低温区吸收的热量；w_{net} 表示循环净功，则制冷系数 ε_c 为

$$\varepsilon_c = \frac{q_2}{w_{net}} = \frac{T_2}{T_1 - T_2} \qquad (4-3)$$

（2）热泵装置。维持高温区温度高于环境温度，不断地向高温区供热，则卡诺热泵循环的制热系数 ε_c' 为

$$\varepsilon_c' = \frac{q_1}{w_{net}} = \frac{T_1}{T_1 - T_2} \qquad (4-4)$$

对于制冷循环，降低环境温度 T_1，提高冷库温度 T_2，则制冷系数 ε_c 增大；对于热泵循环，提高环境温度 T_2，降低室内温度 T_1，则制热系数 ε_c' 增大，且始终大于 1。

四、热力学第二定律推论之一——卡诺定理

热力学第二定律可以从不同的现象去描述，卡诺定理实际上就是从热机循环热效率的角度描述的热力学第二定律。

卡诺定理一：在相同温度的高温热源和相同温度的低温热源之间工作的一切可逆循环，其热效率相等，与逆循环种类及工质无关。

卡诺定理二：在温度同为 T_1 的热源和同为 T_2 的冷源间工作的一切不可逆循环，其热效率必小于可逆循环。

采用同样的方法可以证明卡诺定理二。

综合卡诺循环和卡诺定理，可以得到如下重要结论：

（1）在两个热源间工作的一切可逆循环，热效率都相同，与工质的性质无关，只取决于热源和冷源的温度，热效率都可以表示为 $\eta_c = 1 - \dfrac{T_2}{T_1}$。

（2）温度界限相同，但具有两个以上热源的可逆循环，其热效率低于卡诺循环。

（3）不可逆循环的热效率必定小于同样条件下的可逆循环。

（4）提高热源温度 T_1 和降低冷源温度 T_2 可以提高卡诺循环及相同温限间其他可逆循环的热效率，但由于 $T_2 = 0K$ 和 $T_1 \to \infty$ 是不可能的，故循环热效率不可能等于 100%。

（5）当 $T_1 = T_2$ 时，$\eta_c = 0$，这说明单一热源的热机是不可能造成的。要实现连续的热功

转换，必须有两个或两个以上温度不等的热源。

五、熵与熵增原理

1. 熵的导出

熵是与热力学第二定律密切相关的状态参数，可由卡诺定理和克劳修斯不等式等多种方法导出。

克劳修斯定义状态参数熵

$$dS = \frac{\delta Q_{rev}}{T_r} = \frac{\delta Q_{rev}}{T} \text{ 或 } ds = \frac{\delta q_{rev}}{T_r} = \frac{\delta q_{rev}}{T} \tag{4-5}$$

无传热温差时，热源温度 T_r 与工质温度 T 相同，δQ_{rev} 为可逆过程换热量。

一切状态参数与到达这一状态的路径无关，因此式（4-5）提供了计算任意可逆过程熵变的途径。对于不可逆过程，可通过计算与其初、终态相同的任意可逆过程的熵变来确定其熵变。

熵变表征了可逆过程中热交换的方向和大小，可逆时

$$dS > 0 \longrightarrow \delta Q > 0，吸热$$
$$dS < 0 \longrightarrow \delta Q < 0，放热$$
$$dS = 0 \longrightarrow \delta Q = 0，绝热$$

2. 克劳修斯不等式

克劳修斯在卡诺定理的基础上，进一步导出了对于不可逆循环满足的克劳修斯不等式，即

$$\oint \frac{\delta Q}{T_r} \leqslant 0 \tag{4-6}$$

式（4-6）表明，克劳修斯积分不等式在不可逆循环时小于零，可逆循环时等于零，而绝不可能大于零。式（4-6）是热力学第二定律的数学表达式之一，可以直接用来判断循环是否可能以及是否可逆。

克劳修斯不等式也可表示为

$$\Delta S_{1-2} = S_2 - S_1 \geqslant \int_1^2 \frac{\delta Q}{T_r} \tag{4-7}$$

式（4-7）中不等号适用于不可逆过程，等号适用于可逆过程。式（4-7）表明，任何过程熵的变化只能大于 $\int_1^2 \frac{\delta Q}{T_r}$，极限情况等于 $\int_1^2 \frac{\delta Q}{T_r}$ 而绝不能小于 $\int_1^2 \frac{\delta Q}{T_r}$。这是热力学第二定律的又一数学表达式，它可以用于判断过程能否进行，是否可逆。

3. 熵方程

系统的熵变等于熵流与熵产之和，其数学表达式为

$$dS = dS_f + dS_g，\Delta S = \Delta S_f + \Delta S_g \tag{4-8}$$

其中，dS_f 为熵流，是由热交换引起的熵变，$\Delta S_f = \int \frac{\delta Q}{T_r}$，吸热时，$\Delta S_f > 0$，放热时，$\Delta S_f < 0$，绝热时，$\Delta S_f = 0$；$dS_g$ 为熵产，是由不可逆因素引起的熵变，不可逆时，$\Delta S_g > 0$，可逆时，$\Delta S_g = 0$。

4. 孤立系统熵增原理

孤立系统与外界没有热量交换，故其 $\Delta S_f = 0$，因此

$$\Delta S_{iso} = \Delta S_g \geqslant 0 \tag{4-9}$$

式中，不等号适用于不可逆过程，等号适用于可逆过程。式（4-9）说明，在孤立系内，一切实际过程（不可逆过程）都朝着使系统熵增加的方向进行，或在极限情况下（可逆过程）维持系统的熵不变，任何使孤立系统熵减小的过程不可能发生。这一原理即为孤立系统熵增原理。

六、㶲

能量中能够转换为有用功部分的多少，除与能量的形式和拥有该能量的系统所处的热力学状态有关外，还与做功的过程和系统所处的环境有密切关系，进行一定能量或一个系统的可用能分析时，常引入㶲的概念，㶲的定义为：

给定环境条件下，能量中最大可能转化为有用功的部分称为该能量的㶲，用 E_x 表示；在环境条件下，不能转化为有用功的部分称为㶫，用 A_n 表示。任何能量 E 都由㶲和㶫组成，即

$$E = E_x + A_n \tag{4-10}$$

由于㶲既可以反映能量的数量，又可以反映各种能量之间品质的差异，所以用㶲效率的概念来衡量热力学完善程度，即

$$\eta_{ex} = 收益㶲 / 支付㶲 \tag{4-11}$$

1. 热量㶲

给定环境条件下，热量中所能做出的最大有用功称为该热量的㶲，热量㶲的计算式为

$$E_{x,Q} = Q - T_0 \Delta S \tag{4-12}$$

热量计算式为

$$A_{n,Q} = Q - E_{x,Q} = T_0 \Delta S \tag{4-13}$$

热量㶲和热量可以用图 4-4 表示。

热量㶲的大小与热量本身、系统温度及环境温度有关。相同数量的热量，当环境温度确定后，供热温度越高，㶲就越大。热量㶲与热量一样是过程量。

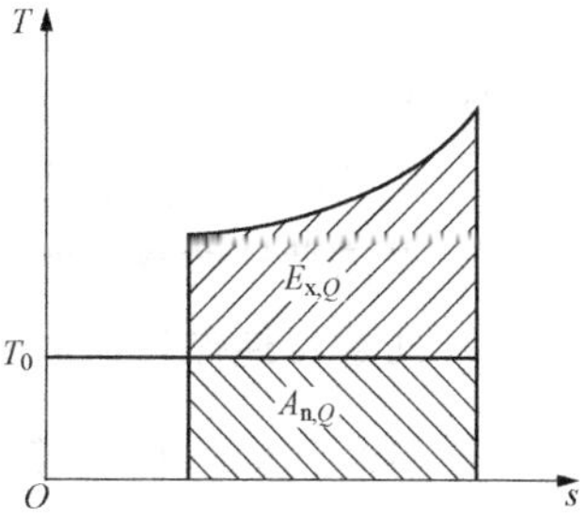

2. 冷量㶲

低于环境温度的系统，吸入热量（即冷量 Q_2）时做出的最大有用功，或产生冷量时消耗的最小有用功，称为冷量㶲。其计算公式为

$$E_{x,Q_2} = T_0 \Delta S - Q_2 \tag{4-13}$$

冷量计算公式为

$$A_{n,Q_2} = T_0 \Delta S \tag{4-14}$$

冷量㶲和冷量可以用图 4-5 表示。

图 4-4

3. 闭口系的热力学能㶲

闭口系的热力学能㶲计算公式为

$$E_{x,U} = W_{u,max} = U - U_0 - T_0(S - S_0) + p_0(V - V_0) \tag{4-15}$$

闭口系的热力学能计算公式为

$$A_{n,U} = U - E_{x,U} = U_0 + T_0(S - S_0) - p_0(V - V_0) \tag{4-16}$$

式（4-15）和式（4-16）中，闭口系初始状态参数 V、U、S，变化到与环境相平衡的

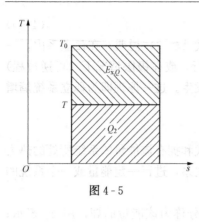

图 4-5

状态参数 p_0、T_0、V_0、U_0、S_0。

4. 稳定流动工质的㶲㶲

稳定流动工质的㶲㶲计算公式为

$$E_{x,H} = H - H_0 - T_0(S - S_0) \qquad (4-17)$$

㶲计算公式为

$$A_{n,H} = H_0 + T_0(S - S_0) \qquad (4-18)$$

式（4-17）和式（4-18）中，工质初始状态参数为 H、S，稳定流出时状态参数为 H_0、T_0、S_0，与环境状态相平衡。

💡 思考题与习题

1. 是非题（对画"√"，错画"×"）

(1) 在任何情况下，向气体加热，熵一定增加；气体放热，熵一定减少。（　　）

(2) 熵增大的过程必为不可逆过程。（　　）

(3) 熵减小的过程是不可能实现的。（　　）

(4) 卡诺循环是理想循环，一切循环的热效率都比卡诺循环的热效率低。（　　）

(5) 把热量全部变为功是不可能的。（　　）

(6) 若从某一初态经可逆与不可逆两条途径到达同一终态，则不可逆途径的 Δs 必大于可逆途径的 Δs。（　　）

答：×，×，×，×，×，×。

2. 填空题

(1) 大气温度为 300K，从温度为 1000K 的热源放出热量 100kJ，此热量的有效能为_____。

(2) 度量能量品质的标准是_____，据此，机械能的品质_____热能的品质；热量的品质_____功的品质；高温热量的品质_____低温热量的品质。

(3) 卡诺循环的热效率 $\eta_t =$ _____；卡诺制冷循环的制冷系数 $\varepsilon =$ _____。

(4) 任意可逆循环的热效率可用平均温度表示，其通式为_____。

答：(1) 70kJ；(2) 能量的㶲，高于，低于，高于；(3) $1 - \dfrac{T_2}{T_1}$，$\dfrac{T_2}{T_1 - T_2}$；(5) $\eta_t = 1 - \dfrac{T_2}{T_1}$

3. （天津大学 2005 年考研试题）判断题：某一闭口系经过一不可逆过程，其熵变化一定大于零。

答：错。熵的变化与过程的初始和终了状态有关，而与系统是不是闭口无关，闭口系的不可逆过程熵变有可能小于零。

4. （天津大学 2001 年硕士研究生入学试题）闭口系经历一不可逆过程，向外做功 15kJ，放热 5kJ，这时该系统熵的变化量是（　　）。

A. 正值　　　　　B. 负值　　　　　C. 零　　　　　D. 可正可负

答：D。

5.（天津大学 2001 年硕士研究生入学试题）提高热机的理论循环热效率的根本途径在于（　　）。

A. 增加循环的净功量

B. 采用回热装置减少燃料消耗量

C. 提高工质平均吸热温度和降低工质平均放热温度

D. 减少摩擦及传热温差等不可逆因素

答：C。

6.（天津大学 2004 年考研试题）如图 4-6 所示，循环 1-2-3-4-1，其中 2-3 为有摩擦的绝热膨胀过程，4-1 为有摩擦的绝热压缩过程，1-2 和 3-4 分别为可逆定温吸热过程（热源温度为 2000K）和可逆定温放热过程（环境温度为 3000K），试求：（1）在相同热源间如果是卡诺循环（1-2-5-6-1），向低温热源的排热是多少？（2）循环 1-2-3-4-1 排向低温热源的不可用能是多少？（3）该不可逆循环的做功量为多少？（4）由于不可逆性使循环热效率降低了多少？（5）不可逆性所损失的循环有效功为多少？

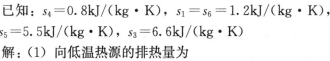

已知：$s_4=0.8$kJ/(kg・K)，$s_1=s_6=1.2$kJ/(kg・K)，$s_2=s_5=5.5$kJ/(kg・K)，$s_3=6.6$kJ/(kg・K)

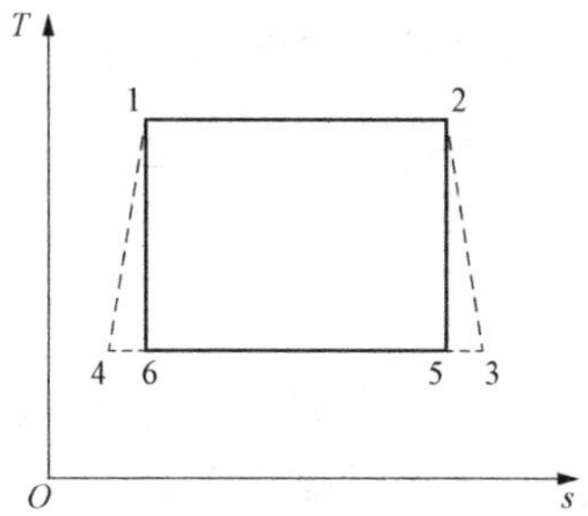

图 4-6

解：（1）向低温热源的排热量为

$$q = T_0\Delta s = T_0(s_6 - s_5) = 300 \times (5.5 - 1.2) = 1290(\text{kJ/kg})$$

（2）循环中排向低温热源的不可用能为

$$A = T_0\Delta s = T_0(s_3 - s_4) = 300 \times (6.6 - 0.8) = 1740(\text{kJ/kg})$$

（3）该不可逆循环的做功量为

$$W = q_1 - q_2 = T_1(s_2 - s_1) - T_0(s_3 - s_4) = 8600 - 1740 = 6860(\text{kJ/kg})$$

（4）可逆循环的效率为

$$\eta = \frac{w}{q} = \frac{2000 - 300}{2000} = 85\%$$

不可逆循环的效率为

$$\eta' = \frac{w}{q} = \frac{6860}{8600} = 79.8\%$$

由于不可逆损失使循环热效率下降为

$$\Delta\eta = \eta - \eta' = 5.2\%$$

（5）不可逆性所损失的循环有效功为

$$I = T_0(s_3 - s_6 + s_5 - s_4) = 450(\text{kJ/kg})$$

7.（天津大学 2005 年考研试题）5kg 水起初与温度为 295K 的大气处于热平衡状态，用一热泵在这 5kg 水与大气之间工作，使水定压冷却到 280K，求所需的最小功是多少？水的比定压热容为 $c_p=4180$J/(kg・K)。

解：热泵的循环为可逆循环时，所做的功最小，将水、大气、热泵作为一个系统，因为是可逆循环，系统的熵增为 0。

$$\Delta S_{iso} = \Delta S_w + \Delta S_a + \Delta S_{he} = 0$$

其中，热机为可逆热机：$\Delta S_{he} = 0$

$$\Delta S_w = mc_p \ln \frac{T_2}{T_1} = 5 \times 4180 \ln \frac{280}{295} = -1090.7 (\text{J/kg})$$

5kg 水的放热量为

$$Q_w = mc_p \Delta T = 5 \times 4180 \times (-15) = -313\ 500 (\text{J})$$

向大气释放的总热量为

$$Q_a = Q_w + W_{min}$$

大气的熵增为

$$\Delta S_a = \frac{Q_2}{T_1} = \frac{Q_1 + W_{min}}{T_1}$$

带入孤立系统总熵变的公式中

$$\Delta S_{iso} = \Delta S_w + \Delta S_a = -1090.7 + \frac{Q_w + W_{min}}{T_1} = -1090.7 + \frac{313\ 500 + W_{min}}{295} = 0$$

解得

$$W = 8256.5 \text{J}$$

8. （南京航空航天大学 2008 年考研试题）判断题：工质在开口绝热系中做不可逆稳定流动，系统的熵会增大。

答：错。开口系和与之相关的外界组成的孤立系统由于经历的是不可逆过程，孤立系统的熵会增大，但是仅就开口系而言有可能减小。

9. （南京航空航天大学 2008 年考研试题）判断题：闭口绝热系的熵不可能减少。

答：对。闭口绝热系的熵在可逆过程中不变，不可逆过程中增加，不可能减少。

10. （南京航空航天大学 2008 年考研试题）与大气温度相同的压缩空气可以膨胀做功，这是否违反了热力学第二定律？为什么？

答：不违反。空气在膨胀做功的时候为了维持温度恒定，必须有吸热过程，即有吸热热源。在此过程中，若把空气系统和热源看成一个孤立系统，则整个孤立系统的熵变为过程的熵流与熵产之和，是大于零的。

11. （南京航空航天大学 2008 年考研试题）系统进行某一过程时，从热源吸热 10kJ，对外做功 10kJ，试分析能否采取可逆绝热过程使系统回到初始状态。

答：不能。因为系统经历吸热过程，无论是否可逆，其熵值是增大的，要回到初始状态，需要一个熵减小的过程，而可逆绝热过程的熵是不变的。

12. （东南大学 2000 年硕士研究生入学试题）试用热力学第二定律的原理论证自由膨胀过程是不可逆过程。

答：$T_2 = T_1$

$$\Delta S = S_f + S_g = 0 + S_g = c_V \ln \frac{T_2}{T_1} + R_g \ln \frac{v_2}{v_1} = R_g \ln \frac{v_2}{v_1} > 0$$

熵产大于零，为不可逆过程。

13. （东南大学 2003 年硕士研究生入学试题）判断题：循环热效率越高，则对外输出的净功越大。

答：错。循环输出的净功除了与循环热效率有关，还与循环吸热量有关，故只凭热效率不能判断输出净功的高低。

14. （北京理工大学 2007 年考研试题）在系统从温度为 1600K 的热源中吸收热量 1000kJ 的过程中，若该吸热过程为可逆并且环境温度为 290K 时，此系统从热源获得的有效能㶲为____，无效能㶲为____；若热源与环境之间有 200K 的温差，则此系统从热源获得的有效能㶲为____，无效能㶲为____。

答：818.75kJ，181.25kJ，729.86kJ，207.14kJ。

15. （北京理工大学 2007 年考研试题）工质从同一初态 1 经历两个不同的热力过程达到相同的终态 2，若其中一个过程为可逆，另一个为不可逆，则这两个过程的热力学能变化量是____的，熵变化量是____的。

答：相同，相同。

16. （北京理工大学 2007 年考研试题）若对系统加热，则参数____必定变大，若系统对外膨胀做功，则参数____必定变大。

答：熵，比体积。

17. （北京理工大学 2005 年考研试题）热力系统经历一个不可逆过程后，系统的熵是否一定增加____。

答：不一定。

18. （北京理工大学 2006 年考研试题）有人说：熵增大的过程必定为吸热过程，而熵减少的过程必定为放热过程。问当给定什么条件时上述结论是对的？

答：当给定的条件为可逆过程时，此说法才正确。

19. （北京理工大学 2007 年考研试题）已知空气在某可逆的热力过程中，由初态的 $p_1=0.1\text{MPa}$、$T_1=300\text{K}$ 变化到 $p_2=0.4\text{MPa}$、$T_2=430\text{K}$，试估计此过程是否与外界交换热量。方向如何？

解：此过程中空气的熵变为

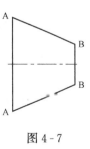

$$\Delta s=c_p\ln\frac{T_2}{T_1}-R_g\ln\frac{p_2}{p_1}=c_p\ln\frac{430}{300}-R_g\ln\frac{0.4}{0.1}=-0.037\ 7<0$$

$q=\Delta sT<0$，故该过程为放热过程。

20. （北京理工大学 2005 年考研试题）如图 4-7 所示，已知 $p_A=0.3\text{MPa}$、$T_A=458\text{K}$，$p_B=0.45\text{MPa}$、$T_B=528\text{K}$。两人争论空气流过图示绝热管道时，甲说图中的空气的流向为 A→B，乙说图中空气的流向为 B→A，请问甲和乙的判断谁对谁错。

图 4-7

答：甲对。

假设空气的流动方向为 A→B，取绝热管道为孤立系统，则系统的熵变为

$$\Delta s_{A\rightarrow B}=c_p\ln\frac{T_B}{T_A}-R_g\ln\frac{p_B}{p_A}=1.003\times\ln\frac{528}{458}-0.287\times\ln\frac{0.45}{0.3}=0.026\ 3[\text{kJ/(kg·K)}]$$

$\Delta s_{A\rightarrow B}>0$，符合孤立系统熵增原理，故流动方向为 A→B 是正确的。

21. （北京理工大学 2007 年考研试题）两个质量相等、比热容相同且为定值的物体，A 物体初温为 T_A，B 物体初温为 T_B，用它们做可逆热机的有限热源和有限冷源，热机工作到两物体温度相等时为止。（1）证明平衡时的温度 $T_m=\sqrt{T_A T_B}$。（2）求热机做出的最大功量。（3）如果两物体直接接触进行热交换至温度相等时，求平衡温度及两物体总熵的变化量。

解：（1）取 A、B 物体及热机、功源为孤立系，则

$$\Delta S_{\mathrm{iso}} = \Delta S_{\mathrm{A}} + \Delta S_{\mathrm{B}} + \Delta S_{\mathrm{E}} + \Delta S_{\mathrm{w}} = 0$$

因为

$$\Delta S_{\mathrm{E}} = 0, \Delta S_{\mathrm{w}} = 0$$

则

$$\Delta S_{\mathrm{iso}} = \Delta S_{\mathrm{A}} + \Delta S_{\mathrm{B}} = mc\int_{T_{\mathrm{A}}}^{T_{\mathrm{m}}} \frac{\mathrm{d}T}{T} + mc\int_{T_{\mathrm{B}}}^{T_{\mathrm{m}}} \frac{\mathrm{d}T}{T} = 0$$

则

$$mc\int_{T_{\mathrm{A}}}^{T_{\mathrm{m}}} \frac{\mathrm{d}T}{T} + mc\int_{T_{\mathrm{B}}}^{T_{\mathrm{m}}} \frac{\mathrm{d}T}{T} = 0, \ln\frac{T_{\mathrm{m}}^2}{T_{\mathrm{A}}T_{\mathrm{B}}} = 0 \text{ 或} \frac{T_{\mathrm{m}}^2}{T_{\mathrm{A}}T_{\mathrm{B}}} = 1$$

即 $T_{\mathrm{m}} = \sqrt{T_{\mathrm{A}}T_{\mathrm{B}}}$

（2）A 物体为有限热源，过程中放出热量 Q_1；B 物体为有限冷源，过程中吸收热量 Q_2，其中 $Q_1 = mc(T_{\mathrm{A}} - T_{\mathrm{m}})$，$Q_2 = mc(T_{\mathrm{m}} - T_{\mathrm{B}})$。

热机为可逆热机时，其做功量最大，得

$$W_{\max} = Q_1 - Q_2 = mc(T_{\mathrm{A}} - T_{\mathrm{m}}) - mc(T_{\mathrm{m}} - T_{\mathrm{B}}) = mc(T_{\mathrm{A}} + T_{\mathrm{B}} - 2T_{\mathrm{m}})$$

（3）平衡温度由能量平衡方程式求得，即

$$mc(T_{\mathrm{A}} - T_{\mathrm{m}}) = mc(T_{\mathrm{m}} - T_{\mathrm{B}})$$

$$T_{\mathrm{m}} = \frac{T_{\mathrm{A}} + T_{\mathrm{B}}}{2}$$

两物体组成系统的熵变化量为

$$\Delta S = \Delta S_{\mathrm{A}} + \Delta S_{\mathrm{B}} = \int_{T_{\mathrm{A}}}^{T'_{\mathrm{m}}} mc\frac{\mathrm{d}T}{T} + \int_{T_{\mathrm{B}}}^{T'_{\mathrm{m}}} mc\frac{\mathrm{d}T}{T}$$

$$mc\left(\ln\frac{T'_{\mathrm{m}}}{T_{\mathrm{A}}} + \ln\frac{T'_{\mathrm{m}}}{T_{\mathrm{B}}}\right) = mc\ln\frac{(T_{\mathrm{A}} + T_{\mathrm{B}})^2}{4T_{\mathrm{A}}T_{\mathrm{B}}}$$

22. 某人声称发明一个循环装置，在热源 T_1 及冷源 T_2 之间工作，若 $T_1 = 1700\mathrm{K}$，$T_2 = 300\mathrm{K}$。该装置能输出净功 1200kJ，而向冷源放热 600kJ，试判断该装置在理论上是否有可能。

解：据能量守恒原理，装置内工质自高温热源吸热，则

$$Q_1 = Q_2 + W_{\mathrm{net}} = 600 + 1200 = 1800(\mathrm{kJ})$$

装置热效率

$$\eta_{\mathrm{t}} = \frac{1200}{1800} = 66.67\%$$

在同温限的恒温热源间工作的卡诺循环热效率为

$$\eta_{\mathrm{c}} = 1 - \frac{T_2}{T_1} = 1 - \frac{300}{1700} = 82.35\%$$

比较 η_{t} 和 η_{c} 可知，此装置有可能实现，是一不可逆热机。

注：据卡诺定理，在不同温度的两个热源之间工作的一切热机，可逆热机的热效率最高，因此可以从装置热效率与同温限的卡诺循环的热效率比较得出结论。

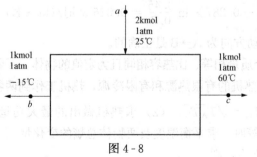

图 4-8

23. 设有一个能同时生产冷空气和热空气的装置，参数如图 4-8 所示。判断：（1）此

装置是否可能？为什么？（2）如果不可能，在维持各处原摩尔数、环境温度 $t_0 = 0℃$ 不变的情况下，你认为改变哪一个参数就能使之成为可能？但必须保证同时生产冷、热空气。

解：（1）取图 4-6 示所示装置为热力系，因为无功交换，由热力学第一定律，有

$$Q = \Delta H = \Delta H_{ab} + \Delta H_{ac}$$
$$= n_b C_{p,m}(t_b - t_a) + n_c C_{p,m}(t_c - t_a)$$
$$= 1 \times 29 \times (-15 - 25) + 1 \times 29 \times (60 - 25) = -145(\text{kJ})$$

即向环境放热 146.538kJ。

取装置与环境为孤立系，其中空气熵变

$$\Delta S_{air} = \Delta S_{ab} + \Delta S_{ac}$$
$$= n_b C_{p,m} \ln \frac{T_b}{T_a} + n_c C_{p,m} \ln \frac{T_c}{T_a}$$
$$= 1 \times 29 \times \left(\ln \frac{258.15}{298.15} + \ln \frac{333.15}{298.15} \right) = -0.9587(\text{kJ/K})$$

（因为 $p_b = p_c = p_a$，所以 $\ln \dfrac{p_b}{p_a} = \ln \dfrac{p_c}{p_a} = 0$）

而环境熵变

$$\Delta S_{surr} = \frac{-Q}{T_0} = \frac{145}{273.15} = 0.5308(\text{kJ/K})$$

因此孤立系统熵变

$$\Delta S_{iso} = \Delta S_{air} + \Delta S_{surr} = 1.4895(\text{kJ/K})$$

故为不可能。

（2）为使装置成为可能，必须满足 $\Delta S_{iso} \geqslant 0$，而

$$\Delta S_{air} = \Delta S_{ab} + \Delta S_{ac}$$
$$= n \left(C_{p,m} \ln \frac{T_c}{T_a} - R_m \ln \frac{T_b}{T_a} \right) + n \left(C_{p,m} \ln \frac{T_c}{T_a} - R_m \ln \frac{T_c}{T_a} \right)$$
$$n_b = n_c = n$$
$$\Delta S_{surr} = \frac{-Q}{T_0} = \frac{-n C_{p,m}(T_b + T_c - 2T_a)}{T_0}$$

因此有

$$\Delta S_{iso} = \Delta S_{air} + \Delta S_{surr} = n \, C_{p,m} \ln \frac{T_b T_c}{T_a^2} - n R_m \ln \frac{p_b p_c}{p_a^2} - n \frac{C_{p,m}(T_b + T_c - 2T_a)}{T_0} \geqslant 0$$

只要满足该条件，过程就可能实现。

原则上改变 T_a、T_b、T_c、p_a、p_b、p_c 中任一参数均可，其中增大 p_a 是最切实可行的，代入得 $p_a > 1.04 \times 10^5$ 即可。另外升高 t_a 至 43.2℃，也切实可行。

24. （中南大学 2002 年硕士研究生入学考试）如图 4-9 所示，设有相同质量的某种物质两块，两者的温度分别为 T_A 及 T_B，现使两者相接触使温度变为相同，试求两者熵的总和的变化。

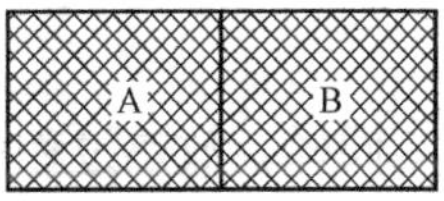

解：根据题意，A、B 两块物质的初始温度不同，接触以后达到热平衡，在这过程中，A 和 B 与外界之间没有热交换，也即没有热熵流输出。但是由于 A 和 B 之间存在温差，使得熵产生，所以 A 和

图 4-9

B 的总熵还是增加的。对于不可压物质模型，$T\mathrm{d}s$ 方程简化为

$$T\mathrm{d}s = \mathrm{d}U + p\mathrm{d}V = mc\,\mathrm{d}T$$

整理为

$$\mathrm{d}S = mc\,\frac{\mathrm{d}T}{T}$$

对上式积分得

$$\Delta S = mc\ln\frac{T_2}{T_1}$$

于是 A 物质和 B 物质的总熵变为

$$\Delta S = \Delta S_{\mathrm{A}} + \Delta S_{\mathrm{B}} = mc\ln\frac{T_2}{T_{\mathrm{A}}} + mc\ln\frac{T_2}{T_{\mathrm{B}}} = mc\ln\frac{T_2^2}{T_{\mathrm{A}}T_{\mathrm{B}}}$$

另外，根据能量方程可得

$$\Delta U = \Delta U_{\mathrm{A}} + \Delta U_{\mathrm{B}} = Q - W = 0$$

即

$$mc(T_2 - T_{\mathrm{A}}) + mc(T_2 - T_{\mathrm{B}}) = 0$$

解方程可得

$$T_2 = \frac{T_{\mathrm{A}} + T_{\mathrm{B}}}{2}$$

即可得总熵变为

$$\Delta S = mn\ln\frac{(T_{\mathrm{A}} + T_{\mathrm{B}})^2}{4T_{\mathrm{A}}T_{\mathrm{B}}}$$

25. 在两个恒温热源之间工作的动力循环系统，其高温热源温度 $T_1 = 1000\mathrm{K}$，低温热源温度 $T_2 = 320\mathrm{K}$。循环中工质吸热过程的熵变 $\Delta s_1 = 1.0\mathrm{kJ/(kg \cdot K)}$，吸热量 $q_1 = 980\mathrm{kJ/kg}$；工质放热过程的熵变 $\Delta s_2 = -1.02\mathrm{kJ/(kg \cdot K)}$，放热量 $q_1 = 600\mathrm{kJ/kg}$。（1）判断该循环过程能否实现；（2）求吸热过程和放热过程的熵流和熵产。

解：（1）循环热效率

$$\eta_{\mathrm{t}} = 1 - \frac{q_2}{q_1} = 1 - \frac{600}{980} = 0.388$$

相同恒温热源之间的卡诺循环热效率

$$\eta_{\mathrm{c}} = 1 - \frac{T_2}{T_1} = 1 - \frac{320}{1000} = 0.68$$

$$\eta_{\mathrm{t}} < \eta_{\mathrm{c}}$$

所以循环有可能实现，且循环不可逆。

（2）取循环的工质为系统，吸热过程中系统满足熵方程：$\Delta s_1 = s_{\mathrm{f1}} + \Delta s_{\mathrm{f2}}$。

由于热源温度是恒定的，所以

$$s_{\mathrm{f1}} = \int_1^2 \frac{\delta Q}{T_{\mathrm{r}}} = \frac{q_1}{T_1} = \frac{980}{1000} = 0.98[\mathrm{kJ/(kg \cdot K)}]$$

$$s_{\mathrm{g1}} = \Delta s_1 - s_{\mathrm{f1}} = 1 - 0.98 = 0.02[\mathrm{kJ/(kg \cdot K)}]$$

同样，放热过程中工质需满足 $\Delta s_2 = s_{\mathrm{f2}} + \Delta s_{\mathrm{g2}}$，因此

$$s_{\mathrm{f2}} = \int_3^4 \frac{\delta Q}{T_{\mathrm{r}}} = \frac{q_2}{T_2} = -\frac{600}{320} = -1.875[\mathrm{kJ/(kg \cdot K)}]$$

$$s_{g2} = \Delta s_2 - s_{f2} = -1.020 - (-1.875) = 0.855[kJ/(kg \cdot K)]$$

注：熵流是换热量与热源温度之比，热量的符号依系统而定，系统吸热为正，放热为负。

26. 5kg 的水起初与温度为 295K 的大气处于热平衡状态。用一制冷机在这 5kg 水与大气之间工作，使水定压冷却到 280K，求所需的最小功是多少？

解法一：由题意画出示意图如图 4-10 所示，对制冷机、大气、水组成的孤立系统，若耗功最小，则

$$\Delta S_{iso} = \Delta S_w + \Delta S_r + \Delta S_a = 0$$

即

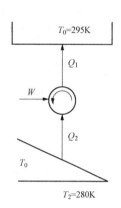

图 4-10

$$mc \ln \frac{T_2}{T_0} + 0 + \frac{Q_2 + W}{T_0} = 0$$

$$T_0 mc \ln \frac{T_2}{T_0} + mc(T_0 - T_2) + W = 0$$

$$W = -T_0 mc \left(\ln \frac{T_2}{T_0} + 1 - \frac{T_2}{T_0} \right)$$

$$= -295 \times 5 \times 4.18 \times \left(\ln \frac{280}{295} + 1 - \frac{280}{295} \right)$$

$$= 8.25(kJ)$$

解法二：制冷机可逆时耗功最小，对于每一个微元卡诺制冷循环，其耗功为

$$\delta W = \frac{T_0 - T}{T} \delta Q_2 = \frac{T_0 - T}{T} mc(-dT)$$

因此

$$W = -mc \int_{T_0}^{T_2} \frac{T_0 - T}{T} dT$$

$$= -mc \left[T_0 \ln \frac{T_2}{T_0} - (T_2 - T_0) \right]$$

$$= -mc T_0 \left(\ln \frac{T_2}{T_0} + 1 - \frac{T_2}{T_0} \right)$$

$$= 8.25(kJ)$$

27. （西安交通大学 2003 年硕士研究生入学试题）温度为 800K、压力为 5.5MPa 的燃气进入燃气轮机，在燃气轮机内绝热膨胀后流出燃气轮机。在燃气轮机出口处测得两组数据，一组压力为 1.0MPa，温度为 485K，另一组压力为 0.7MPa，温度为 495K。试问这两组参数哪一组是正确的？此过程是否可逆？若不可逆，其做功能力损失为多少？并将做功能力损失表示在 T-s 图上。燃气的性质可看成空气进行处理，空气比定压热容 $c_p = 1.004$kJ/ (kg·K)，气体常数 $R_g = 0.287$kJ/(kg·K)，环境温度 $T_0 = 300$K。

解：以燃气轮机内燃气为研究对象，其熵方程为

$$\frac{dS}{d\tau} = S_f' + S_g' + m_1' s_1 - m_2' s_2$$

根据题意有 $\frac{ds}{d\tau} = 0$，$s_f' = 0$，$m_1' = m_2'$，于是上式可变为

$$s'_g = m'(s_2 - s_1)$$

即

$$s_g = s_2 - s_1$$

对于第一组参数

$$s_g = s_2 - s_1 = c_p \ln \frac{T_2}{T_1} - R_g \ln \frac{p_2}{p_1}$$

$$= 1.004 \ln \frac{485}{800} - 0.287 \ln \frac{1.0}{5.5} = -0.013 [\text{kJ}/(\text{kg} \cdot \text{K})] < 0$$

由于过程的熵产小于 0，所以这一组参数是不正确的。

对于第二组参数

$$s_g = s_2 = 1.004 \ln \frac{495}{800} - 0.287 \ln \frac{0.7}{5.5} = -0.109\,7 [\text{kJ}/(\text{kg} \cdot \text{K})] > 0$$

该组数据正确，且此过程是不可逆的，其可用能损失为

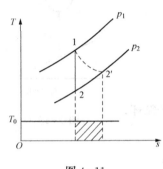

图 4-11

$$I = T_0 s_g = 300 \times 0.1097 = 32.91 \ (\text{kJ/kg})$$

表示在 T-s 图上，如图 4-11 中阴影面积所示。

28.（西安交通大学 2004 年考研试题）一个热力系统中熵的变化可分为哪两部分？指出它们的正负号。

答：一个热力系统的熵变可以分为熵流和熵产两部分。其中熵流是由系统与外界发生热量交换造成的熵变化，系统吸热为正，放热为负，绝热为零。熵产是不可逆因素引起的熵增加，熵产只能为正，极限情况时即可逆时为零。

29.（西安交通大学 2003 年考研试题）如图 4-12 所示，一可逆热机完成循环时与 A、B、C 共 3 个热源交换热量，从热源 A 吸热 $Q_A = 1500\text{kJ}$，对外输出净功 $W_0 = 860\text{kJ}$。试求：（1）Q_B、Q_C；（2）热机从热源 B 吸热还是向热源 B 放热？（3）各热源及热机的熵变。

解：（1）假设热机向热源 B、C 都是放热，根据能量守恒

$$Q_A = Q_B + Q_C + W_0$$

又因为是可逆循环，根据热力学第二定律

$$\Delta S_{iso} = -\frac{Q_A}{T_A} + \frac{Q_B}{T_B} + \frac{Q_C}{T_C} = 0$$

将已知数据带入，求得

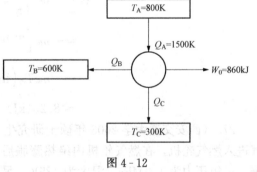

图 4-12

$$\begin{cases} Q_B + Q_C + 800 = 1500 \\ -\frac{1500}{800} + \frac{Q_B}{600} + \frac{Q_C}{300} = 0 \end{cases} \Rightarrow \begin{cases} Q_B = 155\text{kJ} \\ Q_C = 485\text{kJ} \end{cases}$$

（2）因为求得 $Q_B > 0$，所以假设是正确的，热机向热源 B 放热。

（3）各热源的熵变为

$$\Delta S_A = -\frac{Q_A}{T_A} = -\frac{1500}{800} = -1.875(\text{kJ/K})$$

$$\Delta S_B = \frac{Q_B}{T_B} = \frac{155}{600} = 0.2583(\text{kJ/K})$$

$$\Delta S_C = \frac{Q_C}{T_C} = \frac{485}{300} = 1.617(\text{kJ/K})$$

因为热机为可逆热机，故熵变为 0。

30. 用孤立系统熵增原理证明热量从高温物体传向低温的恒温物体的过程是不可逆过程。

证明：如图 4 - 13 所示，热量 Q 自高温的恒温物体 T_1 传向低温的恒温物体 T_2。孤立系统由物体 T_1 和物体 T_2 组成，则

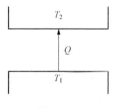

图 4 - 13

$$\Delta S_{iso} = \Delta S_{T1} + \Delta S_{T2} = \frac{-|Q|}{T_1} + \frac{-|Q|}{T_2} = |Q|\left(\frac{1}{T_2} - \frac{1}{T_1}\right)$$

因为 $T_1 > T_2$，所以 $\left(\frac{1}{T_2} - \frac{1}{T_1}\right) > 0$，那么 $\Delta S_{iso} > 0$，热量自高温物体传给低温物体的过程是不可逆过程。

如果将 T_1、T_2 分别作为热源，令卡诺热机在热源与环境（作为冷源）之间工作，如图 4 - 14 所示。在 T_1 热源下卡诺机做功为

$$W_{T1} = Q\left(1 - \frac{T_0}{T_1}\right)$$

图 4 - 15 中，在 T_2 热源下卡诺机做功

$$W_{T2} = Q\left(1 - \frac{T_0}{T_2}\right)$$

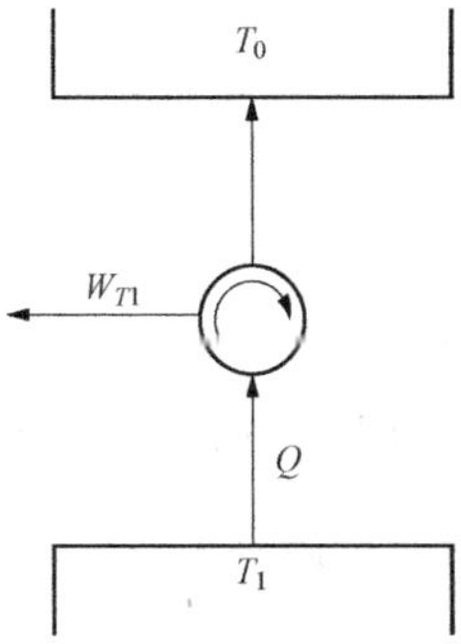

图 4 - 14 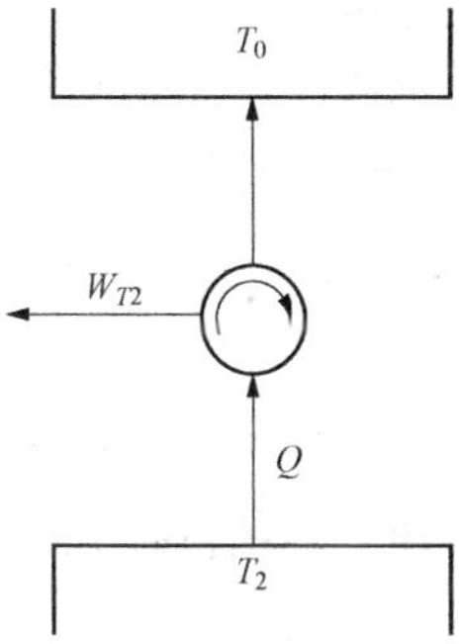　　　　　　图 4 - 15

显然

$$W_{T2} < W_{T1}$$

上述结果表明，热量 Q 在高温 T_1 降至低温 T_2 时，数量上没有改变，但由于不可逆过程导致熵增大，使 Q 的做功能力减小，温差越大，做功能力下降就越严重，能量的数量不变，而做功能力下降的现象称为能量贬值或者功的耗散。孤立系统熵增的大小标志着能量贬值或功耗散的程度。

31. 5kg 的水起初与温度为 295K 的大气处于热平衡状态。用一制冷机在 5kg 水与大气之间工作，使水定压冷却到 280K，求所需的最小功是多少？

解：制冷机为一可逆机时需功最小，由卡诺定理得

$$\varepsilon = \frac{\delta Q_2}{\delta W} = \frac{T_2}{T_0 - T_2}$$

即

$$\delta W = \delta Q \frac{T_0 - T_2}{T_2} = \frac{T_0 - T_2}{T_2} mc \, dT_2$$

$$W = \int_{295}^{280} T_0 mc \frac{dT_2}{T_2} - \int_{295}^{280} mc \, dT_2$$

$$= T_0 mc \ln \frac{280}{295} - mc(280 - 295)$$

$$= 295 \times 5 \times 4180 \ln \frac{280}{295} - 5 \times 4180 \times (280 - 295)$$

$$= -8251(\text{J}) = -8.251(\text{kJ})$$

32. 1kg 的理想气体 $R_g = 0.287\text{kJ}/(\text{kg} \cdot \text{K})$ 由初态 $p_1 = 10^5\text{Pa}$，$T_1 = 400\text{K}$ 被等温压缩到终态 $p_2 = 10^6\text{Pa}$，$T_2 = 400\text{K}$，试计算：（1）经历一可逆过程；（2）经历一不可逆过程。在这两种情况下气体的熵变、环境熵变、过程熵产以及有效能损失。已知不可逆过程实际耗功比可逆过程多耗 20%，环境温度 300K。

解：（1）经历一可逆过程

$$\Delta S_{\text{sys}} = -mR_g \ln \frac{p_2}{p_1} = -1 \times 287 \times \ln \frac{10^6}{10^5} = -660.8(\text{J/K})$$

$$\Delta S_{\text{surr}} = -\Delta S_{\text{sys}} = 660.8(\text{J/K})$$

$$\Delta S_g = 0$$

$$I = 0$$

（2）经历一不可逆过程

熵是状态参数，只取决于状态，与过程无关，于是

$$\Delta S_{\text{sys}} = -660.8\text{J/K}$$

$$W = 1.2W_{\text{re}} = 1.2mR_g T \ln \frac{p_1}{p_2}$$

$$= 1.2 \times 1 \times 287 \times 400 \times \ln \frac{10^5}{10^6} = 317\,204(\text{J}) = -317.2(\text{kJ})$$

根据热力学第一定律，等温过程 $Q = W = -317.2$（kJ）

$$\Delta S_{\text{surr}} = \frac{|Q|}{T_0} = \frac{317.2}{300} = 1.0573\text{kJ/K}$$

$$\Delta S_g = \Delta S_{\text{iso}} = \Delta S_{\text{sys}} + \Delta S_{\text{surr}} = -660.8 + 1057.3 = 396.5(\text{J/K})$$

$$I = T_0 \Delta S_g = 119.0(\text{kJ})$$

33. 有弹簧作用的气缸 - 活塞系统的气缸内装有 27℃、160kPa 的空气 1.5kg，利用 900K 的热源加热，使气缸内气体的温度缓缓升高到 900K，此时气缸的体积是初始体积的 2 倍。过程中气体的压力与体积服从线性关系，即 $P = A + BV$。过程中摩擦可忽略，空气的比热容取定值 $c_V = 718\text{J}/(\text{kg} \cdot \text{K})$，求：过程的功和热量及过程的熵产。

解：取空气为闭口系，由于热源温度高于空气温度，因此过程加热不可逆。

$$V_1 = \frac{mR_g T_1}{p_1} = \frac{1.5 \times 287 \times (273 + 27)}{160 \times 10^3} = 0.807\,2(\text{m}^3)$$

过程中气体质量不变，$m = \dfrac{R_g T_1}{p_1 V_1} = \dfrac{R_g T_2}{p_2 V_2}$，因此

$$p_2 = p_1 \frac{V_1 T_2}{V_2 T_1} = 160 \times \frac{900}{2 \times 300} = 240 (\text{kPa})$$

34. 空气在保温良好的变截面管道内流动，截面 1 处压力 $p_1 = 164146.5 \text{Pa}$，温度 $t_1 = 191℃$，截面 2 处的压力 $p_2 = 142868.25 \text{Pa}$，温度 $t_2 = 160℃$，当忽略空气位能变化时，试确定空气的流动方向。

解：根据题中条件，此空气流动过程为绝热流动过程。

若设 1kg 空气由截面 1 向截面 2 流动，则

$$\Delta s = s_2 - s_1$$
$$= c_p \ln \frac{T_2}{T_1} - R_g \ln \frac{p_2}{p_1}$$
$$= c_p \left(\ln \frac{T_2}{T_1} - \frac{R_g}{c_p} \ln \frac{p_2}{p_1} \right)$$
$$= c_p \left(\ln \frac{T_2}{T_1} - \frac{\gamma - 1}{\gamma} \ln \frac{p_2}{p_1} \right)$$
$$= c_p \ln \frac{T_2/T}{(p_2/p_1)^{\frac{\gamma-1}{\gamma}}}$$

空气的比热容比为 1.41，将已知数据代入

$$\frac{\dfrac{T_2}{T_1}}{\left(\dfrac{p_2}{p_1}\right)^{\frac{\gamma-1}{\gamma}}} = \frac{\dfrac{160 + 273.15}{191 + 273.15}}{\left(\dfrac{142868.25}{164146.5}\right)^{0.286}} = 0.971 < 1$$

因此

$$\Delta s = s_2 - s_1 < 0$$

但按热力学第二定律的要求，对于这种绝热流动，工质终态与初态的熵变大于或等于零，所以，空气不可能由截面 1 流向截面 2。

反之

$$s_1 - s_2 = c_p \ln \frac{T_1/T_2}{(p_1/p_2)^{\frac{\gamma-1}{\gamma}}}$$
$$= c_p \ln \frac{1.0716}{1.0405}$$
$$= c_p \ln 1.03 > 0$$

因此，空气必定从截面 2 流向截面 1。

35. 若系统从 A 出发，经不可逆绝热过程到达 B 态，试证明系统从 A 态出发经可逆绝热过程不可能到达 B 态。

证明：根据熵变表达式 $dS \geqslant \dfrac{\delta Q}{T_r}$，对于绝热过程，则 $dS \geqslant 0$

系统从 A 态出发，经不可逆过程到达 B 态，则

$$S_{AB} = S_B - S_A > 0$$

即

$$S_B > S_A$$

若可逆绝热过程终态为 B′，则

$$S'_{AB} = S'_B - S_A = 0$$

所以 $\qquad\qquad\qquad\qquad S'_B > S'_A$

因此 $\qquad\qquad\qquad\qquad S'_B < S_B$

因为熵是状态参数，所以 B′ 与 B 不是同一个状态，因此证明系统由 A 态出发经历可逆绝热过程不可能到达不可逆绝热过程的终态。

36. 一个绝热容器被一导热的活塞分隔成两部分，初始时活塞被销钉固定在容器的中部，左右两部分体积均为 $V_1 = V_2 = 0.001\,\mathrm{m}^3$，左边的空气温度为 300K，压力为 $p_2 = 2.0 \times 10^5\,\mathrm{Pa}$，右边的空气温度为 300K，压力为 $p_2 = 1.0 \times 10^5\,\mathrm{Pa}$，突然拔除销钉，最后达到新的平衡，试求左、右两部分体积以及整个容器内空气的熵变。

解：因活塞导热，活塞两边的气体终态温度相同（均为 T'），设左右两边的气体物质的量分别为 n_1 和 n_2，空气摩尔定容热容为 $C_{V,\mathrm{m}}$，已知气体初温 $T = 300\mathrm{K}$。

根据热力学第一定律，整个容器与外界既不交换热量，也不交换功，系统总热力学能不变，即

$$n_1 C_{V,\mathrm{m}}(T' - T) + n_2 C_{V,\mathrm{m}}(T' - T) = 0$$

因此 $T' = T = 300\mathrm{K}$，即初、终态温度相同。

设左右两边终态体积分别为 V'_1 和 V'_2，则左边气体 $p_1 V_1 = p'_1 V'_1$；右边气体 $p_2 V_2 = p'_2 V'_2$，又因两边初体积相同，终态压力相同（活塞平衡），故

$$\frac{V'_1}{V_1} = \frac{p_1}{p_2} = 2$$

而 $V'_1 + V'_2 = 2V_1$，所以 $V'_1 = \frac{4}{3} V_1$，$V'_2 = \frac{2}{3} V_1$

左边气体熵变

$$\Delta S_1 = n_1 R \ln \frac{V'_1}{V_1} = \frac{p_1 V_1}{T_1} \ln \frac{V'_1}{V_1} = \frac{2 p_2 V_1}{T} \ln \frac{4}{3}$$

右边气体熵变

$$\Delta S_2 = n_2 R \ln \frac{V'_2}{V_2} = \frac{p_2 V_2}{T_2} \ln \frac{V'_2}{V_2} = \frac{p_2 V_1}{T} \ln \frac{V'_2}{V_2} = \frac{p_2 V_1}{T} \ln \frac{2}{3}$$

系统总熵变化

$$\begin{aligned}
\Delta S &= \Delta S_1 + \Delta S_2 \\
&= \frac{2 p_2 V_1}{T} \ln \frac{4}{3} + \frac{p_2 V_1}{T} \ln \frac{2}{3} \\
&= \frac{p_2 V_1}{T} \ln \left[\left(\frac{4}{3} \right)^2 \times \left(\frac{2}{3} \right) \right] \\
&= \frac{1.0 \times 10^5 \times 0.001}{300} \ln \frac{32}{27} \\
&= 0.0566 (\mathrm{J/K}) > 0
\end{aligned}$$

37. 在一个可逆循环中，工质氨定压下吸热，温度从 300℃升高到 850℃，其比定压热容 $c_p = 5.1934\,\mathrm{kJ/(kg \cdot K)}$，已知环境温度为 298K，求：循环的㶲效率与热效率。

解：1kg 氨工质定压下由 300℃升高到 850℃吸热为

$$q = c_p(850 - 300) = 2856(\text{kJ/kg})$$

热量㶲为

$$ex_p = \int_1^2 \left(1 - \frac{T_0}{T}\right)\delta q = q - T_0 c_p \ln\frac{273 + 850}{273 + 300} = 1814(\text{kJ/kg})$$

这部分热量㶲也就是 1kg 工质吸热后在可逆循环中所能做出的最大有用功 $W_{R,use}$。

该可逆循环的热效率与㶲效率分别为

$$\eta_t = \frac{W_{R,use}}{q} = 63.51\%, \quad \eta_{ex} = \frac{W_{R,use}}{ex_p} = 100\%$$

38. 位于 6m 高处的 2kg，120℃饱和水蒸气，其速度为 30m/s。经过一过程后变为位于 3m 高处的 10℃饱和水，速度为 25m/s，试确定：（1）初态时蒸汽的热力学能㶲和总㶲；（2）终态时水的热力学能㶲和总㶲；（3）过程中总㶲的变化。

取 $t_0 = 25℃$，$p_0 = 101325\text{Pa}$，$g = 9.8\text{m/s}^2$

解：初、终态时工质热力学能㶲的公式为

$$Ex_U = (U - U_0) + p_0(V - V_0) - T_0(S - S_0)$$

由于初、终态时工质的动能和位能均为机械能，也即相应的㶲分别为

$$E_k = \frac{mc^2}{2}, \quad E_p = mgz$$

据题意，死态取为 25℃，101 325Pa 的水，查水的热力性质表 $v_0 = 10\ 029\times10^{-3}\text{m}^3/\text{kg}$，$u_0 = 104.88\text{kJ/kg}$，$s_0 = 0.367\ 4\text{kJ/(kg·K)}$

（1）初态：120℃饱和蒸汽，其饱和压力查饱和蒸汽表得 $p_0 = 1.985\times10^5\text{Pa}$，$v_0 = 0.891\ 9\text{m}^3/\text{kg}$，$u = 2529.3\text{kJ/kg}$，$s = 7.129\ 64\text{kJ/(kg·K)}$ 代入数据得

$$\begin{aligned}
Ex_{U,1} &= 2\times\big[(2529.3 - 104.88) - 298\times(7.129\ 6 - 0.367\ 4) \\
&\quad + 101\ 325\times(0.091\ 9 - 1.002\ 9\times10^{-3})\big] \\
&= 2\times(2424.42 - 2015.14 + 90.25) = 999.06(\text{kJ})
\end{aligned}$$

$$E_k = \frac{2\times30^2}{2\times1000} = 0.9(\text{kJ})$$

$$E_{p,1} = \frac{2\times9.8\times6}{1000} = 0.12(\text{kJ})$$

$$总㶲 = Ex_{U,1} + E_{k,1} + E_{p,1} = 1000.1(\text{kJ})$$

（2）终态：10℃饱和水，$p = 0.01228\times10^5\text{Pa}$，$v_0 = 1.0004\times10^{-3}\text{m}^3/\text{kg}$，$u = 42\text{kJ/kg}$，$s = 0.151\text{kJ/(kg·K)}$

$$\begin{aligned}
Ex_{U,2} &= 2\times\big[(42 - 104.88) - 298(0.151 - 0.367\ 4) + 101\ 325(1.000\ 4\times10^{-3} \\
&\quad - 1.002\ 9\times10^{-3})\big] \\
&= 2\times(-62.88 + 64.49 - 0.25) = 2.72(\text{kJ})
\end{aligned}$$

$$E_k = \frac{2\times25^2}{2\times1000} = 0.625(\text{kJ})$$

$$E_{p,2} = \frac{2\times9.8\times3}{1000} = 0.058\ 8(\text{kJ})$$

$$总㶲 = Ex_{U,2} + E_{k,2} + E_{p,2} = 2.72 + 0.625 + 0.06 = 3.4(\text{kJ})$$

（3）总㶲的变化为

$$3.4 - 1000.1 = -996.77(\text{kJ})$$

此处的符号表示此过程中总㶲是减少的。

讨论：

（1）不管初态时的 $T>T_0$ 和 $p>p_0$，或终态时的 $T<T_0$ 和 $p<p_0$，热力学能总㶲是正的。

（2）动能和位能都是机械能，也就等于它们的㶲。

（3）过程中热力学能㶲的变化看可以直接用 $Ex_{U,2}-Ex_{U,1}=U_2-U_1+p_0(V_2-V_1)-T_0(S_2-S_1)$ 计算，这时可以不涉及终态时的参数。

39．（北京理工大学 2005 年考研试题）计算水的熵差时因为比体积变化量可以忽略不计，且 $c_V\approx c_p$，由此得到其计算公式为 $\Delta s=c_p\ln\dfrac{T_2}{T_1}$，问此推理有无错？水的熵变计算公式是否对？

答：错。水不是理想气体，由热力学第一定律 $Tds=du$，水的热力学能近似等于焓即 $Tds=du=c_pdT$，当比热为定值时有 $\Delta s=c_p\ln\dfrac{T_2}{T_1}$。

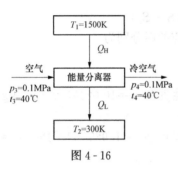

图 4 - 16

40．（南京航空航天大学 2006 年考研试题）有人声称发明一个绝热稳定流动设备，如图 4-16 所示，该设备可将能量分离并生产相同质量的冷、热流体。（1）试判断能否实现图中所示的状态参数变化？（2）求在相同进、出口状态下最多能产生的冷空气量。$c_p=1.004\text{kJ}/(\text{kg}\cdot\text{K})$，$R=0.287\text{kJ}/(\text{kg}\cdot\text{K})$。

解：（1）把冷、热流体及设备作为一个孤立系统，则系统的比熵变为空气冷、热部分的比熵变之和

$$\Delta s_{iso}=\left(c_p\ln\frac{T_2}{T_1}-R_g\ln\frac{p_2}{p_1}\right)+\left(c_p\ln\frac{T_2'}{T_1}-R_g\ln\frac{p_2'}{p_1}\right)$$

$$=\left(1.004\times\ln\frac{332}{294}-0.287\ln\frac{0.275}{0.31}\right)+\left(1.004\times\ln\frac{256}{294}-0.287\ln\frac{0.275}{0.31}\right)$$

$$=0.156\,4-0.104\,6=0.051\,8\left[\text{kJ}/(\text{kg}\cdot\text{K})\right]>0$$

所以该过程可以实现。

（2）设冷空气的质量为 $n\text{kg}$，则热空气的质量为 $(1-n)\text{kg}$，要使该过程实现，则孤立系统的熵变要大于等于零，即

$$\Delta S=(1-n)\Delta S_h+n\Delta S_c\geqslant 0$$

$$(1-n)0.156\,4+n(-0.104\,6)\geqslant 0$$

$$n\leqslant 0.599\text{kg}$$

故产生的冷空气的最大量为 0.599kg。

41．（南京航空航天大学 2008 年考研试题）有人声称发明了一种机器，当这台机器完成一个循环时，吸收了 100kJ 的功，同时向单一热源排出 100kJ 的热量，这台机器（　　）。

A. 违反了热力学第一定律

B. 违反了热力学第二定律

C. 违反了热力学第一定律、第二定律

D. 既不违反热力学第一定律，也不违反热力学第二定律

答：D，该机器不违反热力学第一定律 $q=-u+w$，也不违反克劳修斯不等式。

42.（南京航空航天大学 2008 年考研试题）在不可逆过程中，系统的熵（　　）。

A. 增大　　　　　　B. 减少　　　　　　C. 不变　　　　　　D. 不确定

答：D。熵是状态参数，只要系统的初始和终了状态是平衡状态，无论经历的是何过程，都有确定的熵变值，与是否可逆无关，经历不可逆过程后系统的熵可能增大、减小或不变。

43.（南京航空航天大学 2006 年考研试题）判断题：不可逆过程必然导致熵增加。

答：错。不可逆过程熵也可以减小。

44.（南京航空航天大学 2006 年考研试题）判断题：某动力循环，从 500K 高温热源吸入 1000kJ 热量，向 300K 低温热源放热，可以输出 410kJ 功量。

答：错。由卡诺定理可知，卡诺热机的热效率为 $w = Q_1\left(1 - \dfrac{T_2}{T_1}\right) = 1000 \times \left(1 - \dfrac{300}{500}\right) = 400$（kJ），可知热机输出的功率不可能大于 400kJ。

45.（南京航空航天大学 2006 年考研试题）试分析下列各热力过程是否可逆过程，如不可逆，请说明理由；若不一定可逆，说明在什么情况下可逆。（1）将热量从温度为 100℃ 的热源缓慢传递给处于平衡状态的 0℃ 的冰水混合物；（2）通过搅拌器做功使水保持等温的汽化过程；（3）在一绝热的气缸内进行无内外摩擦的膨胀或压缩过程；（4）30℃ 的水蒸气缓慢流入一绝热容器与 30℃ 的液态水混合；（5）在一定容积的容器中，将定量工质从 20℃ 缓慢加热到 120℃。

解：（1）不可逆。属于有限温差传热。

（2）不可逆。属于功转变为热的过程。

（3）不一定可逆。若过程为准静态可逆，非准静态则不可逆。

（4）可逆。

（5）不一定可逆。若热源温度和工质温度始终保持一致时可逆。

46.（南京航空航天大学 2008 年考研试题）将 1kmol 某理想气体在 127℃ 下进行定温不可逆压缩，压力由 0.1MPa 升高到 1MPa，压缩过程中气体向 27℃ 的热源放热。过程耗功量比同样情况下的可逆功大 20%，试计算气体的熵变、热源的熵变及取气体和热源为系统的系统熵变。已知通用气体常数 $R = 8.314\,\mathrm{J/(mol \cdot K)}$。

解：气体的熵变为

$$\Delta S = -nR\ln\frac{p_2}{p_1} = -1 \times 8.314 \times \ln\frac{1}{0.1} = -19.14\,(\mathrm{kJ/K})$$

可逆过程的熵变和不可逆过程的熵变相同，即

$$Q = T - S = 400 \times (-19.14) = -7656\,(\mathrm{kJ})$$

可逆过程的功为：$W = Q$

不可逆过程的功比可逆过程的功大 20%，则不可逆过程的功为：$W' = 1.2W = -9187.2$（kJ）

又不可逆过程的热量为：$W' = Q' = -9187.2$（kJ）

热源熵变为：$\Delta S' = \dfrac{W'}{T_0} = \dfrac{9187.2}{300} = 30.62$（kJ/K）

气体与热源的总熵变为：$\Delta S_{总} = \Delta S + \Delta S' = -19.14 + 30.62 = 11.49$（kJ/K）

47.（华中科技大学 2004 年考研试题）绝热刚性容器中间用隔板将容器均分为二，左侧有 0.05kmol 温度为 300K、压力为 2.8MPa 的高压空气，右侧为真空。若抽去隔板，试求容器中的熵变。

解：据热力学第一定律可知 $Q=\Delta U+W$，因为是绝热过程，故 $Q=0$，又因为是刚性容器，故 $W=0$，可以得到 $\Delta U=0$，即

$$\Delta U = n c_V \Delta T = 0$$

则 $\Delta T=0$，$T_1=T_2$。

因此每 kmol 熵变有：$\Delta S = R\ln\dfrac{V_2}{V_1} = 8.314\ln2 = 5.762\,8\,[\text{kJ}/(\text{kmol}\cdot\text{K})]$

空气的总熵变为：$\Delta S_{总} = n\Delta S = 0.05 \times 5.762\,8 = 0.288\,1\,(\text{kJ/K})$

48.（华中科技大学 2004 年考研试题）有人设计了一台热机，循环中工质分别从温度为 $T_1=800\text{K}$、$T_2=500\text{K}$ 的两个高温热源吸热 $Q_1=1500\text{kJ}$ 和 $Q_2=500\text{kJ}$。该热机以 $T_0=300\text{K}$ 的环境为冷源，放热 Q_3。问：（1）若热机做出的循环净功为 $W_{\text{net}}=1000\text{kJ}$，该循环能否实现？（2）在上述条件下该热机可能输出的最大循环净功 $W_{\text{net,max}}$ 是多少？

解：（1）据能量守恒定律可知

$$Q_3 = Q_1 + Q_2 - W_{\text{net}} = 1500 + 500 - 1000 = 1000(\text{kJ})$$

由克劳修斯积分不等式可知

$$\oint \frac{\mathrm{d}Q}{T} = \frac{Q_1}{T_1} + \frac{Q_2}{T_2} - \frac{Q_3}{T_3} = \frac{1500}{800} + \frac{500}{500} - \frac{1000}{300}$$

$$= 1.875 + 1 - 3.333 = -0.458(\text{kJ/K}) < 0$$

因此该循环可以实现，且为不可逆循环过程。

（2）当循环为可逆循环时，放热量最小，即输出的循环净功最大

$$\oint \frac{\mathrm{d}Q}{T} = \frac{Q_1}{T_1} + \frac{Q_2}{T_2} - \frac{Q_3}{T_3} = \frac{1500}{800} + \frac{500}{500} - \frac{Q_3}{300} = 0$$

可得：$Q_{3,\text{min}} = 862.50\text{kJ}$

最大循环净功为

$$W_{\text{net,max}} = Q_1 + Q_2 - Q_{3,\text{min}} = 1137.5(\text{kW})$$

49.（华中科技大学 2005 年考研试题）如图 4-17 所示，两个容器的壁面充分透热，其中的气体始终能与周围环境保持热平衡。容器 A 的容积为 3m^3，内装压力为 0.08MPa 的空气；容积 B 中亦装有空气，质量与 A 中相同，但压力为 0.64MPa。用抽气机将容器 A 中的空气全部抽空送到容器 B 中；待容器 A 抽空后，打开连通阀门，使空气压力均衡地充满两个容器。已知环境温度为 300K，求过程中全部空气的熵变量。空气视为理想气体，气体常数 $R_g=0.287\text{kJ}/(\text{kg}\cdot\text{K})$，比定压热容 $c_p=1.005\text{kJ}/(\text{kg}\cdot\text{K})$。

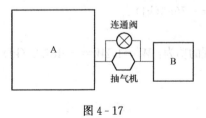

图 4-17

解：开始时 A、B 的质量相同，则两部分的质量为

$$m_{A1} = m_{B1} = \frac{p_{A1}V_{A1}}{R_g T} = \frac{0.08 \times 10^6 \times 3}{287 \times 300} = 2.787\,5(\text{kg})$$

由此可得 B 容器的容积为

$$V_{B1} = \frac{m_{B1} R_g T}{p_{B1}} = \frac{2.7875 \times 287 \times 300}{0.64 \times 10^6} = 0.375(\text{m}^3)$$

在过程终了时，阀门连通，两部分处于均衡状态，则两部分质量所处的体积也是相同的

$$V_{A2} = V_{B2} = \frac{V_{A1} + V_{B1}}{2} = \frac{3 + 0.375}{2} = 1.687\,5(\text{m}^3)$$

原来 A 部分气体的熵变为

$$\Delta S_A = m_{A1}R_g\ln\frac{V_{A2}}{V_{A1}} = 2.787\,5\times0.287\times\ln\frac{1.687\,5}{3} = -0.460\,3(\text{kJ/K})$$

原来 B 部分气体的熵变为

$$\Delta S_B = m_{B1}R_g\ln\frac{V_{B2}}{V_{B1}} = 2.787\,5\times0.287\times\ln\frac{1.687\,5}{0.375} = 1.2(\text{kJ/K})$$

全部空气的熵变为

$$\Delta S = \Delta S_A + \Delta S_B = -0.460\,3 + 1.2 = 0.739\,7(\text{kJ/K})$$

50.（上海交通大学 2006 年考研试题）理想气体进行定温膨胀，可从单一恒温热源吸入的热量，将之全部转变为功对外输出，是否与热力第二定律的开尔文叙述有矛盾？

答：热力第二定律的开尔文叙述为：不可能制造出从单一热源吸热，使之全部转变为功而不引起其他任何变化的热机。在理想气体定温膨胀的过程中，因热力学能不变，故可以将其从单一恒温热吸入的热量全部转变为功对外输出，但在这个过程中，工质的状态发生了变化，因此不违反热力学第二定律的开尔文叙述。

51.（上海交通大学 2006 年考研试题）如何判别过程进行的方向？平衡的一般判据是什么？

答：一切实际过程都是朝着使孤立系统的熵增大的过程进行的，可以根据孤立系统的熵变化来判断过程的方向。可以将系统与系统发生质量交换和能量交换的外界组成孤立系统，分析孤立系统的熵变，当孤立系统的熵达到极大值时系统达到平衡状态。孤立系统在热力过程中的熵产等于孤立系统的熵增，因此也可以根据熵产的正负来判断过程进行的方向性。

52.（上海交通大学 2006 年考研试题）由绝热材料包裹的导热杆两端分别与温度为 T_2、T_1 的热源相连，如图 4-18 所示。热量通过导热杆从热源 T_2 流向 T_1。假定两热源的热容量足够大，排出或吸收热量不致改变其温度。当流进导热杆的热量等于流出导热杆的热量时，杆子处在非平衡稳定状态。问：（1）以导热杆为系统时，系统的熵变、熵流和熵产是多少？为什么？（2）以两热源和导热杆为系统时，系统的熵变、熵流和熵产是多少？为什么？

解：（1）以导热杆为系统时，导热杆处于非平衡状态，但处于稳定状态，由稳定状态的特点，其熵变为零

$$\Delta S = \Delta S_f + \Delta S_g = 0$$

熵流为

$$S_f = \frac{\frac{\delta Q}{d\tau}}{T_2} + \frac{-\frac{\delta Q}{d\tau}}{T_1} = \frac{\delta Q}{d\tau}\left(\frac{1}{T_2} - \frac{1}{T_1}\right) = \frac{\delta Q}{d\tau}\left(\frac{T_1 - T_2}{T_2 T_1}\right)$$

熵产为

$$S_g = -S_f = -\frac{\delta Q}{d\tau}\left(\frac{T_1 - T_2}{T_2 T_1}\right)$$

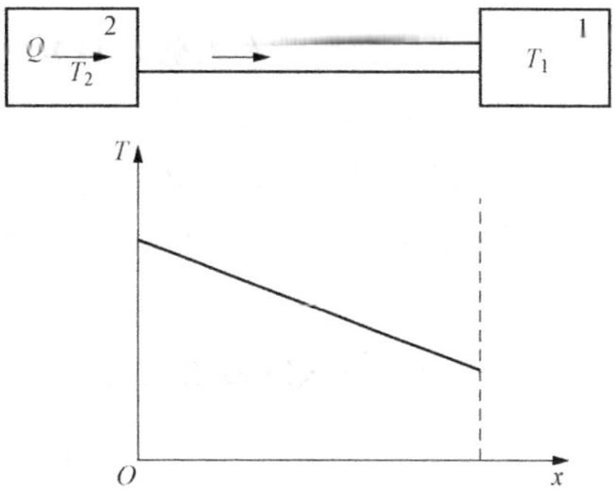

图 4-18

（2）若以两热源和导热杆为系统，则为孤立系统，与外界没有热量交换，熵流为零 $S_f = 0$，总熵变为熵产即 $\Delta S = S_g$

$$\Delta S = \Delta S_{T_1} + \Delta S_{T_2} = \frac{\frac{\delta Q}{d\tau}}{T_1} + \frac{-\frac{\delta Q}{d\tau}}{T_2} = \frac{\delta Q}{d\tau}\left(\frac{1}{T_1} - \frac{1}{T_2}\right) = \frac{\delta Q}{d\tau}\left(\frac{T_2 - T_1}{T_2 T_1}\right) = \Delta S_g$$

53. （上海交通大学 2005 年考研试题）判断题

（1）水蒸气在汽轮机内膨胀做功，水蒸气热力学能的一部分变为功输出，其余部分在冷凝器中释放，也就是㶲。

（2）水从高山流下，势能转变为动能，总能量守恒，但可用能减少，即㶲损失。

（3）水壶中烧水，有热量散发到环境大气中，这就是㶲，而使水升温的那部分称为㶲。

（4）孤立系统中"㶲增＋㶲损＝0"。

答：（1）错。水蒸气在冷凝器中的温度与压力和环境的温度压力不相等，所以在冷凝器中释放的能量有一部分是㶲。

（2）对。水从高山流下来的过程中，除势能转变为动能外，还有一部分机械能克服摩擦损失，转变为㶲。总能量是守恒的，但可用能减少了。

（3）错。使水升温的热量和散发到大气的热量均由㶲和㶲组成。

（4）错。孤立系统进行的热力过程都是可逆时，㶲增＋㶲损＝0，当孤立系统进行的热力过程不可逆时，会有部分㶲转变为㶲，㶲增＋㶲损＞0。

54. （上海交通大学 2004 年考研试题）工质不可逆放热后，其熵变 Δs_{12}（ ）。

A. 大于 0　　　　B. 等于 0　　　　C. 小于 0　　　　D. 不定

答：D。总熵变为熵流与熵产之和，不可逆过程的熵产大于 0，放热时熵流小于 0，二者之和的正负值不确定。

55. （北京航空航天大学 2004 年、2005 年考研试题）不可逆循环的熵产一定为____。

答：零。

56. （北京航空航天大学 2005 年、2006 年考研试题）不可逆过程不能在 T-s 图上表示，所以该过程的熵变量无法计算，该表述____。

答：错。熵是状态参数，不可逆过程的熵可以计算。

57. （北京航空航天大学 2006 年考研试题）从某一初始状态到另一状态有两条途径，一为可逆，另一为不可逆，则不可逆途径的熵的变化必大于可逆途径熵的变化。该说法____。

A. 正确　　　　　　B. 错

答：B。熵是状态参数，只要初终态是确定的，不管经过什么过程，熵变是相同的。

58. （北京航空航天大学 2006 年考研试题）一个 9kg 的铜块，温度为 500K，比热容为 $c_p＝0.383kJ/(kg \cdot K)$，环境温度为 27℃，问铜块的可用能是多少？若上述铜块与 5kg 的 27℃的水进行热接触，试确定可用能的损失和整个体系的熵变。水的比热容为 $c_{pw}＝4.18kJ/(kg \cdot K)$。

解：（1）铜块的可用能为

$$E_{X,Q}＝mc_p\int_{T_1}^{T_2}\left(1-\frac{T_0}{T}\right)dT＝9\times0.38\times\int_{500}^{300}\left(1-\frac{300}{T}\right)dT$$

$$＝9\times0.383\times\left[(300-500)-300\times\ln\frac{300}{500}\right]$$

$$＝-161.16(kJ)$$

（2）由能量守恒，当铜和水的温度 T 相同时有

$$\Delta U＝\Delta U_{Cu}＋\Delta U_w＝m_{Cu}c_{pCu}(T-T_{Cu})＋m_wc_{pw}(T-T_w)$$

$$9\times0.383\times(T-500)＋5\times4.18\times(T-300)＝0$$

$$T = 328.3 \text{(K)}$$

则整个系统的熵变为

$$\Delta S = \Delta S_{\text{Cu}} + \Delta S_{\text{w}} = m_{\text{Cu}} c_{p\text{Cu}} \ln \frac{T}{T_{\text{Cu}}} + m_{\text{w}} c_{p\text{w}} \ln \frac{T}{T_{\text{w}}}$$

$$= 9 \times 0.383 \times \ln \frac{328.3}{500} + 5 \times 4.18 \times \ln \frac{328.3}{300}$$

$$= 0.434 \text{(kJ/K)}$$

可用能的损失为

$$I = T_0 \Delta S = 300 \times 0.434 = 130.24 \text{(kJ)}$$

59.（北京航空航天大学 2002 年考研试题）如图 4-19 所示，两端封闭且具有绝热壁的气缸，被可移动、无摩擦、绝热的活塞分为体积相同的 A、B 两部分，体积为 V_0，其中有同种同质量的理想气体。开始时活塞两边的压力、温度都相同，分别为 p_0、T_0。现通过 A 腔气体内的一个加热线圈，对 A 腔气体缓慢加热，则活塞向右缓慢移动，直至 B 腔的压力为原来的 n 倍。设气体的绝热指数 γ 为常数。试求：（1）A、B 腔内气体的状态容积和终态温度；（2）过程中供给 A 腔气体的热量；（3）系统的熵变；（4）在 p-v 图、T-s 图上，表示出 A、B 腔气体经历的过程；（5）A 腔的过程能否假定为多变过程？B 腔呢？为什么？

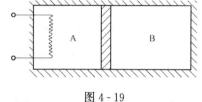

图 4-19

解：（1）由已知条件，A 腔经历的为可逆多变过程，B 腔经历的为可逆绝热过程。则 B 腔内的气体过程方程为

$$p_{\text{B1}} V_{\text{B1}}^{\gamma} = p_{\text{B2}} V_{\text{B2}}^{\gamma}$$

由已知条件，$p_{\text{B1}} = p_0$，$p_{\text{B2}} = np_0$，可得 B 腔中终态气体的容积和温度分别为

$$V_{\text{B2}} = V_0 \left(\frac{1}{n} \right)^{\frac{1}{\gamma}}, T_{\text{B2}} = T_0 n^{\frac{\gamma-1}{\gamma}}$$

终态时，A、B 腔的压力相同，则 $p_{\text{A2}} = p_{\text{B2}} = np_{\text{B1}}$，A 腔终态时的容积为

$$V_{\text{A2}} = 2V_0 - V_{\text{B2}} = V_0 \left[2 - \left(\frac{1}{n} \right)^{\frac{1}{\gamma}} \right]$$

根据理想气体状态方程，A 腔的终态温度为

$$T_{\text{A2}} = T_0 n \left[2 - \left(\frac{1}{n} \right)^{\frac{1}{\gamma}} \right]$$

（2）把 A、B 看作一个系统，该系统与外界无功量交换，且 A、B 的质量相同，则

$$Q = \Delta U = m_{\text{A}} c_V \Delta T_{\text{A}} + m_{\text{B}} c_V \Delta T_{\text{B}} = m_{\text{A}} c_V (\Delta T_{\text{A}} + \Delta T_{\text{B}})$$

利用理想气体状态方程

$$m_{\text{A}} = m_{\text{B}} = \frac{p_0 V_0}{R_g T_0}, \Delta T_{\text{A}} + \Delta T_{\text{B}} = T_{\text{A2}} + \Delta T_{\text{B2}} - 2T_0, c_V = \frac{R_g}{\gamma - 1}$$

$$Q = \frac{p_0 v_0}{\gamma - 1} \left[2n - \left(\frac{1}{n} \right)^{\frac{\gamma-1}{\gamma}} - 2 \right]$$

（3）B 腔内为可逆绝热过程，则其熵变 $\Delta S_{\text{B}} = 0$
A 腔内的熵变为

$$\Delta S_{\text{A}} = m_{\text{A}} \left(c_p \ln \frac{T_{\text{A2}}}{T_0} - R_g \ln \frac{p_{\text{A2}}}{p_0} \right)$$

$$= \frac{p_0 v_0}{T_0} \left\{ \frac{\gamma - 1}{\gamma} \ln n \left[2 - \left(\frac{1}{n} \right)^{\frac{1}{\gamma}} \right] - \ln n \right\}$$

系统的熵变和 A 腔的熵变相同，即 $\Delta S = \Delta S_A$。

（4）A、B 腔气体经历的过程如图 4-20、图 4-21 所示。

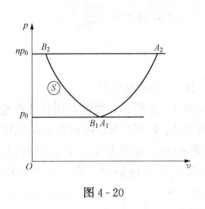

图 4-20　　　　　　　　　　　　　图 4-21

（5）A 腔的过程可以看作多变过程，B 腔为可逆绝热过程不能看作多变过程。

60.（哈尔滨工业大学 2002 年考研试题）判断题：工质吸热后熵一定增加，而放热后熵一定减少。

答：错。可逆过程的熵为 $\mathrm{d}s = \frac{\delta Q_{rev}}{T}$，故可逆过程中工质吸热后熵一定增加，而放热后熵一定减少。不可逆过程中，$\mathrm{d}s > \frac{\delta Q_{rev}}{T}$，吸热后熵一定增加，但放热后熵不一定减少。

61.（同济大学 2005 年考研试题）判断题：闭口绝热过程系统工质的熵不可能减少。

答：对。$\Delta S = S_f + S_g$，$S_f = 0$，$S_g \geqslant 0$。

62.（同济大学 2005 年考研试题）判断题：任何不可逆因素都使工质的熵增大。

答：错。任何不可逆过程都使工质的熵产增大。

63.（同济大学 2007 年考研试题）一热机工作在 $t_1 = 540℃$ 和 $t_2 = 30℃$ 之间，从高温热源吸热 $2 \times 10^7 \mathrm{kJ}$，对外做功 $5\mathrm{MW \cdot h}$，问这可能吗？

解：

方法一：卡诺热机的热效率为

$$\eta_c = 1 - \frac{T_2}{T_1} = 1 - \frac{273 + 30}{273 + 540} = 0.627$$

对外做出的功为

$$W = 0.627 \times 2 \times 10^7 = 12.545 (\mathrm{MWh})$$

该热机做出的功比卡诺热机还大，不能实现。

方法二：根据孤立系统熵增原理

$$\Delta S_{iso} = \frac{-2 \times 10^7 \times 10^3}{273 + 540} + \frac{2 \times 10^7 \times 10^3 - 5 \times 10^6 \times 3600}{273 + 30} = -18 \times 10^7 [\mathrm{J/(kg \cdot K)}] < 0$$

故该过程不能实现。

64.（同济大学 2005 年考研试题）绝热节流过程中，不向高温热源吸热、也不向低温热源放热，同样产生功，是否违反热力学第一定律？热力学第二定律？

答：不违反热力学第一定律，也不违反热力学第二定律。根据热力学第一定律 $Q=\Delta U+W$，$\Delta U=0$，$\Delta U=W$，故不违反热力学第一定律。工质绝热节流过程中有熵产，其熵增大，也不违反热力学第二定律。

65.（同济大学 2006 年考研试题）1000kg 温度为 0℃的冰，在 0℃的大气环境中融化为 0℃的水，这时热量的做功能力损失了。若在大气和这块冰之间放一可逆机，求冰完全融化时可逆机能做出的功（冰的融化潜热为 335kJ/kg）。

解：可将冰和与之相关的外界大气作为研究对象，则可以组成孤立系统进行研究。0℃的冰融化为 0℃的水需要的热量为

$$Q=mr=3.35\times10^5\ (\text{kJ})$$

由孤立系统熵增原理可得

$$\Delta S_{\text{iso}}=\Delta S_{\text{i}}+\Delta S_{\text{a}}+\Delta S_{\text{he}}=\frac{3.35\times10^5}{273}-\frac{3.35\times10^5+W}{273}=0$$

则冰完全融化时可逆热机做出的功为

$$W=0$$

66.（大连理工大学 2004 年考研试题）试述孤立系统的熵增原理？什么是补偿过程？

答：孤立系统熵增原理为：孤立系统的熵可以增大，或保持不变，但不可能减少。

补偿过程是指如果某一过程的进行会令孤立系统中各部分的熵同时减少或 各有增减，但其总熵减少，则这种过程不可单独进行，除非有外界的熵减少的过程作为补偿，使孤立系统熵增大，至少不变。

67.（大连理工大学 2003 年考研试题）什么是热量的㶲？什么是冷量的㶲？什么是闭口系统工质的㶲？什么是稳定流动工质的㶲？试写出它们的定义和计算式。

答：热量㶲是指在温度为 T_0 的环境条件下，系统（$T>T_0$）所提供的热量中可转化为有用功的最大值。计算式为

$$E_{\text{X,Q}}=\left(1-\frac{T_0}{T}\right)Q=Q-T_0\Delta S$$

把与温度低于环境温度 T_0 的物体（$T<T_0$）交换的热量称为冷量，温度低于环境温度的系统，吸入热量 Q_{c} 时做出的最大有用功称为冷量㶲。计算式为

$$E_{\text{X,Q0}}=\left(1-\frac{T}{T_0}\right)Q=T_0\Delta S-Q_{\text{c}}$$

闭口系统工质的㶲指闭口系统只与环境换热，从给定的状态以可逆的方式变化到与环境平衡的状态所能做出的最大有用功，计算式为

$$E_{\text{X,U}}=U-U_0-T_0(S-S_0)+p_0(V-V_0)$$

稳定流动工质的㶲通常是指稳流工质只与环境作用下，从给定的状态以可逆方式变化到环境状态所能做出的最大有用功，即为稳流工质的物流㶲，计算式为

$$E_{\text{X,H}}=H-H_0-T_0(S-S_0)$$

68.（中南大学 2002 年考研试题）将 100kg 温度为 30℃的水与 200kg 温度为 80℃的水在绝热容器中混合，假定容器内壁与水之间也是绝热的。且水的比热容为定值，取 $c=4.187\text{kJ/(kg·K)}$，环境温度为 17℃。求混合过程导致的做功能力损失。

解：设混合后的温度为 T，水的能量守恒方程为

$$m_1cT_1+m_2cT_2=(m_1+m_2)cT$$

得混合后的水温度为

$$T = \frac{m_1 T_1 + m_2 T_2}{m_1 + m_2} = \frac{100 \times 303 + 200 \times 353}{100 + 200} = 336.33(\text{K})$$

混合过程的熵方程为

$$\Delta S = \Delta S_g + \Delta S_f = \Delta S_g = m_1 c \ln \frac{T}{T_1} + m_2 c \ln \frac{T}{T_2}$$

$$= 100 \times 4.187 \times \ln \frac{336.33}{303} + 200 \times 4.187 \times \ln \frac{336.33}{353}$$

$$= 3.186(\text{kJ/K})$$

混合过程导致的做功能力损失为

$$I = T_0 S_g = 290 \times 3.186 = 923.94 \quad (\text{kJ})$$

69. (东南大学 2002 年考研试题) 判断题：对于任何循环，总有循环净功等于循环净热。

答：错。对于不可逆循环，有能量损失，因此循环净功与循环净热不一定相等。

70. (东南大学 2004 年考研试题) 热力学第一定律分析与热力学第二定律分析均被称为热力学分析，其分析的基准和内容有何不同？可举例说明。

答：热力学第一定律可表述为：热可以变为功，功也可以变为热；一定量的热消失时必产生相应量的功，消耗一定量的功时必出现与之对应的一定量的热。热力学第二定律可以表述为：热不可能自发地、不付代价地从低温物体传至高温物体。

热力学第一定律分析的基准是能量守恒定律，热力学第二定律分析的基准为能量转换的不可逆性。如：在压气机压气过程中所需的功率用能量守恒定律，而在此过程中做功能力的损失用热力学第二定律来解决。

71. (东南大学 2004 年考研试题) 某工质在相同的初态 1 和初态 2 之间分别经历 $1-a-2$ 可逆吸热过程和 $1-b-2$ 不可逆吸热过程。试比较两过程中工质熵变量哪个大。相应的外界熵变量哪个大？为什么？

答：熵为状态参数只与初、终态有关，与过程无关，故量两个过程的熵变量相等。熵变等于熵流与熵产之和，可逆过程中熵产等于零，不可逆过程中熵产大于零，故不可逆的熵流小，其外界的熵变也小。

72. (东南大学 2004 年考研试题) 一台蒸汽锅炉中，烟气定压放热，温度从 1500℃降至 250℃，所放出的热量全部用来将压力为 9MPa、温度为 30℃的锅炉水定压加热、汽化并生成 450℃的过热蒸汽。如果烟气比热容 $c_p = 1.079\text{kJ/(kg·K)}$，试求：(1) 生产 1kg 过热蒸汽需要多少千克烟气？(2) 若环境温度取 30℃，生产 1kg 过程蒸汽因温差传热引起的做功能力损失是多少？已知压力 $p = 9\text{MPa}$ 时未饱和水与过热蒸汽的热力参数：$t = 30℃$ 时，$h = 133.86\text{kJ/kg}$，$s = 0.4337\text{kJ/(kg·K)}$；$t = 450℃$ 时，$h = 3256.0\text{kJ/kg}$，$s = 6.5577\text{kJ/(kg·K)}$。

解：(1) 设生产 1kg 的过热蒸汽需要 $m$kg 的烟气

$$m = \frac{h_2 - h_1}{c_p(t_1 - t_2)} = \frac{3256.0 - 133.86}{1.079 \times (1500 - 250)} = 2.31(\text{kg})$$

(2) 把蒸汽和烟气作为孤立系统

$$\Delta S = \Delta S_g + \Delta S_w = mc_p \ln \frac{T_2}{T_1} + (S_2 - S_1)$$

$$= 2.31 \times 1.079 \times \ln \frac{250 + 273}{1500 + 273} + (6.5577 - 0.4337)$$

$$= 3.08(\text{kJ/kg})$$

做功能力的损失为

$$I = T_0 \Delta S = 303 \times 3.08 = 933.56(\text{kJ})$$

73. （东南大学 2003 年考研试题）某气体在初参数为 $p_1 = 0.6\text{MPa}$、$t_1 = 21℃$ 的状态下，稳定地流入一绝热容器。假定其中 $m/2$ 变为 $p_2 = 0.1\text{MPa}$，$t_2 = 82℃$ 的热空气，$m/2$ 变为 $p_2' = 0.1\text{MPa}$，$t_2' = -40℃$ 的冷空气。它们在这两种状态下同时离开容器。若空气为理想气体，且 $c_p = 1.004\text{kJ/}(\text{kg} \cdot \text{K})$，$R_g = 0.287\text{kJ/}(\text{kg} \cdot \text{K})$。试论证该流动过程能够实现。

解：把绝热容器及其内的两部分气体作为孤立系统，则孤立系统的熵变为

$$\Delta S = \Delta S_1 + \Delta S_2 = \frac{m}{2}\left(c_p \ln \frac{T_2}{T_1} - R_g \ln \frac{p_2}{p_1}\right) + \frac{m}{2}\left(c_p \ln \frac{T_2'}{T_1} - R_g \ln \frac{p_2'}{p_1}\right)$$

把已知数据带入

$$\Delta S = \frac{m}{2}\left(1.004\ln \frac{355}{294} - 0.287\ln \frac{0.1}{0.6}\right) + \frac{m}{2}\left(1.004\ln \frac{233}{294} - 0.287\ln \frac{0.1}{0.6}\right)$$

$$= \frac{m}{2}(0.704 + 0.281) > 0$$

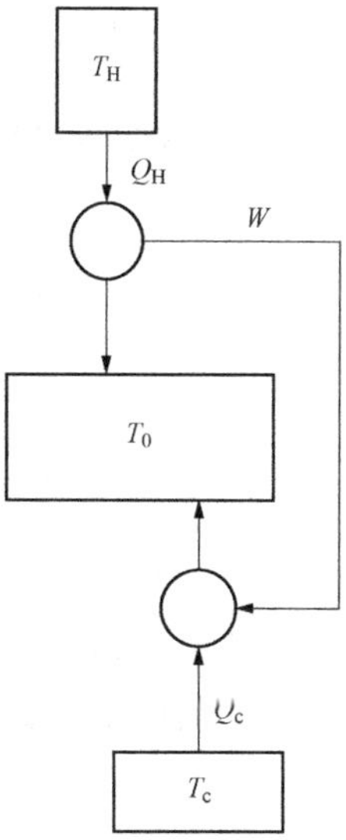

74. （国防科技大学 2004 年考研试题）如图 4-22 所示，用可逆热机驱动可逆制冷机，热机从热源（$T_H = 2000\text{K}$）吸收热量为 Q_H，向大气（$T_0 = 300\text{K}$）放热；而制冷机从冷源（$T_c = 250\text{K}$）吸收热量 Q_c，也向大气（T_0）放热。试求制冷量与热源提供的热量之比 Q_c/Q_H 为多少？

解：由于热机和制冷机都是可逆的，故

$$\frac{W}{Q_H} = 1 - \frac{T_0}{T_H}, \quad \frac{Q_c}{W} = \frac{T_c}{T_0 - T_c}$$

可得制冷量与热源提供的热量之比 Q_c/Q_H 为

$$\frac{Q_c}{Q_H} = \left(1 - \frac{T_0}{T_H}\right)\frac{T_c}{T_0 - T_c} = \left(1 - \frac{300}{2000}\right) \times \frac{250}{300 - 250} = 4.25$$

图 4-22

75. （国防科技大学 2003 年考研试题）如图 4-23 所示，一根温度为 1200K，质量为 0.3kg 的金属棒进入温度为 300K、质量为 9kg 的水中进行淬火。假若水和金属棒被认为是不可压缩的，其比热容分别是 $c_w = 4.2\text{kJ/}(\text{kg} \cdot \text{K})$ 和 $c_m = 0.42\text{kJ/}(\text{kg} \cdot \text{K})$，忽略刚性储箱中水与外界之间的热交换。试求：（1）水和金属棒的平衡温度。（2）熵产大小。

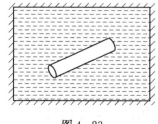

图 4-23

解：（1）设 $T_m = 1200\text{K}$，$T_w = 300\text{K}$，$m_m = 0.3\text{kg}$，$m_w = 9\text{kg}$，将水和金属棒及刚性储箱作为一个孤立系统，根据能量守恒

$$\Delta U_w + \Delta U_m = 0$$

$$m_w c_w (T - T_w) + m_m c_m (T - T_m) = 0$$

解得

$$T = \frac{m_w \dfrac{c_w}{c_m} T_w + m_m T_m}{m_w \dfrac{c_w}{c_m} + m_m} = \frac{9 \times 10 \times 300 + 0.3 \times 1200}{9 \times 10 + 0.3} = 303(\mathrm{K})$$

（2）熵产的大小为

$$S_g = \Delta S_w + \Delta S_m = m_w c_w \ln \frac{T}{T_w} + m_m c_m \ln \frac{T}{T_m}$$

$$= 9 \times 4.2 \times \ln \frac{303}{300} + 0.3 \times 0.42 \times \ln \frac{303}{1200} = 0.203(\mathrm{kJ/K})$$

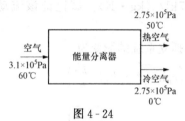

图 4-24

76.（中国科学院-中国科学技术大学 2009 年考研试题）有人欲发明一种绝热稳定流动设备，其可将能量分离以输出冷、热流体。假定出口流量 $q_{mC} = q_{mH}$，试判断图 4-24 所示的状态参数能否实现？

解：把冷、热空气及能量分离器作为一个孤立系统，则系统的熵变为空气冷、热部分的熵变之和

$$\Delta S_{iso} = \Delta S_H + \Delta S_C = \frac{m}{2}\left(c_p \ln \frac{T_H}{T_1} - R_g \ln \frac{p_H}{p_1}\right) + \frac{m}{2}\left(c_p \ln \frac{T_C}{T_1} - R_g \ln \frac{p_C}{p_1}\right)$$

$$= \frac{m}{2}\left(c_p \ln \frac{T_H T_C}{T_1^2} - R_g \ln \frac{p_H p_C}{p_1^2}\right)$$

$$= \frac{m}{2}\left(c_p \ln \frac{323 \times 273}{294^2} - R_g \ln \frac{2.75^2}{3.1^2}\right)$$

$$= \frac{m}{2}(0.019\,96 c_p + 0.239\,6 R_g) > 0$$

77.（中国科学院—中国科学技术大学 2008 年考研试题）分别写出闭口系和开口系的熵方程，并指明其各项的含义。

解：闭口系的熵方程为

$$dS = \delta S_{f,Q} + \delta S_g$$

其中 $\delta S_{f,Q} = \dfrac{\delta Q}{T_r}$，称为热熵流，表明系统与外界换热引起的系统熵变；$\delta S_g$ 称为熵产，是不可逆因素造成的系统熵增加。

开口系统的熵方程为

$$dS_{CV} = \delta S_{f,m} + \delta S_{f,Q} + \delta S_g$$

式中，$\delta S_{f,m} = \delta m_{in} s_{in} - \delta m_{out} s_{out}$，称为质熵流，为输入系统的物质带入系统的熵和离开系统的物质带走的熵之差；$\delta S_{f,Q}$ 是热熵流；δS_g 为熵产。

78.（中国科学院-中国科学技术大学 2007 年考研试题）名词解释：熵流与熵产。

解：$\delta S_{f,Q} = \dfrac{\delta Q}{T_r}$，称为热熵流，表明系统与外界换热引起的系统熵变，系统吸热为正，系统放热为负，过程绝热为零。δS_g 为熵产，是不可逆因素造成的系统熵增加，即不可逆性对系统熵变的"贡献"，熵产只可能是正值，极限情况下为零。

79. （中国科学院 - 中国科学技术大学 2006 年考研试题）某气体通过进、出管路稳定地流经一绝热装置。若气体在 A 管内压力 $p_A = 1 \times 10^5 \text{Pa}$，温度 $t_A = 27℃$，在 B 管内压力 $p_B = 1 \times 10^5 \text{Pa}$，温度 $t_B = 177℃$。请问：A 管和 B 管，哪个是进口管？为什么？设该气体可视为理想气体，气体常数 $R_g = 0.287 \text{kJ/(kg·K)}$，在上述范围内，比热容 $c_p = 0.87 \text{kJ/(kg·K)}$。

解：把绝热装置作为一个孤立系统，则气体进出系统时熵只会增加，不会减少。先假设气体的流动方向为从 A 到 B，则该过程的熵变化为

$$\Delta s_{AB} = c_p \ln \frac{T_B}{T_A} - R_g \ln \frac{p_B}{p_A} = 0.35 [\text{kJ/(kg·K)}] > 0$$

因为熵是增加的，故假设是成立的。

第五章　水　蒸　气

基 本 知 识 点

一、水蒸气的饱和状态及相图

1. 水相变的基本概念

汽化：物质由液态转变为气态的过程称为汽化，蒸发和沸腾是两种不同的汽化形式。

蒸发：是指液体表面的汽化过程。

沸腾：是指在液体表面和内部同时进行的强烈汽化过程。

凝结：物质由气相变为液相的过程称为凝结，凝结是汽化的反过程。

饱和状态：当液体分子脱离表面的汽化速度与分子回到液体中的凝结速度相等时，液体和蒸汽处于动态平衡的状态称为饱和状态。此状态下的温度和压力分别称为饱和温度和饱和压力。饱和压力与饱和温度是一一对应的。

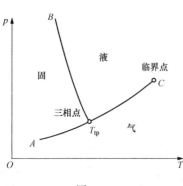

图 5-1

2. 水的相图

水的相图表示的为饱和压力和饱和温度关系的状态参数图（p-T 图）称相图（见图 5-1）。

三相点：气固、液固和气液相平衡曲线的交点称为三相点，即固、液、气三相平衡共存的点。

二、水的定压汽化过程和临界点

水的定压汽化过程在 p-v 图和 T-s 图上可用 $1_0'1'1''1$ 表示，如图 5-2 和图 5-3 所示。改变压力可得过程线 $2_02'2''2$。各过程中的吸热量可用图 3-4（b）中过程线下的面积表示。

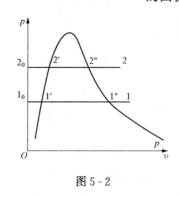

图 5-2

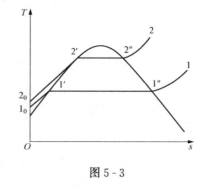

图 5-3

水蒸气的 p-v 图、T-s 图可以归纳为 1 点、2 线、3 区、5 态。

1 点：临界点。

2 线：饱和蒸汽状态连线（上界限线）和饱和液体状态连线（下界限线）。

3 区：未饱和液体区（过冷水区）在下界限左方，湿蒸汽区在上、下界限之间，过热蒸汽区在上界限右方。

5态：过冷水状态（过冷水）、饱和水状态、湿饱和蒸汽状态（湿蒸汽）、干饱和蒸汽（干蒸汽）、过热蒸汽状态。

临界点：饱和液体线与饱和蒸汽线的交点称为临界点。临界点的压力 p_c 和温度 t_c 是汽、液共存时的最高值。例如，水的临界参数值为：$t_c = 373.99℃$，$p_c = 22.064MP$，$v_c = 0.003\,106m^3/kg$，$s_c = 4.409\,2kJ/kg$，$h_c = 2085.87kJ/kg$。

汽化潜热：1kg 饱和液体加热成同温度下的干饱和蒸汽所需要的热量。

三、水和水蒸气的状态参数

1. 未饱和水和过热蒸汽

给定未饱和水和过热蒸汽的任意两个参数，通常其状态以 (p, t) 形式给定，就能确定其他参数。

2. 饱和水及干饱和蒸汽

饱和状态下温度与压力有着对应的关系，仅凭温度或压力即可确定饱和水或饱和蒸汽的状态，习惯上对饱和水和饱和水蒸气的参数符号分别用上标"'"和"''"表示。

3. 湿蒸汽

湿饱和蒸汽是干饱和蒸汽与饱和水共存的状态，它们的压力和温度一一对应。把单位质量湿蒸汽中所含饱和蒸汽的质量称为湿蒸汽的干度，用 x 表示，若系统中饱和水及饱和干蒸汽的质量分别为 m_w 和 m_v，则

$$x = \frac{m_v}{m_v + m_w} \tag{5-1}$$

由干度和饱和水及饱和干蒸汽的参数，可以确定湿蒸汽的所有状态参数，即

$$v = xv'' + (1-x)v' \tag{5-2}$$
$$s = xs'' + (1-x)s' \tag{5-3}$$
$$h = xh'' + (1-x)h' \tag{5-4}$$

利用上述关系，当已知湿蒸汽的压力及某一比参数 z 时，可确定其干度

$$x = \frac{z - z'}{z'' - z'} \tag{5-5}$$

四、水蒸气热力性质表和焓熵图

1. 水蒸气热力性质表

水蒸气热力性质表包括：按温度排列的饱和水和干饱和蒸汽表、按压力排列的饱和水和干饱和蒸汽表、按压力和温度排列的未饱和水和过热蒸汽表。

2. 水蒸气焓熵图

h-s 图由于可以用线段长度表示热量和功而在工程上得到广泛应用。h-s 也有上、下界限线、定压线、定温线、定容线、定干度线。

五、水蒸气的基本热力过程

水蒸气的基本热力过程也是定容过程、定压过程、定温过程和绝热过程四种，其中，以定压过程和绝热过程最为重要。水蒸气的状态参数要通过图或表来确定，过程中能量的转换关系根据热力学第一定律和第二定律来进行计算。

1. 定压过程

水蒸气的定压过程是常见的热力过程，工质与外界无技术功的交换，即 $w_t = 0$。

工质交换的热量为

$$q = \Delta h = h_2 - h_1 \tag{5-6}$$

工质热力学能的变化

$$\Delta u = h_2 - h_1 - p(v_2 - v_1) \tag{5-7}$$

工质的膨胀功

$$w = \int p \mathrm{d}v = q - \Delta u = p(v_2 - v_1) \tag{5-8}$$

2. 定容过程

定容过程工质与外界无膨胀功的交换，即 $w = 0$。

工质交换的热量为

$$q = \Delta u \tag{5-9}$$

工质热力学能的变化

$$\Delta u = h_2 - h_1 - v(p_2 - p_1) \tag{5-10}$$

工质所做的技术功

$$w_\mathrm{t} = -\int v \mathrm{d}p = v(p_1 - p_2) \tag{5-11}$$

3. 定温过程

定温过程中 $\Delta u = \Delta h = 0$，交换的热量为膨胀功或技术功的变化

$$q = T\Delta s = w = w_\mathrm{t} = \int p \mathrm{d}v \tag{5-12}$$

4. 绝热过程

水蒸气在汽轮机里的膨胀过程以及在水泵中的压缩过程都可以看作绝热过程，可逆绝热过程为定熵过程。

绝热过程中 $q = 0$，工质的膨胀功为

$$w = -\Delta u \tag{5-13}$$

工质的技术功为

$$w_\mathrm{t} = -\Delta h \tag{5-14}$$

工质热力学能的变化

$$\Delta u = h_2 - h_1 - (p_2 v_2 - p_1 v_1) \tag{5-15}$$

思考题与习题

1. 低压饱和蒸汽经历绝热节流后，变成（　　）。

A. 湿饱和蒸汽　　　B. 饱和水　　　　　C. 过热蒸汽　　　　D. 未饱和水

答案：C。

2. 压力升高后，饱和水的比体积 v' 和干饱和蒸汽的比体积 v'' 将如何变化？

答：由水蒸气的 p-v 图可以看出，随着压力的升高，饱和水的比体积增大，而干饱和水蒸气的比体积减小。当压力升高到临界压力时，饱和水和干饱和蒸汽的比体积相同，也就是临界点。

3. 用温度为 500K 的恒温热源加热 1atm 的饱和水，使之定压汽化为 100℃ 的干饱和蒸汽，求该过程中工质的熵变。

解：查水蒸气热力性质表，0.1MPa、$t_s=99.634℃$时：$s'=1.3028$kJ/(kg·K)、$s''=7.3589$kJ/(kg·K)、$h'=417.52$kJ/kg、$h''=2675.14$kJ/kg。

由表列数据
$$\Delta s=s''-s'=7.3589-1.3028=6.0561[\text{kJ/(kg·K)}]$$
或
$$q=\gamma=h''-h'=2675.14-417.52=2257.6(\text{kJ/kg})$$
据熵的定义式
$$\Delta s=\int_1^2 \mathrm{d}s=\int_1^2\frac{\delta q_r}{T}=\frac{\gamma}{T_s}=\frac{2257.6}{99.634+273.15}=6.0561[\text{kJ/(kg·K)}]$$

注：水和水蒸气的熵变可以通过有关的热力性质表查取，有时也可以利用熵的定义式或 $\mathrm{d}s$ 的一般方程求取。

4. 气缸-活塞系统内有 0.5kg 压力为 0.5MPa，温度为 260℃ 的水蒸气，试确定气缸内蒸汽经可逆等温膨胀到 0.20MPa 时气缸的体积及与外界交换的功和热量。水蒸气参数见表 5-1。

表 5-1　　　　　　　　　　水　蒸　气　参　数

t (℃)	p (MPa)	v(m³/kg)	h (kJ/kg)	s [kJ/(kg·K)]
260	0.5	0.484 04	2980.8	7.309 1
	0.2	1.222 33	2990.5	7.745 7

解：查过热蒸汽性质表，得
$$V_1=mv_1=0.5\times0.48404=0.24202(\text{m}^3)$$
$$V_2=mv_2=0.5\times1.22233=0.61116(\text{m}^3)$$
$$U_1=m(h_1-p_1v_1)=0.5\times(2980.8-500\times0.48404)=1369.39(\text{kJ/kg})$$
$$U_2=m(h_2-p_2v_2)=0.5\times(2990.5-200\times1.22233)=1373.02(\text{kJ/kg})$$
$$Q=mT\Delta s=0.5\times(260+273)\times(7.7457-7.3091)=116.35(\text{kJ})$$
$$W=Q-\Delta U=116.35-(1373.02-1369.39)=112.7(\text{kJ})$$

注：通常水和水蒸气的热力性质图表上并不列出热力学能的值，水蒸气的热力学能可通过 $u=h-pv$ 计算得到。

理想气体可逆等温过程的膨胀功等于技术功等于热量，但水蒸气可逆等温过程的膨胀功不等于热量，因为水蒸气的热力学能是温度和比体积的函数，虽温度不变，热力学能仍可能改变。

5. 容积为 150L 的刚性容器中的湿饱和水蒸气的温度为 150℃，干度为 0.9，容器中工质被冷却到 -10℃，试计算过程中的传热量。

解：取容器中工质为系统，这是控制质量问题。其能量方程 $Q=\Delta U+W$。

由于刚性容器，V 为常数，故过程的功 $W=0$。

状态 1：据 $t_1=150℃$，查饱和水和饱和水蒸气表得

$p_s=475.7$kPa、$v'=0.0011$m³/kg、$v''=0.3929$m³/kg、$h'=632.3$kJ/kg、$h''=2746.4$kJ/kg。

$$u'=h'-p_sv'=632.3-475.7\times0.0011=631.8(\text{kJ/kg})$$
$$u''=h''-p_sv''=2746.4-475.7\times0.3929=2559.5(\text{kJ/kg})$$
$$u_1=u'+x_1(u''-u')=631.8+0.9\times(2559.5-631.8)=2366.7(\text{kJ/kg})$$

$$v_1 = v' + x_1(v'' - v') = 0.001\ 1 + 0.9 \times (0.3929 - 0.001\ 1) = 0.353\ 7(\text{m}^3/\text{kg})$$

$$m = \frac{V}{v_1} = \frac{0.15}{0.353\ 7} = 0.424(\text{kg})$$

状态 2：$v_1 = v_2 = 0.353\ 7\text{m}^3/\text{kg}$，由 $t_2 = -10℃$，查饱和水和饱和水蒸气表，得 $v' = 0.001\ 1\text{m}^3/\text{kg}$、$v'' = 467.167\ 2\text{m}^3/\text{kg}$；$h' = -354.1\text{kJ/kg}$、$h'' = 2482.1\text{kJ/kg}$。因 $v' < v_1 < v''$，所以处于气液两相状态，$p_s = 0.3\text{kPa}$，仿照气液两相干度的概念，得

$$x_2 = \frac{v_2 - v'}{v'' - v'} = \frac{0.353\ 7 - 0.0011}{467.1672 - 0.001\ 1} = 0.000\ 8$$

$$h_2 = h' + x_2(h'' - h') = -354.1 + 0.000\ 8 \times (2482.1 + 354.1) = -351.8(\text{kJ/kg})$$

$$u_2 = h_2 - p_s v_2 = -351.8 - 0.3 \times 0.353\ 7 = -351.9(\text{kJ/kg})$$

$$Q = \Delta U = m(u_2 - u_1) = 0.424 \times (-351.9 - 2366.7) = -1152.7(\text{kJ/kg})$$

6. 压力为 30bar，温度为 450℃的蒸汽经节流压力降为 5bar，然后定熵膨胀至 0.1bar，求绝热节流后蒸汽温度为多少度？熵变了多少？由于节流，技术功损失了多少？

解：由初压 $p_1 = 30\text{bar}$，$t_1 = 450℃$，在水蒸气的 h-s 图上定出点 1，查得

$$h_1 = 3350\text{kJ/kg}, \quad s_1 = 7.1\ \text{kJ/(kg·K)}$$

因绝热节流前后焓相等，故由 $h_1 = h_2$ 及 p_2 可求节流后的蒸汽状态点 2。由水蒸气 h-s 图查得

$$t_2 = 440℃, \quad s_2 = 7.49\ \text{kJ/(kg·K)}$$

因此节流前后熵变量为

$$\Delta s = s_2 - s_1 = 7.49 - 7.1 = 0.39\ [\text{kJ/(kg·K)}]$$

$\Delta s > 0$，可见绝热节流过程是个不可逆过程

若节流后蒸汽定熵膨胀至 0.1bar，由 $h_1' = 2250\text{kJ/kg}$，可做技术功为

$$h_1 - h_1' = 3350 - 2250 = 1100\ (\text{kJ/kg})$$

若节流后的蒸汽定熵膨胀至相同压力 0.1bar，由图查得 $h_2' = 2512\text{kJ/kg}$，可作技术功为

$$h_2 - h_2' = 3350 - 2512 = 838\ (\text{kJ/kg})$$

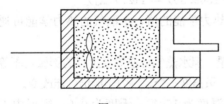

图 5-4

绝热节流技术功变化量为

$$(h_1 - h_1') - (h_2 - h_2') = 1100 - 838 = 262(\text{kJ/kg})$$

结果表明，由于节流损失了技术功。

7. 如图 5-4 所示，一活塞和气缸组成的系统内装有 0.5kg 的汽水混合物，其中蒸汽质量为 85%，压力为 0.3MPa。若对其加入热量 180kJ，同时通过搅拌器向其输入功 20kJ 后，其变为压力等于 0.1MPa，温度等于 100℃的过热蒸汽。假定该系统无动能、位能的变化，求向外界输出的功。

水蒸气物性见表 5-2。

表 5-2   水 蒸 气 物 性

p(MPa)	v(m³/kg)	h(kJ/kg)	s[kJ/(kg·K)]
0.3 ($t_k = 133.555℃$)	$v' = 0.001\ 073\ 2$ $v'' = 0.605\ 87$	$h' = 561.58$ $h'' = 2725.26$	$s' = 1.672\ 1$ $s'' = 6.992\ 1$
0.1 ($t_k = 100℃$)	1.696 1	2675.9	7.360 0

解：由干度的定义可得湿蒸汽初始时的干度为 $\chi = 0.85$

当压力为 0.3MPa 时，湿蒸汽的焓值为

$$h_1 = (1-\chi)h' + \chi h'' = 84.237 + 2316.471 = 2400.708 (\text{kJ/kg})$$

压力为 0.1MPa 时过热蒸汽的焓值为

$$h_2 = 2675.9 \text{kJ/kg}$$

由热力学第一定律可知过程前后的能量守恒

$$Q + W_i = m(h_2 - h_1) + W_0 = 180 + 20 = 200 (\text{kJ})$$

对外的做功量为

$$W_0 = 200 - m(h_2 - h_1) = 200 - 0.5 \times (2675.9 - 2400.708) = 62.4 (\text{kJ})$$

8. 压力 $p_1 = 15\text{bar}$、温度 $t_1 = 250℃$、质量流量 $m_1 = 1.5\text{kg/s}$ 的水蒸气经阀门被节流到 $p_1' = 7\text{bar}$，然后与 $m_2 = 3.6\text{kg/s}$、$p_2 = 7\text{bar}$、$x_2 = 0.97$ 的湿蒸汽混合。试确定：（1）水蒸气混合物的状态；（2）若节流前水蒸气的流速 $c_1 = 18\text{m/s}$，输送该蒸汽的管路内径为多少？

解：（1）水蒸气混合物状态

根据 $p_1 = 15\text{bar}$，$t_1 = 250℃$，查 h-s 图可知蒸汽为过热状态，且 $h_1 = 2928\text{kJ/kg}$，$v_1 = 0.15\text{m}^3/\text{kg}$，按绝热节流过程基本特性，节流前的焓和节流后的焓相等，即 $h_1 = h_1' = 2928\text{kJ/kg}$

混合前过热蒸汽的总焓

$$H_1' = m_1 h_1' = 1.5 \times 2928 = 4392 (\text{kJ})$$

据 $p_2 = 7\text{bar}$、$x_2 = 0.97$，查 h-s 图可知蒸汽为湿蒸汽状态

$$h_2 = 2708\text{kJ/kg}$$

混合前湿蒸汽的总焓

$$H_2 = m_2 h_2 = 3.6 \times 2708 = 9748.8 (\text{kJ})$$

蒸汽混合物的质量

$$m = m_1 + m_2 = 1.5 + 3.6 = 5.1 (\text{kg})$$

蒸汽混合物总焓

$$H = H_1 + H_2 = 4392 + 9748.8 = 14\,141 (\text{kJ})$$

蒸汽混合物的比焓

$$h = \frac{H}{m} = \frac{14\,141}{5.1} = 2772.7 (\text{kJ/kg})$$

根据蒸汽混合物的状态参数 $p = 7\text{bar}$、$h = 2772.7\text{kJ/kg}$，查 h-s 图可得蒸汽混合物处于干饱和蒸汽状态。

（2）管路内径

根据连续性方程

$$A = \frac{mv}{c} = \pi \frac{D^2}{4}$$

得

$$D_1 = \sqrt{\frac{4}{\pi} \times \frac{m_1 v_1}{c}} = \sqrt{\frac{4}{\pi} \times \frac{1.5 \times 0.15}{18}} = 0.126\text{m} = 12.6\text{cm}$$

9. （东南大学 2002 年考研试题）水蒸气稳定地流经直径为 76cm 的绝热水平管道，可

得某截面上蒸汽的压力和温度分别为 0.2MPa 和 240℃，在另一个截面上相应的参数为 0.1MPa 和 200℃，试求：

(1) 蒸汽在两截面处的流动速度；

(2) 质量流量（kg/s）；

(3) 可用能损失（环境温度为 27℃）。

水蒸气热力性质见表 5-3。

表 5-3　　　　　　　　　　　　　　水蒸气热力性质

温度 t(℃)	压力 p(MPa)	焓 h(kJ/kg)	熵 s[kJ/(kg·K)]	比体积 v(m³/kg)
200	0.1	2874.8	7.833 4	2.172 3
240	0.2	2950.3	7.668 8	1.175 2

解：(1) 根据流动性方程 $\dfrac{A_1 c_{f1}}{v_1} = \dfrac{A_2 c_{f2}}{v_2}$，因为 $A_1 = A_2$，故 $\dfrac{c_{f1}}{v_1} = \dfrac{c_{f2}}{v_2}$

$$\frac{c_{f1}}{c_{f2}} = \frac{v_1}{v_2} = \frac{2.713\ 2}{1.175\ 2} = 1.848\ 5$$

将上式与能量方程 $h_1 - h_2 = \dfrac{1}{2}(c_{f2}^2 - c_{f1}^2) = 2950.3 - 2874.8$ 相结合联立求解得

$$c_{f1} = 14.61 \text{m/s}, \quad c_{f2} = 7.90 \text{m/s}$$

(2) 质量流量为

$$q_m = \frac{A_1 c_{f1}}{v_1} = \frac{4.53 \times 10^{-3} \times 14.61}{1.175\ 2} = 5.63 \times 10^{-2} (\text{kg/s})$$

(3) 可用能损失

$$I = T\Delta S_{iso} = T\Delta S_g = (27 + 273) \times (7.833\ 4 - 7.668\ 8) = 49.38 (\text{kJ})$$

10. （南京理工大学 2002 年考研试题）一个位于室外的 R12 氟利昂密封容器，容积为 20m²，初始时充满了压力为 651.6kPa，质量为 1248kg 的 R12。白天在室外阳光的照射下，由于传热，发生了一个定容过程，终了时容器中的 R12 达到了饱和蒸汽状态，试计算下列物理量：(1) 初始时 R12 的温度；(2) 终了时 R12 的温度和压力；(3) 过程中传给 R12 的热量。

饱和氟利昂与饱和氟利昂蒸气参数见表 5-4。

表 5-4　　　　　　　　　　　饱和氟利昂与饱和氟利昂蒸气参数

p (kPa)	t (℃)	v' (m³/kg)	v'' (m³/kg)	u' (kJ/kg)	u'' (kJ/kg)
651.6	25.00	0.0007630	0.026854	59.156	180.088
1000.0	41.64	0.0008023	0.017440	75.460	186.320
1200.0	49.31	0.0008237	0.012220	83.220	188.950

解：(1) 由题意可得初始时 R12 的比体积为

$$v_1 = \frac{V}{m} = \frac{20}{1248} = 0.016\ 026 (\text{m}^3/\text{kg})$$

$0.000\ 763 < v_1 < 0.026\ 854$，又因为初始时压力为 651.6kPa，则此时 R12 处于湿蒸汽状态，温度为 25℃。

（2）终了时的温度和压力为 t_2、p_2，又因为是定容过程，即 R12 为比体积为 0.016 026 的饱和蒸汽，可利用插值法求温度和压力

$$\frac{t_2 - 41.64}{49.31 - 41.64} = \frac{0.016\ 026 - 0.017\ 44}{0.012\ 22 - 0.017\ 44}$$

$$\frac{p_2 - 1000}{1200 - 100} = \frac{43.72 - 41.64}{49.31 - 41.64}$$

求解可得：$t_2 = 43.72℃$，$p_2 = 1054.24\text{kPa}$

（3）以密封容器内的 R12 为研究对象，根据热力学第一定律

$$\Delta U = U_2 - U_1 = Q - W = Q$$

可根据热力学能求得初始时的干度

$$x_1 = \frac{v - v'}{v'' - v'} = \frac{0.016\ 026 - 0.000\ 763}{0.026\ 854 - 0.000\ 763} = 0.585$$

初始时的热力学能为

$$u_1 = (1 - x_1)u' + x_1 u'' = (1 - 0.585) \times 59.156 + 0.585 \times 180.088 = 129.9(\text{kJ/kg})$$

终了时的热力学能为 u_2

$$\frac{u_2 - 186.32}{188.95 - 186.32} = \frac{43.72 - 41.64}{49.31 - 41.64}$$

解得

$$u_2 = 187.03\text{kJ/kg}$$

该过程的传热量为

$$Q = m(u_2 - u_1) = 1248 \times (187.03 - 129.9) = 71\ 298.24(\text{kJ})$$

11.（上海交通大学 2005 年考研试题）流经房内蒸汽散热器的饱和水蒸气压力为 110kPa，若关闭进、出口阀门，当散热器内蒸汽温度降到 25℃时，压力和干度各为多少？过程功为多少？根据水蒸气表，$p = 110\text{kPa}$ 时，$v'' = 1.5511\text{m}^3/\text{kg}$。25℃时，$p_s = 3.2\text{kPa}$，$v' = 0.001\ 0\text{m}^3/\text{kg}$，$v'' = 43.356\ 61\text{m}^3/\text{kg}$。

解：若关闭进、出口阀门，则温度降低后气体的比体积是不变的，即

$$v_2 = v_1 = v'' = 1.551\ 1\text{m}^3/\text{kg}$$

因为比体积不变，所以过程中对外做的功为 $w = 0$。

在 25℃时，$v' < v_2 = 1.551\ 1\text{m}^3 < v''$，所以降温后的工质为该温度下的饱和湿蒸汽状态，故其压力为 $p_2 = 3.2\text{kPa}$

可以用比体积来计算干度，干度为

$$x_2 = \frac{v_2 - v_2'}{v_2'' - v_2'} = \frac{1.551\ 1 - 0.001\ 0}{43.356\ 6 - 0.001\ 0} = 0.036$$

12.（北京航空航天大学 2006 年考研试题）水蒸气焓熵图上，饱和区的等压线即是____，为斜率等于____的直线。

答：等温线，0。

13.（北京航空航天大学 2005 年、2006 年考研试题）判断题：湿空气是干空气和水蒸气的混合物，不能作为完全气体看待。该表述（　　）。

A. 正确　　　　　B. 错

答：B

14.（哈尔滨工业大学 2003 年考研试题）容积为 0.6m^3 的密闭容器内盛有压力为 360kPa 的干饱和蒸汽，求蒸汽的质量。若对蒸汽进行冷却，当压力降低到 200kPa 时，求蒸汽的干度和冷却过程中由蒸汽向外传递的热量。$p = 360\text{kPa}$ 时，$v''_1 = 0.510\ 56\text{m}^3/\text{kg}, h''_1 = 2733.8\text{kJ}/\text{kg}$。

$p = 200\text{kPa}$ 时，$v'_2 = 0.001\ 060\ 8\text{m}^3/\text{kg}, v''_2 = 0.885\ 92\text{m}^3/\text{kg}, h'_2 = 504.7\text{kJ}/\text{kg}, h''_2 = 2706.9\text{kJ}/\text{kg}$。

解：因为初始时为压力 360kPa 的干饱和蒸汽，故蒸汽的质量为

$$m = \frac{V}{v''_1} = \frac{0.6}{0.510\ 56} = 1.175\ 2(\text{kg})$$

冷却后的比体积不变 $v_2 = v''_1$，则可得蒸汽的干度为

$$x = \frac{v''_1 - v'_2}{v''_2 - v'_2} = \frac{0.510\ 56 - 0.001\ 060\ 8}{0.885\ 92 - 0.001\ 060\ 8} = 0.576$$

冷却后的蒸汽为湿蒸汽状态，其焓值为

$$h_2 = x h''_2 + (1-x) h'_2 = 1773.17(\text{kJ}/\text{kg})$$

冷却过程中由蒸汽向外传递的热量为

$$Q = \Delta U = m(\Delta h - v\Delta p) = m(h_2 - h''_1) - m v''_1 (p_2 - p_1)$$
$$= 1.1752 \times (1773.17 - 2733.8) - 1.1752 \times 0.510\ 56 \times (200 - 360)$$
$$= -1033(\text{kJ})$$

15.（同济大学 2005 年考研试题）判断题：把相同温度的饱和水蒸气向湿空气加湿，加湿后的湿空气的温度不变。

答：对。

16.（大连理工大学 2003 年考研试题）一热交换器用干饱和蒸汽加热空气。已知蒸汽压力为 0.1MPa，空气进出口温度分别为 21℃和 66℃，环境温度为 $t_0 = 21$℃。若热交换器与外界完全绝热，求稳定流动状态下每千克蒸汽凝结时：(1) 流过的空气质量。(2) 整个系统的熵变化量。(3) 做功能力的不可逆损失。(4) 如果蒸汽为热源，以空气为冷源，在其间工作的可逆热机能做多少功？

已知：空气 $c_V = 0.717\text{kJ}/(\text{kg} \cdot \text{K})$，$R = 0.287\text{kJ}/(\text{kg} \cdot \text{K})$，饱和水参数见表 5-5。

表 5-5 饱 和 水 参 数

t(℃)	p(bar)	$s'[\text{kJ}/(\text{kg} \cdot \text{K})]$	$s''[\text{kJ}/(\text{kg} \cdot \text{K})]$	$h'(\text{kJ}/\text{kg})$	$h''(\text{kJ}/\text{kg})$
99.634	1.0	1.302 8	7.358 9	417.52	2675.14

解：(1) 1kg 干饱和蒸汽流过热交换器时的放热量为

$$q = h'' - h' = 2675.14 - 417.52 = 2257.6\ (\text{kJ}/\text{kg})$$

由能量守恒定律可知，蒸汽放出的热量等于水的吸热量

$$q = m c_p \cdot T$$

可得流过的空气质量为

$$m = \frac{q}{(c_V + R)\Delta T} = \frac{2257.6}{1.004 \times 45} = 50(\text{kg})$$

(2) 整个系统的熵增为

$$\Delta S = \Delta S_g + \Delta S_V = mc_p \ln \frac{T_2}{T_1} + (S' - S'')$$

$$= 50 \times 1.004 \times \ln \frac{339.15}{294.15} + (1.3028 - 7.3589)$$

$$= 1.09 (\text{kJ/K})$$

(3) 做功能力损失为

$$I = T_0 \times S_{\text{iso}} = (273.15 + 21) \times 1.09 = 320.623\ 5\ (\text{kJ})$$

(4) 在其间工作的热机做功为

$$w = q \cdot \eta = q \left(1 - \frac{T}{T_0} \right)$$

$$= 2257.6 \times \left(1 - \frac{273.15 + 21}{273.15 + 99.634} \right)$$

$$= 476.21 (\text{kJ})$$

17. (中国科学院-中国科学技术大学 2008 年考研试题) 简述三相点和临界点的物理意义。

答：气固、液固和气液平衡曲线的交点为三相点，即为工质气、液、固三相共存的状态点。饱和液体线与饱和蒸汽线的交点称为临界点，临界点的汽化潜热为零，此处工质的液态和气态具有相同的状态参数，工质的气、液没有分别。

18. (北京航空航天大学 2007 年考研试题) 水、冰和汽三相共存的温度为____K。

答：273.16。

19. (南京航空航天大学 2004 年考研试题) 水定压汽化时温度不变，所以其焓也不变。

答：错。水定压汽化时焓值是增加的。

20. (华南理工大学 2009 年考研试题) 从汽轮机排出的乏汽可以通过绝热压缩变成液态水吗？为什么？

答：不行。经绝热压缩后又会变为过热蒸汽，返回原态。

21. (华北电力大学 2007 年考研试题) 写出水工质汽化潜热的定义。

答：定压过程中水从液态变气态时吸收的潜热（或焓增）称为汽化潜热（或汽化焓）。

22. (江苏大学 2011 年考研试题) 干饱和蒸汽被定熵压缩将变为____。

A. 饱和水　　　　B. 湿蒸汽　　　　C. 过热蒸汽

答：C。

23. (江苏大学 2007 年考研试题) 判断题：水从液相变气相不一定要经历汽化过程。

答：对。水可以直接从液相升华变为气相。

24. (南京理工大学 2009 年考研试题) 干饱和蒸汽与湿饱和蒸汽状态参数各有何特点？

答：干饱和蒸汽与湿饱和蒸汽的压力和温度都是相关的，由饱和蒸汽压方程决定。但干饱和蒸汽是纯蒸汽（$x=1$），而湿饱和蒸汽是由饱和水与干饱和蒸汽混合组成的（$0 < x < 1$），因而其比参数按干度加权平均计算得到。

25. (北京科技大学 2011 年考研试题) 概念题：过热水蒸气与过冷水。

答：过热水蒸气是温度 $t > t_s$ 的水蒸气，过冷水是 $t < t_s$ 的水。在 p-v、T-s 和 h-s 图上分别位于饱和蒸汽线的右侧和饱和液体线的左侧。

26. (华北电力大学 2006 考研试题) 当水的压力升高到 22.064MPa，温度达到

373.99℃时，饱和水和饱和蒸汽已经不再有分别，此点称为水的____。

答：临界点。

27. （上海交通大学 2001 考研试题）锅炉汽包里的热水进入低压容器后会发生什么现象？为什么？

答：会有部分水汽化。因为水的饱和温度会随着饱和压力的降低而降低，当热水进入低压容器后，因压力降低使其饱和温度降低，从而使部分水发生汽化。

第六章　气体与蒸汽的流动

基 本 知 识 点

一、稳定流动的基本方程式

1. 稳定流动过程

流体在流经空间任何一点时，其全部参数都不随时间变化的流动过程，称为稳定流动。工程中最常见的工质流动都是稳定的或接近稳定的流动。许多能量转换过程也是伴随着工质流动过程完成的。

2. 质量守恒——连续性方程

流体在变截面管道中连续、稳定流动，流经一定截面的质量流量为定值，不随时间而改变，则根据质量守恒定律有

$$q_m = \frac{A_1 c_{f1}}{v_1} = \frac{A_2 c_{f2}}{v_2} = \frac{Ac}{v} = 常数$$

将上式微分并整理得

$$\frac{\mathrm{d}A}{A} + \frac{\mathrm{d}c_f}{c_f} - \frac{\mathrm{d}v}{v} = 0 \tag{6-1}$$

连续性方程式说明了一元稳定流动中，气流速度、比体积与管道截面积之间的关系，表明流道的截面积增加率，等于比体积增加率与流速增加率之差。需要注意的是，稳定流动中质量流量是常数，但是其容积流量不是常数。

3. 能量守恒——稳定流动能量方程

（1）能量方程。工质的稳定流动依然遵守热力学第一定律。一般情况下，流体位能改变很小，可以忽略不计，如在流动中气体与外界没有热量交换，又不对外做功，则稳定流动能量方程可简化为

$$h_1 + \frac{1}{2}c_{f1}^2 = h_2 + \frac{1}{2}c_{f2}^2 = h + \frac{1}{2}c^2 = h_0 = 常数$$

对于微元过程

$$\mathrm{d}h + \frac{1}{2}\mathrm{d}c_f^2 = 0 \tag{6-2}$$

式（6-2）适合于任何工质的绝热稳定流动工程，不管过程是可逆或是不可逆的。这个公式可以表述为绝能（绝热、绝功）时工质的焓加动能是不变的常数。

（2）滞止参数。式（6-2）中，常数 h_0 为滞止焓，其意义为：工质在不对外做功的绝热流动过程中，流速降为零时的焓值，它等于任一截面上气流的焓值和其动能之总和，工质滞止时的温度和压力分别称为滞止温度及滞止压力，其计算公式为

$$T_0 = T_1 + \frac{c_1^2}{2c_p}, \ p_0 = p_1\left(\frac{T_0}{T_1}\right)^{\frac{\kappa}{\kappa-1}} \tag{6-3}$$

4. 过程方程

工质流动过程中气流与外界没有热量交换，同时无任何耗散，则认为此过程为可逆绝热过程，可采用可逆绝热过程方程式描述为

$$pv^{\kappa} = 定值$$

对上式微分得

$$\frac{\mathrm{d}p}{p} + \kappa \frac{\mathrm{d}v}{v} = 0 \tag{6-4}$$

式（6-4）原则上只适用于比热容为定值的理想气体，但当 κ 取过程范围内的平均值时，也可用于变比热容理想气体的定熵过程，此时 κ 是过程范围内的平均值。对于水蒸气等实际气体做可逆绝热流动分析时，也可近似采用上述关系式，式中 κ 是纯粹经验值，不具有比热容比的含义。

5. 声速方程

声速是微弱扰动在连续介质中产生的压力波传播的速度，拉普拉斯声速方程为

$$c = \sqrt{\left(\frac{\partial p}{\partial \rho}\right)_s} = \sqrt{-v^2 \left(\frac{\partial p}{\partial v}\right)_s} \tag{6-5}$$

声波在可压缩流体中传播过程可看作是一个定熵过程，对于理想气体，其最终表达式为

$$c = \sqrt{\kappa p v} = \sqrt{\kappa R_g T} \tag{6-6}$$

在流动过程中，流道各个截面上气体的状态是不断变化的，因此各个截面的声速也在不断变化，引入当地声速的概念，所谓当地声速就是指所考虑的流道某一截面的声速。

在研究气体流动中，通常把气体的流速与当地声速的比值称为马赫数，用符号 Ma 表示

$$Ma = \frac{c_f}{c} \tag{6-7}$$

马赫数是表征气流流速特征的一个无量纲准则数，它把气体的流速与气体的状态方程紧密联系在一起，根据 Ma 的大小，流动可分为亚声速流动（$Ma<1$）、声速流动（$Ma=1$）、超声速流动（$Ma>1$）。

二、促进流速改变的条件

气体在喷管中流动的目的在于把热能转化为动能，因此促进速度增加的条件是研究的重点。喷管截面上压力变化及喷管截面积变化与气流速度变化之间的关系，建立气体流速 c_f 和压力 p 以及流道截面积 A 之间的单值关系，得出促使流速改变的力学条件和几何条件。

1. 力学条件

建立起速度变化和压力变化之间的关系，从能量方程式可得

$$\frac{\mathrm{d}p}{p} = -\kappa Ma^2 \frac{\mathrm{d}c_f}{c_f} \tag{6-8}$$

从上式可见，$\mathrm{d}c_f$ 与 $\mathrm{d}p$ 的符号始终是相反的。说明气体在流动中，如果流速增加，则压力必然降低；如果压力升高，则流速必降低。上述结论是易于理解的，因压力降低时技术功为正，故气流动能增加，流速增加；压力升高时技术功为负，故气流动能减少，流速降低。

如要使气流速度增加，必须使气流有机会在适当条件下膨胀以降低其压力。反之，如要获得高压气流，则必须使高速气流在适当条件下降低流速。

2. 几何条件

建立喷管截面积变化和速度变化之间的关系，从连续性方程式可得

$$\frac{\mathrm{d}A}{A} = (Ma^2 - 1)\frac{\mathrm{d}c_f}{c_f} \qquad (6\text{-}9)$$

上式给出了喷管截面变化 $\mathrm{d}A$ 与气流速度变化 $\mathrm{d}c$ 之间的关系。当 $Ma^2 - 1$ 有不同取值时，$\mathrm{d}A$ 与 $\mathrm{d}c_f$ 之间有着完全不同的变化关系，即当流速变化时，气流的截面积变化规律不但与流速是高于当地声速还是低于当地声速有关，还与流速是增加还是降低有关。

若气体通过喷管，气体绝热膨胀压力降低，流速增加（不同喷管的形状见图 6-1），故气流截面的变化规律为 $Ma<1$ 亚声速流动，$\mathrm{d}A<0$ 气流截面收缩；$Ma=1$ 声速流动，$\mathrm{d}A=0$ 气流截面缩至最小；$Ma>1$ 超声速流动，$\mathrm{d}A>0$ 气流截面扩张。

相应地，对喷管的要求是：亚声速气流要做成渐缩喷管；超声速气流要做成渐扩喷管；气流由亚声速连续增加至超声速时要做成渐缩渐扩喷管，或称为拉伐尔喷管。喷管截面变化与气流截面变化相符合，才能保证气流在喷管中充分膨胀，达到理想加速的效果。拉伐尔喷管的最小截面处称为喉部，喉部处气流速度既是声速。

若气体通过扩压管，此时气体绝热压缩，压力升高，流速降低（不同扩压管的形状见图 6-2），故气流截面的变化规律为 $Ma<1$ 亚声速流动，$\mathrm{d}A>0$ 气流截面扩张；$Ma=1$ 声速流动，$\mathrm{d}A=0$ 气流截面缩至最小；$Ma>1$ 超声速流动，$\mathrm{d}A<0$ 气流截面收缩。

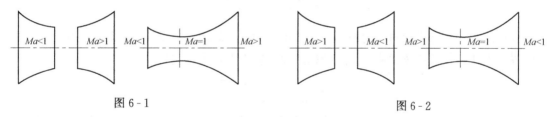

图 6-1　　　　　　　　　　　　　　　　　图 6-2

同样，对扩压管的要求是，对超声速气流要制成渐缩形；对亚声速气流要制成渐扩形，当气流由超声速连续降至亚声速时，要做成渐缩渐扩形扩压管。

三、喷管的计算

1. 流速的计算

气体在喷管中绝热流动时任一截面上的流速可由下式计算：

$$c_f = \sqrt{2(h_0 - h_2)} \qquad (6\text{-}10)$$

因此，出口截面的流速

$$c_{f2} = \sqrt{2(h_0 - h_2)} = \sqrt{2(h_1 - h_2) + c_{f1}^2} \qquad (6\text{-}11)$$

$h_1 - h_2$ 称为绝热焓降，又称可用焓差。入口速度 c_{f1} 较小时，式（6-12）中 c_{f1} 可忽略不计，于是对于理想气体

$$c_{f2} = \sqrt{2(h_1 - h_2)} \qquad (6\text{-}12)$$

式（6-9）～式（6-11）对理想气体和实际气体均适用，与过程是否可逆无关。

定比热容理想气体的可逆绝热流动过程有

$$c_{f2} = \sqrt{2(h_0 - h_2)} = \sqrt{2c_p(T_0 - T_2)} = \sqrt{2\frac{\kappa R_g T_0}{\kappa - 1}\left[1 - \left(\frac{p_2}{p_0}\right)^{\frac{\kappa-1}{\kappa}}\right]} \qquad (6\text{-}13)$$

或
$$c_{f2} = \sqrt{2\frac{\kappa p_0 v_0}{\kappa - 1}\left[1 - \left(\frac{p_2}{p_0}\right)^{\frac{\kappa-1}{\kappa}}\right]} \qquad (6-14)$$

出口流速 c_{f2} 取决于气流的初态及其在喷管出口截面的压力 p_2 与滞止压力 p_0 之比，当初态一定时，c_{f2} 则仅取决于 p_2/p_0，c_{f2} 随 p_2/p_0 变化关系如图6-3所示。

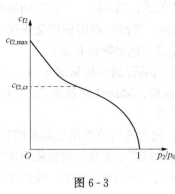

图6-3

从图6-3中可以看出，当 $p_2/p_0 = 1$ 时，$c_{f2} = 0$，气体不会流动；当 p_2/p_0 从1逐渐减小时，c_{f2} 增大，且初期增加较快，以后会逐渐减缓，当 $p_2 = 0$ 时，c_{f2} 达到最大值 $c_{f2,\max}$，即

$$c_{f2,\max} = \sqrt{2\frac{\kappa}{\kappa - 1}p_0 v_0} = \sqrt{2\frac{\kappa}{\kappa - 1}R_g T_0} \qquad (6-15)$$

2. 临界截面

当气流在喷管中的流速升至当地声速时，称流动达到临界状态，该状态下的参数称为临界参数。临界流动状态的截面称临界截面，临界压力与初压力之比称为临界压力比，用 v_{cr} 表示。

临界截面气体的流速为

$$c_{f,cr} = \sqrt{2\frac{\kappa p_0 v_0}{\kappa - 1}\left[1 - \left(\frac{p_{cr}}{p_0}\right)^{\frac{\kappa-1}{\kappa}}\right]} \qquad (6-16)$$

临界压力比是分析管内流动的一个非常重要的值，截面上工质的压力与滞止压力之比等于临界压力比，是气流速度从亚声速到超声速的转折点，表达式为

$$v_{cr} = \frac{p_{cr}}{p_0} = \left(\frac{2}{\kappa + 1}\right)^{\frac{\kappa}{\kappa-1}} \qquad (6-17)$$

从式（6-17）可知，临界压力比仅与工质性质有关。对于理想气体，如取定值比热容，则双原子气体 $\kappa = 1.4$，$v_{cr} = 0.528$。

3. 流量的计算

根据气体稳定流动的连续性方程，气体通过喷管任何截面的质量流量都是相同的。常常按最小截面（即收缩喷管的出口截面、缩放喷管的喉部截面）来计算流量，即

$$q_m = \frac{A_2 c_{f2}}{v_2} \text{ 或 } q_m = \frac{A_{cr} c_{f,cr}}{v_{cr}} \qquad (6-18)$$

四、有摩阻的绝热流动

实际流动中，工质内部会有扰动，工质与壁面之间又存在摩擦，摩擦使一部分动能重新转化为热能而被工质吸收，这就造成不可逆熵增。若忽略与外界的热交换，则过程中熵流为零，由于摩擦引起的熵产大于零，因而过程中熵变大于零，同时，由于动能减少，气流出口速度将变小。因此，有摩擦的流动较之相同压降范围内的可逆流动出口速度要小。

工程上常用速度系数（φ）或能量损失系数（ε）来表示气流出口速度的下降和动能的减少，速度系数的定义为

$$\varphi = \frac{c_{f2}}{c_{f2s}} \qquad (6-19)$$

能量损失系数的定义为

$$\varepsilon = \frac{c_{f2s}^2 - c_{f2}^2}{c_{f2s}^2} = 1 - \varphi^2 \tag{6-20}$$

上两式中：c_{f2} 为气流在喷管出口截面上实际流速；c_{f2s} 为理想可逆流动时的流速。

五、绝热节流

如图 6-4 所示，流体在流道中流动，遇到管道突然收缩（如工程上的阀门孔、板多孔堵塞物等），由于旋涡绕流等引起局部阻力使流体压力降低，这种现象为节流现象。如果节流过程中流体与外界没有热量交换，就称为绝热节流。

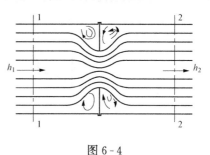

图 6-4

通常节流前后速度相差不大，流体动能差和焓值相比极小，可忽略，故能量方程可变为

$$h_1 = h_2 \tag{6-21}$$

对于理想气体，绝热节流前后状态参数关系如下：

$$T_1 = T_2, \ s_2 > s_1, \ p_1 > p_2 \tag{6-22}$$

 思考题与习题

1. 如图 6-5 所示，滞止压力为 0.65MPa，滞止温度为 350K 的空气，可逆绝热流经一收缩喷管，在喷管截面积为 $2.6 \times 10^{-3} \, \mathrm{m}^2$ 的 $A-A$ 处，气流马赫数为 0.6。若喷管背压为 0.30MPa，试求喷管流量。

解：在截面 A 处

$$c_{fA} = \sqrt{2(h_0 - h_A)} = \sqrt{2c_p(T_0 - T_A)} = \sqrt{2(T_0 - T_A)\frac{\kappa R_g}{\kappa - 1}}$$

$$c = \sqrt{\kappa R_g T_A}$$

$$Ma = \frac{c_{fA}}{c} = \frac{\sqrt{2(T_0 - T_A)\frac{\kappa R_g}{\kappa - 1}}}{\sqrt{\kappa R_g T_A}} = \sqrt{\left(\frac{T_0}{T_A} - 1\right)\frac{2}{\kappa - 1}} = 0.6$$

$$T_0 = 350K, T_A = 326.49K$$

$$c_{fA} = cMa = c\sqrt{\kappa R_g T_A} = 0.6 \times \sqrt{1.4 \times 287 \times 326.49} = 217.32(\mathrm{m/s})$$

$$p_A = p_0\left(\frac{T_A}{T_0}\right)^{\frac{\kappa}{\kappa-1}} = 0.65 \times \left(\frac{326.49}{350}\right)^{\frac{1.4}{1.4-1}} = 0.510(\mathrm{MPa})$$

$$v_A = \frac{R_g T_A}{p_A} = \frac{287 \times 326.49}{0.510 \times 10^6} = 0.1837(\mathrm{m}^3/\mathrm{kg})$$

$$q_m = \frac{A_{cf}A}{v_A} = \frac{2.6 \times 10^{-3} \times 217.32}{0.1837} = 3.08(\mathrm{kg/s})$$

图 6-5

2. 某个管道是喷管还是扩压管，不取决于＿＿＿，而取决于管道＿＿＿的变化。
A. 流体流速变化，形状　　　　　　　B. 流体压力变化，形状
C. 流体流速与压力变化，形状　　　　D. 管道形状，内流体流速和压力

答：D。

注：促使管内流速变化的基本原因是压差，管道形状需在压差的前提下起作用，不能指望一个形状良好的喷管在其两端没有压力差的情况下就能获得高速气流，这将违反自然界的

基本规律。同样形状的管子在不同的工作条件下可以作为喷管，也可用作扩压管。

3. （东南大学 2003 年考研试题）如图 6 - 6 所示，各变截面管道在图示给定入口条件下，其作用是喷管还是扩压管？简要说明理由。

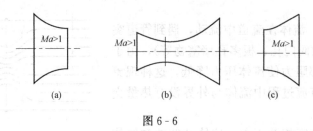

图 6 - 6

答：根据喷管的计算公式 $\dfrac{\mathrm{d}A}{A}=(Ma^2-1)\dfrac{\mathrm{d}c_\mathrm{f}}{c_\mathrm{f}}$ 可知：$Ma<1$ 亚声速流动，$\mathrm{d}A<0$ 气流截面收缩；$Ma=1$ 声速流动，$\mathrm{d}A=0$ 气流截面缩至最小；$Ma>1$ 超声速流动，$\mathrm{d}A>0$ 气流截面扩张。

则有 （a）为扩压管，（b）为喷管，（c）为喷管。

4. （东南大学 2002 年考研试题）气体在喷管中流动，欲使超声速气流加速，应采用什么形式的喷管？为什么？

答：欲使超声速气流加速及 $Ma>1$ 超声速流动，$\mathrm{d}A>0$ 气流截面扩张，应采用渐扩形喷管才能增加流速。

5. $p_1=1\mathrm{MPa}$、$T_1=473\mathrm{K}$ 的空气可逆绝热流经一缩放喷管，若进口流速很低可忽略不计，喷管喉部截面上温度 $T_\mathrm{cr}=394\mathrm{K}$，出口截面上温度 $T_2=245\mathrm{K}$，空气的比定压热容取定值，$c_p=1004\mathrm{J/(kg \cdot K)}$，则喷管各截面上最大流速 $c_\mathrm{f,max}$ 为____。

A. $c_\mathrm{f,max}=\sqrt{\kappa R_\mathrm{g}T_2}=\sqrt{1.4\times287\times245}=313$ （m/s）

B. $c_\mathrm{f,max}=\sqrt{\kappa R_\mathrm{g}T_\mathrm{cr}}=\sqrt{1.4\times287\times394}=399$ （m/s）

C. $c_\mathrm{f,max}=\sqrt{\kappa R_\mathrm{g}T_1}=\sqrt{1.4\times287\times473}=436$ （m/s）

D. $c_\mathrm{f,max}=\sqrt{2c_p(T_1-T_2)}=\sqrt{2\times1004\times(473-245)}=677$ （m/s）

答：D。

注：气体可逆绝热流经缩放喷管时，气体流速最大截面在出口截面上，在忽略进口流速时气体的焓降（由于可逆，也即焓㶲降）全部转换成气流的动能，而 $\sqrt{\kappa R_\mathrm{g}T}$ 仅是截面上的当地声速，在临界截面等于声速，在缩放喷管出口截面大于声速。

6. 干饱和蒸汽绝热节流后，变为____蒸汽。

A. 干饱和　　　　B. 湿饱和　　　　C. 过热　　　　D. 过冷

答：C。

注：通常情况下，水蒸气绝热节流后，温度总是有所降低。湿蒸汽节流后干度有所增加，过热蒸汽节流后过热度增大，而干饱和蒸汽绝热节流后进入过热区。

7. （天津大学 2005 年考研试题）判断题：渐缩喷管出口截面的压力随着背压的降低而降低，当背压降至临界压力以下，出口截面的压力等于背压值。

答：错。当背压降至临界压力以下时，出口截面的压力就等于临界压力。

8. 空气的压力为 $5.884\times10^5\mathrm{Pa}$，温度为 $27\mathrm{℃}$，经渐缩喷管向外喷出，若流动是可逆绝热的，且进口速度可忽略不计，试求：（1）外界压力为 $3.923\times10^5\,\mathrm{Pa}$ 时的出口流速；（2）外界压力为 $0.9807\times10^5\,\mathrm{Pa}$ 时的出口流速。

解：求空气流经喷管的临界压力

$$p_{\mathrm{cr}} = v_{\mathrm{cr}}p_0 = 0.528\times5.884\times10^5 = 3.11\times10^5(\mathrm{Pa})$$

式中，$v_{\mathrm{cr}} = \dfrac{p_{\mathrm{cr}}}{p_0} = \left(\dfrac{2}{\kappa+1}\right)^{\frac{\kappa}{\kappa-1}}$。

求出口流速

（1）当外界压力 $p_{\mathrm{out}} = 3.923\times10^5\,\mathrm{Pa}$ 时

$p_{\mathrm{out}} > p_{\mathrm{cr}}$，故 $p_2 = p_{\mathrm{out}} = 3.923\times10^5\,\mathrm{Pa}$

$$c_2 = \sqrt{2(h_0 - h_2)} = \sqrt{\frac{2\kappa}{\kappa-1}RT_0\left[1-\left(\frac{p_2}{p_1}\right)^{\frac{\kappa-1}{\kappa}}\right]}$$

$$= \sqrt{\frac{2\times1.4}{1.4-1}\times287\times(27+273)\times\left[1-\left(\frac{3.923\times10^5}{5.884\times10^5}\right)^{\frac{1.4-1}{1.4}}\right]} = 257(\mathrm{m/s})$$

（2）当外界压力 $p_{\mathrm{out}} = 0.9807\times10^5\,\mathrm{Pa}$ 时

$p_{\mathrm{out}} < p_{\mathrm{cr}}$，根据喷管的特性，工质流过渐缩喷管 p_2 至多能到临界压力 p_{cr}，故 $p_2 = p_{\mathrm{cr}} = 3.11\times10^5\,\mathrm{Pa}$

$$c_2 = c_{\mathrm{cr}} = \sqrt{\frac{2\kappa}{\kappa+1}RT_0} = \sqrt{\frac{2\times1.4}{1.4+1}\times287\times300} = 317(\mathrm{m/s})$$

说明：（1）由此例可看出，对于渐缩喷管，出口压力 p_2 不一定等于题目给出的外界压力，求解渐缩喷管，一定要判断喷管的出口压力 p_2 为多少，应该记住，对于渐缩喷管，$p_2 \geqslant p_{\mathrm{cr}}$，$c_2 \leqslant c_{\mathrm{cr}}$。

（2）若进口速度不能忽略，公式 $p_{\mathrm{cr}}/p_0 = v_{\mathrm{cr}} = \left(\dfrac{2}{\kappa+1}\right)^{\frac{\kappa}{\kappa-1}}$ 是否能适用，请自行分析。

9. 进入出口截面积 $A_2 = 10\,\mathrm{cm}^2$ 的渐缩式喷管的空气初速度很小可忽略不计，初参数为 $p_1 = 2\times10^6\,\mathrm{Pa}$、$t_1 = 27\,℃$。求空气经喷管射出时的速度，流量以及出口截面处空气的状态参数 v_2、t_2。设空气取定值比热容，$c_p = 1005\,\mathrm{J/(kg\cdot K)}$、$\kappa = 1.4$，喷管的背压 p_{b} 分别为 $1.5\,\mathrm{MPa}$ 和 $1\,\mathrm{MPa}$。

解：由题意可知

$$p_{\mathrm{cr}} = v_{\mathrm{cr}}p_1 = 0.528\times2 = 1.056(\mathrm{MPa}) < p_{\mathrm{b}}(p_{\mathrm{b}} = 1.5\,\mathrm{MPa})$$

所以 $p_2 = p_{\mathrm{b}} = 1.5\,\mathrm{MPa}$

$$T_2 = T_1\left(\frac{p_2}{p_1}\right)^{\frac{\kappa-1}{\kappa}} = (27+273.15)\times\left(\frac{1.5}{2}\right)^{\frac{1.4-1}{1.4}} = 276.47(\mathrm{K})$$

由　　　　　　　　　　　　　　$t_2 = 3.32\,℃$

故　　　$v_2 = \dfrac{R_{\mathrm{g}}T_2}{p_2} = \dfrac{8.314\times276.47}{1.5\times10^6\times29\times10^{-3}} = 0.052\,9(\mathrm{m^3/kg})$

$$c_{\mathrm{f2}} = \sqrt{2(h_1 - h_2)} = \sqrt{2c_p(T_1 - T_2)} = \sqrt{2\times1005\times(300.15-276.47)} = 218.2(\mathrm{m/s})$$

$$q_m = \frac{A_2 c_{\mathrm{f2}}}{v_2} = \frac{10\times10^{-4}\times218.2}{0.0529} = 4.12(\mathrm{kg/s})$$

当 $p_{\mathrm{b}} = 1\,\mathrm{MPa}$ 时，$p_2 = p_{\mathrm{cr}} = 1.056$（MPa）

$$T_2 = T_1 c_{cf}^{\frac{\kappa-1}{\kappa}} = 300.15 \times 0.528^{\frac{1.4-1}{1.4}} = 250.09(\text{K})$$

$$t_2 = -23.06℃$$

$$v_2 = \frac{R_g T_2}{p_2} = \frac{287 \times 250.09}{1.05 \times 10^6} = 0.068(\text{m}^3/\text{kg})$$

$$c_{f2} = \sqrt{2(h_1 - h_2)} = \sqrt{2c_p(T_1 - T_2)} = \sqrt{2 \times 1005 \times (300.15 - 250.09)} = 317.2(\text{m/s})$$

$$q_m = \frac{A_2 c_{f2}}{v_2} = \frac{10 \times 10^{-4} \times 317.2}{0.068} = 4.66(\text{kg/s})$$

10. 某压缩空气储气罐内温度随环境温度变化，若冬天时平均温度为 2℃，夏天平均温度为 20℃，储气罐内压力维持不变。如果由该气源连接喷管产生高速气流，试计算夏天和冬天喷管出口流速的比值。

解：根据题意，储气罐内参数即为喷管内气流的滞止参数，因此

$$c_{f2} = \sqrt{2c_p(T_0 - T_2)}$$

$$c'_{f2} = \sqrt{2c_p(T'_0 - T'_2)}$$

$$\frac{c_{f2}}{c'_{f2}} = \frac{\sqrt{2c_p(T_0 - T_2)}}{\sqrt{2c_p(T'_0 - T'_2)}} = \frac{\sqrt{T_0\left(1 - \dfrac{T_2}{T_0}\right)}}{\sqrt{T'_0\left(1 - \dfrac{T'_2}{T'_0}\right)}}$$

气体在喷罐内可逆绝热膨胀，故

$$1 - \frac{T_2}{T_0} = 1 - \left(\frac{p_2}{p_0}\right)^{\frac{\kappa-1}{\kappa}}, \quad 1 - \frac{T'_2}{T'_0} = 1 - \left(\frac{p'_2}{p'_0}\right)^{\frac{\kappa-1}{\kappa}}$$

根据题意，$p_2 = p'_2$、$p_0 = p'_0$，故

$$1 - \frac{T_2}{T_0} = 1 - \frac{T'_2}{T'_0}$$

因此

$$\frac{c_{f2}}{c'_{f2}} = \frac{\sqrt{T_0}}{\sqrt{T'_0}} = \frac{\sqrt{273+2}}{\sqrt{271+20}} = 0.969$$

注：本题关键在于喷管内气流加速的能量来源是绝热焓降，而理想气体的焓仅是温度的函数，而且气流温度的变化与压力是关联的，这样就可消除出口温度得出结果。

11. 空气可逆绝热流经收缩喷管时某截面上压力为 280kPa，温度为 345K，速度是 150m/s，该截面面积为 9.29×10^{-3} m^2，试求：（1）该截面上的马赫数。（2）滞止压力和滞止温度。（3）若出口截面上 $Ma = 1$，则出口截面上压力、温度、面积各为多少？空气作理想气体处理，比热容可取定值，$R_g = 287\text{J}/(\text{kg} \cdot \text{K})$，$c_p = 1004\text{J}/(\text{kg} \cdot \text{K})$。

解：（1）马赫数

$$c_{f,cr} = \sqrt{\kappa R_g T_{cr}} = \sqrt{1.4 \times 287 \times 345} = 372.3(\text{m/s})$$

$$Ma = \frac{c_{fx}}{c_x} = \frac{150}{372.3} = 0.403$$

（2）滞止压力和滞止温度

$$T_0 = T_1 + \frac{c_{f1}^2}{2c_p} = 345 + \frac{150^2}{2 \times 1004} = 356.2(\text{K})$$

$$p_0 = p_1\left(\frac{T_0}{T_1}\right)^{\frac{\kappa}{\kappa-1}} = 0.28 \times \left(\frac{356.2}{345}\right)^{\frac{1.4-1}{1.4}} = 0.313(\text{MPa})$$

（3）出口截面参数

因出口截面 $Ma=1$，所以

$$p_2 = p_{\text{cr}} = v_{\text{cr}}p_0 = 0.528 \times 0.313 = 0.165(\text{MPa})$$

$$T_2 = T_0\left(\frac{p_2}{p_0}\right)^{\frac{\kappa-1}{\kappa}} = 356.2 \times 0.528^{\frac{1.4-1}{1.4}} = 296.8(\text{K})$$

$$v_2 = \frac{R_g T_2}{p_2} = \frac{287 \times 296.8}{0.165 \times 10^6} = 0.516(\text{m}^3/\text{kg})$$

$$v_x = \frac{R_g T_x}{p_x} = \frac{287 \times 345}{0.280 \times 10^6} = 0.354(\text{m}^3/\text{kg})$$

$$q_m = \frac{A_x c_{fx}}{v_x} = \frac{9.29 \times 10^{-3} \times 150}{0.354} = 3.94(\text{kg/s})$$

$$c_{f2} = \sqrt{\kappa R_g T_2} = \sqrt{1.4 \times 287 \times 296.8} = 345.3(\text{m/s})$$

$$A_2 = \frac{q_m v_2}{c_{f2}} = \frac{3.94 \times 0.516}{345.3} = 5.89 \times 10^{-3}(\text{m}^2)$$

12. 空气由输气管送来，管端接一出口截面积为 $A_2 = 10\text{cm}^2$ 的渐缩喷管，进入喷管前空气压力 $p_1 = 2.5\text{MPa}$，温度 $T_1 = 353\text{K}$，速度为 $c_{f1} = 40\text{m/s}$。已知喷管出口背压 $p_b = 1.5\text{MPa}$，若空气作理想气体，比热容为定值，且 $c_p = 1.004\text{kJ/(kg·K)}$，试确定空气经喷管射出的速度、流量及出口截面上空气的比体积 v_2 和 T_2。

解：先求滞止参数。因空气作理想气体且比热容为定值

$$T_0 = T_1 + \frac{c_{f1}^2}{2c_p} = 353 + \frac{40^2}{2 \times 1004} = 353.8(\text{K})$$

$$p_0 = p_1\left(\frac{T_0}{T_1}\right)^{\frac{\kappa}{\kappa-1}} = 2.5 \times 10^6 \times \left(\frac{353.8}{353}\right)^{\frac{1.4}{1.4-1}} = 2.515(\text{MPa})$$

$$v_0 = \frac{R_g T_0}{p_0} = \frac{287 \times 353.8}{2.515 \times 10^6} = 0.040\,4(\text{m}^3/\text{kg})$$

计算临界压力

$$p_{\text{cr}} = v_{\text{cr}}p_0 = 0.528 \times 2.515 = 1.328(\text{MPa})$$

因为 $p_{\text{cr}} < p_b$，所以空气在喷管内只能膨胀到 $p_2 = p_b$，即 $p_2 = 1.5\text{MPa}$。

计算出口截面状态参数

$$v_2 = v_0\left(\frac{p_0}{p_2}\right)^{\frac{1}{\kappa}} = 0.040\,4 \times \left(\frac{2.515}{1.5}\right)^{\frac{1}{1.4}} = 0.058\,4(\text{m}^3/\text{kg})$$

$$T_2 = \frac{p_2 v_2}{R_g} = \frac{1.5 \times 10^6 \times 0.058\,4}{287} = 305.2(\text{K})$$

计算出口截面上的流速和喷管流量

$$c_{f2} = \sqrt{2(h_0 - h_2)} = \sqrt{2c_p(T_0 - T_2)} = \sqrt{2 \times 1004 \times (353.8 - 305.2)} = 312.2(\text{m/s})$$

$$q_m = \frac{A_2 c_{f2}}{v_2} = \frac{10 \times 10^{-4} \times 312.2}{0.058\,4} = 5.35(\text{kg/s})$$

讨论：在本例中，若忽略进口截面初速 c_{f1} 的影响，可求得 $c_{f2} = 310.8\text{m/s}$、$q_m = 5.35\text{kg/s}$，与考虑 c_{f1} 所得计算结果误差分别为 -0.45% 和 -0.37%。因此，在 c_{f1} 较小时，

可以忽略不计 c_{f1} 的影响，近似取出口截面参数为滞止参数。

13. 一渐缩喷管，其进口速度接近于零，进口截面积 $A_1 = 40\text{cm}^2$，出口截面积 $A_2 = 25\text{cm}^2$，进口水蒸气参数为 $p_1 = 9\text{MPa}$，$t_1 = 500℃$，背压 $p_b = 7\text{MPa}$，试求：（1）气流出口流速及流量；（2）由于工况改变，背压变为 $p_b = 4\text{MPa}$，这时气流流速和流过喷管的流量又为多少？

解：（1）初始流速接近零，即认为初态 1 为滞止状态。

1）先确定出口截面上的气体压力

由 $p_1 = 9\text{MPa}$，$t_1 = 500℃$ 得该水蒸气为过热蒸汽

$$\frac{p_b}{p_0} = \frac{p_b}{p_1} = \frac{7}{9} = 0.778 > v_{cr}(v_{cr} = 0.546)$$

可解得 $p_2 = p_b = 7\text{MPa}$

2）确定出口截面参数

根据 (p_1, t_1)，查水蒸气热力性质表得

$$h_1 = 3386.4\text{kJ/kg}, \quad s_1 = 6.6592\text{kJ/(kg·K)}$$

由 (p_2, s_1)，查 h-s 图得

$$h_2 = 3306.1\text{kJ/kg}, \quad v_2 = 0.04473\text{m}^3/\text{kg}$$

3）求 $c_{f,2}$ 及 $q_{m,2}$

$$c_{f2} = \sqrt{2(h_0 - h_2)} = \sqrt{2(h_1 - h_2)} = \sqrt{2 \times (3386.4 - 3306.1) \times 10^3} = 400.7(\text{m/s})$$

$$q_{m,2} = \frac{A_2 c_{f2}}{v_2} = \frac{25 \times 10^{-4} \times 400.7}{0.04473} = 22.4(\text{kg/s})$$

（2）当 $p_b = 4\text{MPa}$ 时

$$\frac{p_b}{p_0} = \frac{p_b}{p_1} = \frac{4}{9} = 0.444 < v_{cr}(v_{cr} = 0.546)$$

所以

$$p_2 = p_{cr} = v_{cr} \cdot p_0 = 0.546 \times 9 = 4.914(\text{MPa})$$

查得此压力下气体的状态参数为：$h_2 = 3192.5\text{kJ/kg}$，$v_2 = 0.05988\text{m}^3/\text{kg}$

所以

$$c_{f2} = \sqrt{2(h_0 - h_2)} = \sqrt{2(h_1 - h_2)} = \sqrt{2 \times (3386.4 - 3192.5) \times 10^3} = 622.7(\text{m/s})$$

$$q_{m2} = \frac{A_2 c_{f2}}{v_2} = \frac{25 \times 10^{-4} \times 622.7}{0.05988} = 26.0(\text{kg/s})$$

14. 空气进入喷管时流速为 300m/s，压力为 0.5MPa，温度为 450K，喷管背压 $p_b = 0.28\text{MPa}$，求喷管的形状，最小截面积及出口流速。已知：空气 $c_p = 1004\text{J/(kg·K)}$，$R_g = 287\text{J/(kg·K)}$

解：由于 $c_{f1} = 300\text{m/s}$，所以应采用滞止参数为

$$h_0 = h_1 + \frac{1}{2}c_{f1}^2$$

$$T_0 = T_1 + \frac{c_{f1}^2}{2c_p} = 450 + \frac{300^2}{2 \times 1004} = 494.82(\text{K})$$

滞止过程绝热，因此有

$$p_0 = p_1 \left(\frac{T_0}{T_1}\right)^{\frac{\kappa}{\kappa-1}} = 0.5 \times \left(\frac{494.82}{450}\right)^{\frac{1.4}{1.4-1}} = 0.697 (\text{MPa})$$

$$v_{\text{cr}} = \frac{p_{\text{cr}}}{p_0}$$

$$p_{\text{cr}} = v_{\text{cr}} \cdot p_0 = 0.528 \times 0.697 = 0.368 (\text{MPa})$$

$$P_{\text{b}} = 0.28\text{MPa} < p_{\text{cr}}$$

所以采用缩放喷管。

$$p_{\text{h}} = p_{\text{cr}} = 0.368\text{MPa}$$

$$p_2 = p_{\text{b}} = 0.28\text{MPa}$$

$$T_{\text{cr}} = T_0 \left(\frac{p_{\text{cr}}}{p_0}\right)^{\frac{\kappa-1}{\kappa}} = T_0 v_{\text{cf}}^{\frac{\kappa-1}{\kappa}} = 494.82\text{K} \times (0.528)^{\frac{0.4}{1.4}} = 412.29 (\text{K})$$

$$v_{\text{cr}} = \frac{R_{\text{g}} T_{\text{cr}}}{p_{\text{cr}}} = \frac{287 \times 412.29}{0.368 \times 10^6} = 0.321\ 5 (\text{m}^3/\text{kg})$$

$$c_{\text{cr}} = \sqrt{\kappa R_{\text{g}} T_{\text{cr}}} = \sqrt{1.4 \times 287 \times 412.29} = 407.01 (\text{m/s})$$

$$T_2 = T_0 \left(\frac{p_2}{p_0}\right)^{\frac{\kappa-1}{\kappa}} = 494.82.2 \times \left(\frac{0.28}{0.697}\right)^{\frac{0.4}{1.4}} = 381.31 (\text{K})$$

$$c_{\text{f2}} = \sqrt{2(h_0 - h_2)} = \sqrt{2 \times 1004 \times (494.82 - 381.31)} = 477.4 (\text{m/s})$$

注意：若不考虑 c_{f1}，则 $p_{\text{cr}} = v_{\text{cr}} p_1 = 0.528 \times 0.5 = 0.264\text{MPa} < p_{\text{b}}$，应采用渐缩喷管，此时 $p_{\text{b}} = p_2 = 0.28\text{MPa}$。

15. 压力 $p_1 = 100\text{kPa}$，温度 $t_1 = 27℃$ 的空气，流经扩压管时压力提高到 $p_2 = 180\text{kPa}$。问空气进入扩压管时至少有多大流速？这时进口马赫数为多少？应设计什么样的扩压管？

解：（1）依题意 $c_{\text{f2}} = 0$，根据稳定流动能量方程

$$h_1 + \frac{1}{2} c_{\text{f1}}^2 = h_2$$

$$c_{\text{f1}} = \sqrt{2(h_2 - h_1)} = \sqrt{2 c_p (T_2 - T_1)} = \sqrt{\frac{2\kappa R_{\text{g}} T_1}{\kappa\ 1} \left[\left(\frac{p_2}{p_1}\right)^{\frac{\kappa-1}{\kappa}} - 1\right]}$$

$$= \sqrt{\frac{2 \times 1.4 \times 287 \times 300}{1.4 - 1} \left[\left(\frac{180 \times 10^3}{100 \times 10^3}\right)^{\frac{0.4}{1.4}} - 1\right]} = 332.1 (\text{m/s})$$

（2）

$$M_{\text{a1}} = \frac{c_{\text{f1}}}{c_1} = \frac{c_{\text{f1}}}{\sqrt{\kappa R_{\text{g}} T_1}} = \frac{332.1}{\sqrt{1.4 \times 287 \times 300}} = 0.956 < 1$$

（3）因 $M_{\text{a1}} < 1$，所以应设计成渐扩扩压管。

16. 空气进入某缩放喷管时的流速为 300m/s，相应的压力为 0.5MPa，温度为 450K，试求各滞止参数以及临界压力和临界流速。若出口截面的压力为 0.1MPa，则出口流速和出口温度各为多少（按等比定压热容理想气体计算，不考虑摩擦）？

解：对于空气 $r_0 = 1.4$，$R_{\text{g}} = 0.287\text{kJ}/(\text{kg} \cdot \text{K})$，$c_{p0} = 1.005\text{kJ}/(\text{kg} \cdot \text{K})$。

可计算出滞止比焓

$$h^* = h_1 + \frac{1}{2} c_{\text{f1}}^2 = c_{p0} T_1 + \frac{c_{\text{f1}}^2}{2} = 1.005 \times 450 + \frac{300^2}{2} \times 10^{-3} = 497.3 (\text{kJ/kg})$$

滞止温度、滞止压力和滞止比体积分别为

$$T^* = \frac{h^*}{c_{p0}} = \frac{497.3}{1.005} = 494.8(\mathrm{K})$$

$$p^* = p_1\left(\frac{T^*}{T_1}\right)^{\frac{r_0}{r_0-1}} = 0.5 \times \left(\frac{494.8}{450}\right)^{\frac{1.4}{1.4-1}} = 0.697(\mathrm{MPa})$$

$$v^* = \frac{R_g T^*}{p^*} = \frac{287.1 \times 494.9}{0.697 \times 10^6} = 0.2038(\mathrm{m^3/kg})$$

可知临界压力为

$$p_c = p^* \beta_c = p^*\left(\frac{2}{r_0+1}\right)^{\frac{r_0}{r_0-1}} = 0.697 \times \left(\frac{2}{1.4+1}\right)^{\frac{1.4}{1.4-1}} = 0.3682(\mathrm{MPa})$$

临界流速则为

$$c_c = c_s^* \sqrt{\frac{2}{r_0+1}} = \sqrt{r_0 R_g T^*}\sqrt{\frac{2}{r_0+1}}$$

$$c = \sqrt{r_0 R_g T^*} \times \sqrt{1.4 \times 0.287 \times 10^3 \times 494.8 \times \frac{2}{1.4+1}} = 407.1(\mathrm{m/s})$$

计算喷管出口流速

$$c_2 = \sqrt{\frac{2r_0}{r_0-1} R_g T^* \left[1 - \left(\frac{p_2}{p^*}\right)^{\frac{r_0-1}{r_0}}\right]}$$

$$= \sqrt{\frac{2 \times 1.4}{1.4-1} \times 287 \times 494.8 \times \left[1 - \left(\frac{0.1}{0.697}\right)^{\frac{1.4-1}{1.4}}\right]} = 650.7(\mathrm{m/s})$$

喷管出口气流的温度则为

$$T_2 = T_1\left(\frac{p_2}{p_1}\right)^{\frac{r_0-1}{r_0}} = 450 \times \left(\frac{0.1}{0.5}\right)^{\frac{1.4-1}{1.4}} = 284.1(\mathrm{K})$$

17. 燃气在管内流动，若管道截面积为 $0.04\mathrm{m^2}$，测定某截面处的总压为 $p^* = 1.5\mathrm{MPa}$，总温度 $T^* = 1500\mathrm{K}$，静压 $p = 0.5\mathrm{MPa}$，试求燃气在该截面的温度、流速和质量流量。已知燃气 $\kappa = 1.33$，$R_g = 287.1\mathrm{J/(kg \cdot K)}$。

解：解得该截面处的马赫数为

$$Ma = \sqrt{\frac{2}{\kappa-1}\left[\left(\frac{p^*}{p}\right)^{\frac{\kappa-1}{\kappa}} - 1\right]} = \sqrt{\frac{2}{1.33-1} \times \left[\left(\frac{1.55}{0.5}\right)^{\frac{1.33-1}{1.33}} - 1\right]} = 1.378$$

得该截面处燃气静温为

$$T = \frac{T^*}{1 + \frac{(\kappa-1)}{2}Ma^2} = \frac{1500}{1 + \frac{1.33-1}{2} \times 1.378^2} = 1142.1(\mathrm{K})$$

截面处声速

$$c = \sqrt{\kappa R_g T} = \sqrt{1.33 \times 287.1 \times 1142.1} = 660.3(\mathrm{m/s})$$

该截面处流速为

$$c_f = Ma \times c = 1.378 \times 660.3 = 909.9(\mathrm{m/s})$$

由理想气体状态方程式，得该截面处比体积为

$$v = \frac{R_g T}{p} = \frac{287.1 \times 1142.1}{0.5 \times 10^6} = 0.6556(\mathrm{m^3/kg})$$

故质量流量为

$$q_m = \frac{Ac_{\mathrm{f}}}{v} = \frac{0.04 \times 909.9}{0.655\,6} = 55.52(\mathrm{kg/s})$$

18. （上海交通大学 2005 年考研试题）压力 $p_1 = 2\mathrm{MPa}$、温度 $t_1 = 400\text{℃}$ 的蒸汽，经节流阀后，压力降为 $p_1' = 1.6\mathrm{MPa}$，再经喷管射入压力为 $p_{\mathrm{b}} = 1.2\mathrm{MPa}$ 的大容器中，若喷管出口截面积 $A_2 = 200\mathrm{mm}^2$，$T_0 = 300\mathrm{K}$。试求：（1）节流过程熵增及做功能力损失；（2）应采用何种喷管？其出口截面上的流速及喷管质量流量是多少？

已知：$\nu_{\mathrm{cr}} = 0.546$，各状态的参数见表 6-1。

表 6-1 各 状 态 的 参 数

状态	h（kJ/kg）	s［kJ/(kg·K)］	v（m³/kg）
1	3250	7.124	0.154
1′	3250	7.124	0.19
2	3164	7.224	0.238

解：（1）由于节流过程绝热，故该过程中熵流 $\mathrm{d}s_{\mathrm{f}} = 0$，则熵产

$$s_{\mathrm{g}} = s_1' - s_1 = 7.224 - 7.124 = 0.1[\mathrm{kJ(kg \cdot K)}]$$

所以做功能力损失为

$$I = T_0 s_{\mathrm{g}} = 300 \times 0.1 = 30(\mathrm{kJ/kg})$$

（2）忽略进入喷管时蒸汽的流速，$p_0 = p_1' = 1.6\mathrm{MPa}$，则喷管出口临界压力为

$$p_{\mathrm{cr}} = \nu_{\mathrm{cr}} p_1' = 0.546 \times 1.6 = 0.873\,6(\mathrm{MPa})$$

$p_{\mathrm{cr}} < p_{\mathrm{b}} = 1.2\mathrm{MPa}$，应采用缩放型喷管才能满足流动要求，根据能量方程，有 $1/2\,(c_{\mathrm{f2}}^2 - c_{\mathrm{f1}}^2) = h_1' - h_2$，忽略初始速度，则出口流速为

$$c_{\mathrm{f2}} = \sqrt{2(h_1' - h_2)} = \sqrt{2 \times (3250 - 3164) \times 10^3} = 293.3(\mathrm{m/s})$$

质量流量为

$$q_{\mathrm{m}} = \frac{A_2 c_{\mathrm{f2}}}{v_0} = \frac{200 \times 10^{-6} \times 293.3}{0.238} = 0.246(\mathrm{kg/s})$$

19. （上海交通大学 2006 年考研试题）喷气发动机前端是起扩压器作用的扩压段，其后为压缩段。若空气流以 900km/h 的速度流入扩压段，流入时温度为 -5℃、压力为 50kPa。空气离开扩压段进入压缩段时速度为 80m/s，此时流通截面积为入口截面积的 80%，确定进入压缩段时气流的压力和温度。

解：扩压段利用能量守恒，有 $c_p(T_2 - T_1) = \frac{1}{2}(c_{\mathrm{f1}}^2 - c_{\mathrm{f2}}^2)$，故

$$T_2 = T_1 + \frac{1}{2c_p}(c_{\mathrm{f1}}^2 - c_{\mathrm{f2}}^2) = (-5 + 273.15) + \frac{1}{2 \times 1005} \times \left[\left(\frac{900\,000}{3600}\right)^2 - 80^2\right] = 296.06(\mathrm{K})$$

根据质量守恒，有

$$\frac{A_1 c_{\mathrm{f1}}}{v_1} = \frac{A_2 c_{\mathrm{f2}}}{v_2} = \frac{0.8 A_1 c_{\mathrm{f2}}}{v_2}$$

可得从扩压段出口的气流速度为

$$v_2 = 0.8 v_1 \frac{c_{\mathrm{f2}}}{c_{\mathrm{f1}}}$$

由理想气体状态方程可得

$$\frac{R_g T_2}{p_2} = 0.8 \times \frac{R_g T_1}{p_1} \times \frac{c_{f2}}{c_{f1}}$$

可得进入压缩段时气流的压力为

$$p_2 = \frac{1}{0.8} \times p_1 \times \frac{T_2 c_{f1}}{T_1 c_{f2}} = \frac{50 \times 296.06 \times 250}{0.8 \times 268.15 \times 80} = 215.7 \text{(kPa)}$$

20.（上海交通大学 2003 考研试题）空气流经喷管，进口压力为 1MPa，出口压力为 0.5MPa，应选用____型喷管。

A. 渐扩　　　　　　B. 渐缩　　　　　　C. 缩放　　　　　　D. 直管

答：C。

21.（上海交通大学 2003 考研试题）若渐缩喷管入口参数不变，则随喷管背压升高，喷管出口截面设计压力____。

A. 不变　　　　　　B. 升高　　　　　　C. 下降　　　　　　D. A 或 B

答：D。

22.（中国科学院 - 中国科学技术大学 2008 年考研试题）在压缩空气输气管上接有一渐缩喷管，用阀门来调节喷管前空气的压力 p_1。已知喷管前空气的温度 $t_1=27℃$，喷管外环境压力 $p_b=1$bar，求当压力 p_1 分别为 1.5、1.894、2.5bar 时，喷管出口截面上空气的压力及流速。设空气 $c_p=1.004$kJ/(kg·K)，$R_g=0.287$kJ/(kg·K)，$\gamma=1.4$，1bar$=10^5$Pa。

解：空气在进入喷管前流速近似为 0，其压力为滞止压力。

$p_1=1.5$bar 时，根据已知条件有 $\frac{p_b}{p_1}=\frac{1}{1.5}=0.667>\nu_{cr}=0.528$。

因而空气在喷管内可以完全膨胀，出口截面空气压力 $p_2=p_b=1$bar

出口截面上的流速为

$$c_2 = \sqrt{2\frac{\gamma}{\gamma-1}R_g T_1 \left[1-\left(\frac{p_2}{p_1}\right)^{\frac{\gamma-1}{\gamma}}\right]}$$

$$= \sqrt{2 \times \frac{1.4}{1.4-1} \times 0.287 \times 10^3 \times 300 \times \left[1-\left(\frac{1}{1.5}\right)^{\frac{0.4}{1.4}}\right]} = 256.89 \text{(m/s)}$$

$p_1=1.894$bar 时，$\frac{p_b}{p_1}=\frac{1}{1.894}=0.528=\nu_{cr}$ 因而气体恰好可以在喷管内完全膨胀，出口截面空气压力

$$p_2 = p_b = 1 \text{bar}$$

出口截面上的流速为临界流速

$$c_2 = c_{cr} = \sqrt{2\frac{\gamma}{\gamma-1}R_g T_1} = \sqrt{2 \times \frac{1.4}{1.4-1} \times 0.287 \times 10^3 \times 300} = 316.94 \text{(m/s)}$$

$p_1=2.5$bar 时，$\frac{p_b}{p_1}=\frac{1}{2.5}=0.4<\nu_{cr}$ 因而气体不能在喷管内完全膨胀，出口截面空气压力为

$$p_2 = 0.528p_1 = 1.32 \text{ (bar)}$$

出口截面上的流速等于

$$c_2 = \sqrt{2\frac{\gamma}{\gamma-1}R_g T_1}$$

$$= \sqrt{2 \times \frac{1.4}{1.4-1} \times 0.287 \times 10^3 \times 300} = 316.94 \text{(m/s)}$$

23. （中国科学院 - 中国科学技术大学 2006 年考研试题）若进口气流是超声速的，那么喷管和扩压管各应是什么形状？

答：由公式 $\dfrac{dA}{A} = (Ma^2 - 1)\dfrac{dc}{c}$，若进口气流是超声速，则喷管应设计成渐扩型，而扩压管应设计成减缩型。

24. （南京航空航天大学 2006 年考研试题）判断题：在定熵流动中，对应任意一个截面的滞止参数都是相同的。

答：对。

25. （南京航空航天大学 2006 年考研试题）在进、出口状态参数不变的情况下，将渐缩喷管加长一段，其出口流速将（ ）。

A. 增加　　　　　B. 减小　　　　　C. 不变　　　　　D. 不确定

答：D。要根据原喷管的出口背压和临界压力之间的关系来进行判断，若 $p_b > p_{cr}$，喷管加长后流速减小，若 $p_b = p_{cr}$，喷管加长后流速不变。

26. （南京航空航天大学 2008 年考研试题）缩放喷管进口参数 p_1、T_1 和背压 p_b（$p_b < p_{cr}$）一定时，在渐扩段切去一段管子，因而出口面积较原来稍微减小，这时（ ）。

A. 出口流速不变，流量不变　　　　　B. 出口流速不变，流量减小

C. 出口流速减小，流量不变　　　　　D. 出口流速增大，流量减小

答：A。缩放喷管出口的质量流量和速度都与扩管部分的面积大小无关。

27. （南京航空航天大学 2008 年考研试题）在等截面通道中，理想气体经历绝热节流过程后温度将（ ）。

A. 增加　　　　　B. 减小　　　　　C. 不变　　　　　D. 不能确定

答：C。节流前后的焓值不变，而理想气体的焓值是温度的单值函数，故温度也不变。

28. （南京航空航天大学 2008 年考研试题）判断题：喷管内稳定流动气体在各截面上的流速不同，但各截面上的流量相同。

答：对。根据质量守恒，各截面的流量相同。

29. （南京航空航天大学 2008 年考研试题）判断题：若缩放喷管进口截面上工质的参数不变，背压提高（仍小于临界压力），则流经喷管的流量下降。

答：错。背压小于临界压力时，喷管内工质的流量保持不变。

30. （南京航空航天大学 2008 年考研试题）喷管中作可逆绝热流动时，进口的定熵滞止参数与出口的定熵滞止参数是否相同？作不可逆绝热流动时又如何？

答：作可逆绝热流动时，进口的定熵滞止参数与出口的定熵滞止参数相同。作不可逆绝热流动时，滞止参数中的总焓值、总温度是相同的，但总压力是下降的。

31. （南京航空航天大学 2008 年考研试题）某理想气体 $c_p = 1\text{kJ/(kg · K)}$，$\kappa = 1.4$，可逆绝热地流过渐缩喷管出口时，恰好处于临界工况，若测得喷管中间某截面上的空气流速 $c_f = 165\text{m/s}$，$p = 0.7\text{MPa}$，$t = 300℃$，求喷管出口截面空气流速、压力及温度。若上述气体不可逆绝热地流过喷管时，试将不可逆过程的做功能力损失定性地表示在 T-s 图上。

解：以题意可知 $\kappa = \dfrac{c_p}{c_V} = \dfrac{c_p}{c_p - R_g}$，$R_g = 0.286\text{kJ/(kg · K)}$。因为喷管出口的临界工况，

故 $c_{f2} = c_{cr}$。可求得入口处的温度为

$$T_0 = T + \frac{c_f^2}{2c_p} = 573 + \frac{165^2}{2 \times 1000} = 586.6(\text{K})$$

又因为 $T_0 = T_2 + \frac{c_{f2}^2}{2c_p} = T_2 + \frac{c_{cr}^2}{2c_p} = T_2 + \frac{\kappa R_g T_2}{2c_p}$，可求得出口处温度为

$$T_2 = \frac{T_0}{1 + \frac{\kappa R_g}{2c_p}} = \frac{586.6}{1 + \frac{1.4 \times 0.286}{2 \times 1}} = 488.8(\text{K})$$

出口截面的速度为当地声速

$$c_{f2} = c_{cr} = \sqrt{\kappa R_g T} = \sqrt{1.4 \times 286 \times 488.8} = 442.4(\text{m/s})$$

可求得出口截面的压力为

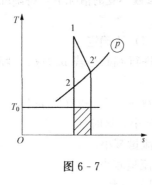

图 6-7

$$p_2 = p\left(\frac{T_2}{T}\right)^{\frac{\kappa}{\kappa-1}} = 0.7 \times \left(\frac{488.8}{573}\right)^{\frac{1.4}{1.4-1}} = 0.4(\text{MPa})$$

不可逆过程的做功能力损失如图 6-7 中阴影所示。

32.（南京航空航天大学 2007 年考研试题）说明有摩擦阻力损失时，喷管出口的流速、流量、比体积、温度及熵与理想情况（无摩擦阻力时）有何区别？（假定压降相同）

答：和理想情况相比有摩擦阻力时，由于有摩擦阻力的影响，所以部分动能会转化为热能，故喷管出口温度增加，流速减小，流量减小，比体积增加，熵增加。

33.（南京航空航天大学 2007 年考研试题）压缩空气绝热定熵流过一渐缩喷管，已知喷管进口压力可调，进口温度 $t_1 = 27℃$，喷管外环境压力 $p_b = 0.1\text{MPa}$，求当进口压力分别为 0.15MPa 和 0.25MPa 时，喷管出口截面空气的压力及流速。喷管进气速度可忽略，空气比热容可视为定值，$c_V = 0.716\text{kJ/(kg·K)}$，$c_p = 1.004\text{kJ/(kg·K)}$。

解：当 $p_1 = 0.15\text{MPa}$ 时

$$\frac{p_b}{p_1} = \frac{0.1}{0.15} = 0.667 > \nu_{cr} = 0.528$$

喷管出口空气的压力为 $p_2 = p_b = 0.1\text{MPa}$

由于 $R_g = c_p - c_V = 0.288$，$\kappa = \frac{c_p}{c_V} = 1.4$，可得喷管出口截面上的流速为

$$c_2 = \sqrt{\frac{2\kappa}{\kappa-1} R_g T_1 \left[1 - \left(\frac{p_2}{p_1}\right)^{\frac{\kappa-1}{\kappa}}\right]} = \sqrt{\frac{2 \times 1.4}{1.4-1} \times 288 \times 300 \times \left[1 - \left(\frac{0.1}{0.15}\right)^{\frac{0.4}{1.4}}\right]} = 257.21(\text{m/s})$$

当 $p_1 = 0.25\text{MPa}$ 时

$$\frac{p_b}{p_1} = \frac{0.1}{0.25} = 0.4 < \nu_{cr} = 0.528$$

喷管出口空气的压力为 $p_2 = p_1 \cdot \nu_{cr} = 0.132\text{MPa}$

可得喷管出口截面上的流速为

$$c_2 = \sqrt{\frac{2\kappa}{\kappa-1} R_g T_1 \left[1 - \left(\frac{p_2}{p_1}\right)^{\frac{\kappa-1}{\kappa}}\right]} = \sqrt{\frac{2 \times 1.4}{1.4-1} \times 288 \times 300 \times \left[1 - \left(\frac{0.132}{0.25}\right)^{\frac{0.4}{1.4}}\right]} = 317.61(\text{m/s})$$

34.（南京航空航天大学 2006 年考研试题）空气流经一个渐扩形管道，进口处压力为

1.4bar，温度为 0℃，速度为 300m/s，出口截面的速度降为 100m/s，出口截面积 0.1m²。假设流动为绝能定熵流动，空气为理想气体，并且不考虑空气重力势能的变化。$c_p=$ 1.004kJ/kg・K，$\kappa=1.4$。试求出口截面处空气的温度、压力及流量。

解：由稳定流动开口系统的热力学第一定律可得

$$\delta q = \Delta h + \frac{1}{2}\Delta c_f^2 + g\Delta z + w_t$$

该流动为等熵流动，且不考虑势能变化，故

$$\Delta h + \frac{1}{2}\Delta c_f^2 = 0 \Rightarrow c_p(T_2-T_1) + \frac{1}{2}(c_2^2-c_1^2)=0 \Rightarrow T_2 = T_1 + \frac{\frac{1}{2}(c_1^2-c_2^2)}{c_p} = 312.84(K)$$

$$T_2 = T_1\left(\frac{p_2}{p_1}\right)^{\frac{\kappa-1}{\kappa}} \Rightarrow 312.84 = 273 \times \left(\frac{p_2}{1.4}\right)^{\frac{0.4}{1.4}}$$

可得：$p_2 = 2.255$bar

出口截面处的流量为

$$q_m = \frac{c_2 A_2}{v_2} = \frac{p_2 c_2 A_2}{R_g T_2} = \frac{2.255 \times 10^5 \times 100 \times 0.1}{\frac{1.4-1}{1.4} \times 1.004 \times 10^3 \times 312.84} = 25.13(kg/s)$$

35.（南京航空航天大学 2008 年考研试题）喷管作可逆绝热流动时，进口的定熵滞止参数与出口的定熵滞止参数是否相同？作不可逆绝热流动时又如何？

解：可逆时，所有进口的定熵滞止参数与出口的定熵滞止参数都相同。不可逆时，进口总温与出口总温相同，但总压和总比体积不同。

36.（南京航空航天大学 2011 年考研试题）试证明比热容为定值的理想气体，定熵地流过喷管时，滞止压力 p_0 与静压 p 和马赫数 Ma 之间的关系为 $p_0 = p\left(1+\frac{\kappa-1}{2}Ma^2\right)^{\frac{\kappa}{\kappa-1}}$。

解：绝能流动中，能量方程为

$$c_p T^* = c_p T + \frac{c_f^2}{2}$$

定比热容时

$$T^* = T + \frac{c_f^2}{2\frac{\kappa R_g}{\kappa-1}} = T\left[1 + \frac{(\kappa-1)c_f^2}{2\kappa R_g T}\right] = T\left[1 + \frac{(\kappa-1)}{2}Ma^2\right]$$

可逆定熵时有

$$p_0 = p\left(\frac{T_0}{T}\right)^{\frac{\kappa}{\kappa-1}} = p\left[1 + \frac{(\kappa-1)}{2}Ma^2\right]^{\frac{\kappa}{\kappa-1}}$$

37.（湖南大学 2007 年考研试题）渐缩喷管出口外界压力为绝对真空时（绝对真空的比体积为∞），则质量流量（　　）。

A. 等于 0　　　　　　　　　　　　B. 等于临界流量

C. 大于临界流量　　　　　　　　　D. 介于 0 和临界流量之间

答：B。随出口压力降低，渐缩喷管的出口流速最大为临界流速，故出口外界压力为真空时，其质量流量等于临界流量。

38.（湖南大学 2007 年考研试题）已知燃气的 $c_p=1.089$kJ/(kg・K)，绝热指数 $\kappa=$

1.36，$R_\mathrm{g}=0.287\mathrm{kJ/(kg \cdot K)}$，以流量 $G=4.5\mathrm{kg/s}$ 流经一喷管进入压力为 $p_\mathrm{b}=0.3\mathrm{bar}$ 的空间。若进口压力 $p_1=1\mathrm{bar}$，$T_1=1000\mathrm{K}$，流速 $c_\mathrm{fl}=180\mathrm{m/s}$，问：（1）为使燃气充分膨胀，应选择哪种形式的喷管？（2）若流动过程可逆，则出口截面上的流速和气体温度为多少？（3）该喷管的最小流通截面积是多少？

解：（1）因为燃气在喷管入口时有一定速度，故先求出滞止参数。

滞止温度：$T^* = T_1 + \dfrac{c_\mathrm{fl}^2}{2c_p} = 1000 + \dfrac{180^2}{2 \times 1089} = 1015$ （K）

滞止压力：$p^* = p_1 + \left(\dfrac{T^*}{T_1}\right)^{\frac{\kappa}{\kappa-1}} = 10^5 \times \left(\dfrac{1015}{1000}\right)^{\frac{1.36}{1.36-1}} = 1.058$ （bar）

临界压力比：$\beta = \left(\dfrac{2}{\kappa+1}\right)^{\frac{\kappa}{\kappa-1}} = \left(\dfrac{2}{1.36+1}\right)^{\frac{1.36}{1.36-1}} = 0.535$

故临界压力为 $p_\mathrm{cr} = \beta p'' = 0.535 \times 1.058 \times 10^5 = 0.566$ （bar）

因为 $p_\mathrm{cr} > p_\mathrm{b}$，故若燃气充分膨胀，要选择渐缩渐扩型喷管。

（2）出口截面上的压力等于背压。因为流动过程可逆，故出口气体温度为

$$T_2 = T_1 \left(\dfrac{p_2}{p_1}\right)^{\frac{\kappa-1}{\kappa}} = 1000 \times \left(\dfrac{0.3}{1}\right)^{\frac{1.36-1}{1.36}} = 727(\mathrm{K})$$

出口截面流速为

$$c_\mathrm{f2} = \sqrt{2c_p(T_1 - T_2) + c_\mathrm{fl}^2} = \sqrt{2 \times 1.089 \times 1000 \times (1000 - 727) + 180^2} = 792.0(\mathrm{m/s})$$

（3）最小流通截面上，压力为临界压力，可求得最小流通截面上的气体温度和流速

$$T_\mathrm{cr} = T_1 \left(\dfrac{p_\mathrm{cr}}{p_1}\right)^{\frac{\kappa-1}{\kappa}} = 1000 \times \left(\dfrac{0.566}{1}\right)^{\frac{1.36-1}{1.36}} = 860(\mathrm{K})$$

$$c_\mathrm{f,cr} = \sqrt{2c_p(T_1 - T_\mathrm{cr}) + c_\mathrm{fl}^2} = \sqrt{2 \times 1.089 \times 1000 \times (1000 - 860) + 180^2} = 581(\mathrm{m/s})$$

根据流速可求得喷管的最小流通截面积

$$A_\mathrm{cr} = G\dfrac{v_\mathrm{cr}}{c_\mathrm{f,cr}} = G\dfrac{R_\mathrm{g}T_\mathrm{cr}}{p_\mathrm{cr}c_\mathrm{f,cr}} = 0.033\ 8(\mathrm{m^2})$$

39.（哈尔滨工业大学 2003 年考研试题），渐缩喷管经一可调阀门与空气罐连接。气罐内参数恒定，$p_1=500\mathrm{kPa}$，$t_1=43℃$，喷管外大气压力 $p_\mathrm{b}=100\mathrm{kPa}$，温度 $t_0=27℃$，喷管出口截面面积为 $68\mathrm{cm}^2$。求：（1）阀门 A 完全开启时（假设无阻力），流经喷管的空气流量。（2）关小阀门 A，使空气经阀门后压力降为 $150\mathrm{kPa}$，求流经喷管的空气流量以及因节流造成的做功能力损失。[空气 $R=0.287\ \mathrm{kJ/(kg \cdot K)}$，$\kappa=1.4$，$\beta_\mathrm{c}=0.528$]

解：（1）首先判断喷管的工作状态。

$\dfrac{p_\mathrm{b}}{p_1^*} = 0.20 < 0.528$，喷管处于超临界工作状态。

则对渐缩喷管

$$p_2 = p_\mathrm{cr} = 0.528p_1^* = 264 \text{ （kPa）}$$

由定熵过程，有

$$T_2 = T_\mathrm{cr} = T_1 \left(\dfrac{p_2}{p_1^*}\right)^{\frac{\kappa-1}{\kappa}} = 316 \times 0.528^{\frac{1.40-1}{1.40}} = 263.3 \text{ （K）}$$

出口流速为

$$c_{f2}=a_{cr}=\sqrt{\kappa R_g T_2}=\sqrt{1.4\times 287\times 263.3}=325.3 \text{ (m/s)}$$

$$\rho_2=\frac{p_2}{R_g T_2}=\frac{264\times 10^3}{287\times 263.3}=3.494 (\text{kg/m}^3)$$

喷管流量

$$q_m=A_2\rho_2 c_{f2}=68\times 10^{-4}\times 3.494\times 325.3=7.73 \text{ (kg/s)}$$

（2）先判断喷管的工作状态。

$\dfrac{p_b}{p_1^*}=\dfrac{100}{150}=0.6667>0.528$，喷管处于亚临界工作状态。

则对渐缩喷管

$$p_2=p_b=100\text{kPa}$$

由定熵过程，有

$$T_2=T_{cr}=T_1\left(\frac{p_2}{p_1^*}\right)^{\frac{\kappa-1}{\kappa}}=316\times 0.666\ 7^{\frac{1.40-1}{1.40}}=281.43 \text{ (K)}$$

由稳定流动能量方程的出口流速为

$$c_{f2}=\sqrt{2(h_1-h_2)+c_{f1}^2}=\sqrt{2(h_1^*-h_2)}$$

$$=\sqrt{2\frac{\kappa R_g}{\kappa-1}(T_1^*-T_2)}=\sqrt{2\times\frac{1.4\times 287}{1.4-1}(316-281.43)}=263.54(\text{m/s})$$

$$\rho_2=\frac{p_2}{R_g T_2}=\frac{100\times 10^3}{287\times 281.43}=1.238(\text{kg/m}^3)$$

喷管流量

$$q_m=A_2\rho_2 c_{f2}=68\times 10^{-4}\times 1.238\times 263.54=2.219 \text{ (kg/s)}$$

因节流造成的熵增为

$$\Delta s=-R_g\ln\frac{p_2'}{p_2}=-0.287\times\ln\frac{150}{500}=0.34554 \left[\text{kJ/(kg}\cdot\text{K)}\right]$$

因节流造成的能量损失为

$$w_1=T_0\Delta s=300\times 0.345\ 54=103.66 \text{ (kJ/kg)}$$

因节流造成的总能量损失为

$$W_1=q_m w_1=2.219\times 103.66=230.02 \text{ (kW)}$$

40．（同济大学 2006 年考研试题）气流等熵流过收缩喷管，已知喷管进口截面面积为 0.0012m^2，进口压力、温度和马赫数分别为 600kPa、280K 和 0.52，背压为 200kPa。试求出口截面气流速度、流量和最小截面积。已知绝热指数为 1.4，气体常数为 0.287kJ/（kg·K）。

解：根据题意，当地声速为

$$a_1=\sqrt{\kappa R T_1}=\sqrt{1.4\times 287\times 280}=335(\text{m/s})$$

入口处的速度为

$$c_1=M_1 a_1=0.52\times 335=174.2(\text{m/s})$$

滞止温度为

$$T_0=T_1+\frac{c_1^2}{2c_p}=280+\frac{174.2^2}{2\times 1004}=295(\text{K})$$

滞止压强为

$$p_0 = p_1 \left(\frac{T_0}{T_1}\right)^{\frac{\kappa}{\kappa-1}} = 600 \times \left(\frac{295}{280}\right)^{\frac{1.4}{0.4}} = 720.2(K)$$

出口处的临界压力为

$$p_c = \beta p_0 = 0.528 \times 721.5 = 380(kPa) > p_b$$

出口的临界压力大于背压，因而出口处的实际压力即为临界压力 $p_2 = p_c$。

出口处的温度为

$$T_2 = T_1 \left(\frac{p_2}{p_1}\right)^{\frac{\kappa-1}{\kappa}} = 280 \times \left(\frac{381}{600}\right)^{\frac{0.4}{1.4}} = 246(K)$$

出口流速为

$$\begin{aligned}
c_2 &= \sqrt{2(h_0 - h_2)} \\
&= \sqrt{2c_p(T_0 - T_2)} \\
&= \sqrt{2 \times 1004 \times (295 - 246)} \\
&= 313.7(m/s)
\end{aligned}$$

由理想气体状态方程，可得出口处的比体积为

$$v_1 = \frac{RT_1}{p_1} = \frac{287 \times 280}{600 \times 10^3} = 0.133\ 9(m^3/kg)$$

质量流率为

$$q_m = \frac{A_1 c_1}{v_1} = \frac{0.0012 \times 174.2}{0.1339} = 1.561(kg/s)$$

出口处的最小截面积为

$$A_2 = \frac{q_m v_2}{c_2} = \frac{q_m R T_2}{p_2 c_2} = \frac{1.561 \times 287 \times 246}{384 \times 10^3 \times 313.7} = 9.2 \times 10^{-4}(m^2)$$

第七章　压气机的热力过程

气体压缩机简称压气机，是用来产生压缩气体的机器。压气机是耗能设备，不是动力机，压气机的用途很广泛。由于使用场合及工作压力范围不同，压气机的结构型式及工作原理也有很大差异。气体压缩机的分类见表 7-1。

表 7-1　　　　　　　　　　　　　气 体 压 缩 机 的 分 类

按工作原理分	容积式压气机	往复式	均有多级和单级之分
		旋转式	
	叶轮式压气机	离心式	
		轴流式	
	引射式压气机		
按气体的压力分	气体压缩机		$p_g = 0.2 \sim 10^2 \text{MPa}$
	通风机		$p_g = 10 \sim 10^4 \text{Pa}$（$1 \sim 10^3 \text{mmHg}$）
	鼓风机		$p_g = 0.1^2 \text{MPa}$ 左右
	真空泵		$p_g < 0 \text{Pa}$（进口）

活塞式压气机和叶轮式压气机的结构和工作原理虽然不同，但从热力学观点来看，气体的状态变化过程并没有本质的不同，都是消耗外功，使气体压缩升压的过程，在正常的工况下都可以视为稳定流动过程。

基 本 知 识 点

一、单级活塞式压气机的工作原理和理论耗功量

1. 活塞式压气机的工作原理

从图 7-1 可以看出，$a-1$ 及 $2-b$ 为进、排气过程，仅仅为气体的迁移过程，不是热力过程，压气机中气体数量改变，热力学状态不变。$1-2$ 为气体在压气机中进行压缩的热力过程，在此过程中，压气机中气体数量不变，而气体状态发生变化。压缩过程的耗功可由过程线 $1-2$ 及 v 轴所围的面积表示。

在压气过程中可分为两种极限的情况和一种实际情况。

（1）绝热过程：当压缩过程快，且气缸散热较差时，可视为绝热过程。

（2）等温过程：当压缩过程十分缓慢，且气缸散热条件良好时，可视为等温过程。

（3）多变指数为 n 的压缩过程，$1 < n < \kappa$。

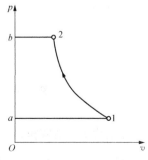

图 7-1

这三种过程在 $p\text{-}v$ 图及 $T\text{-}s$ 图上表示，见图 7-2。

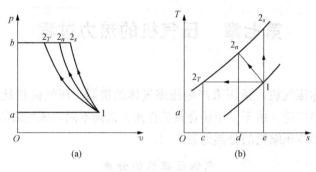

图 7-2

一定量的气体从相同初态到相同终态时，定温过程所消耗的功最少，绝热过程最多，实际过程介于两者之间，且随 n 减小而减小。因此在压气过程中，应尽量减少 n 值，使之接近定温过程。

2. 活塞式压气机的理论耗功

压缩气体的生产过程包括气体的流入、压缩和输出，因此压气机耗功应以技术功计，通常用符号 w_c 表示，可逆绝热压缩过程、可逆多变压缩过程和可逆定温压缩过程三种情况的功耗为

$$w_{C,s}=-w_{t,s}=\frac{\kappa}{\kappa-1}(p_2v_2-p_1v_1)=\frac{\kappa R_g}{\kappa-1}(T_2-T_1)=\frac{\kappa}{\kappa-1}R_gT_1\left[\left(\frac{p_2}{p_1}\right)^{\frac{\kappa-1}{\kappa}}-1\right]$$
(7-1)

$$w_{C,n}=-w_{t,n}=\frac{n}{n-1}(p_2v_2-p_1v_1)=\frac{n}{n-1}R_gT_1\left[\left(\frac{p_2}{p_1}\right)^{\frac{n-1}{n}}-1\right]$$
(7-2)

$$w_{C,T}=-w_{t,T}=-R_gT_1\ln\frac{v_2}{v_1}=R_gT_1\ln\frac{p_2}{p_1}$$
(7-3)

从图 7-3 中可以看出，三种压气过程中有

$$w_{c,s}>w_{c,n}>w_{c,T},\ T_{c,s}>T_{c,n}>T_{c,T},\ v_{c,s}>v_{c,n}>v_{c,T}$$
(7-4)

二、余隙容积的影响

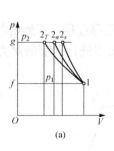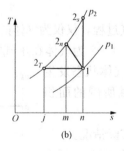

图 7-3

实际的活塞式压气机，为避免活塞与气缸盖的撞击，以及便于安装进、排气阀等，当活塞处于上死点时，活塞顶面与缸盖之间必留有一定的空隙，称为余隙容积（V_c），此时压气机的工作过程变为图 7-4 所示的 1—2—3—4—1。

定义以下几个术语：

活塞排量：活塞的运动容积，$V_h=V_1-V_3$。

有效容积：气缸的有效吸气容积，$V=V_1-V_4$。

容积效率：活塞排量中有效容积的比例，$\eta_N=\dfrac{V}{V_h}$。

显然，有余隙容积的理论耗功量为：面积 123ab1－面积 3ab43。

假定 1—2 及 3—4 两过程的 n 相同，则

$$W_{\mathrm{t,n}} = \frac{n}{n-1} p_1 V \left[\left(\frac{p_2}{p_1} \right)^{\frac{n-1}{n}} - 1 \right] = \frac{n}{n-1} m R_{\mathrm{g}} T_1 \left[\pi^{\frac{n-1}{n}} - 1 \right]$$

$$(7-5)$$

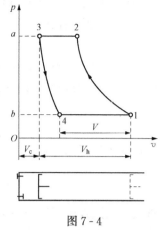

图 7-4

式中：π 为增压比；V 为有效吸气容积；m 为压气机生产的压缩气体质量。

上式表明，无论有无余隙容积，压缩同质量的气体，压气机的耗功量相同，但有了余隙容积后，有效吸气容积减少，气缸容积不能充分利用。另外，由于终压越高，有效吸气容积就越小，当终压高至一定程度时，甚至无法吸气，因此余隙容积随增压比的增大而增加。应该尽量减少余隙容积，通常余隙比为

$$\sigma = \frac{V_3}{V_1 - V_3} = \frac{V_{\mathrm{c}}}{V_{\mathrm{h}}} = 0.03 \sim 0.08 \qquad (7-6)$$

假设压缩过程 1—2 和余隙容积中剩余气体的膨胀过程 3—4 都是多变过程，且多变指数相等，则

$$\eta_V = 1 - \sigma \left[\left(\frac{p_2}{p_1} \right)^{\frac{1}{n}} - 1 \right] = 1 - \sigma \left[\pi^{\frac{1}{n}} - 1 \right] \qquad (7-7)$$

由此式可见，相同的余隙比时，提高增压比 π，将减少容积效率 η_V。因此，单级活塞式压气机的增压比受余隙容积的影响而有一定的限制，一般不超过 8～9，当需要获得较高压力时，必须采用多级压缩。

三、多级压缩和级间冷却

因为定温压缩过程比绝热压缩合理，而工程上的压缩大多都接近于绝热过程，所以应采取措施使压缩过程尽可能向定温过程靠近，多级压缩与中间冷却就是这样一个方法，多级压缩还可以改善压气机的容积效率。

为了少消耗功，并避免压缩终了时气体温度过高，将气体逐级在不同气缸中压缩，每经过一次压缩后，就在中间冷却器中定压冷却到压缩前的温度，然后进入下 级气缸继续压缩。

在进行理论分析时，可做如下假设：

（1）假定被压缩气体为定比热容理想气体，两级气缸中的压缩过程具有相同的多变指数 n，并且不存在摩擦。

（2）假定第二级气缸的进气压力等于第一级气缸的排气压力（即不考虑气体流经管道、阀门和中间冷却器时的压力损失）。

（3）假定两个气缸的进气温度相同，（即认为进入第二级气缸的气体在中间冷却器中得到充分的冷却）。

综合上述条件，可得两级压气机消耗的功为

$$w_{\mathrm{C}} = w_{\mathrm{C,L}} + w_{\mathrm{C,H}} = \frac{n}{n-1} R_{\mathrm{g}} T_1 \left[\left(\frac{p_2}{p_1} \right)^{\frac{n-1}{n}} - 1 \right] + \frac{n}{n-1} R_{\mathrm{g}} T_2 \left[\left(\frac{p_3}{p_2} \right)^{\frac{n-1}{n}} - 1 \right]$$

$$(7-8)$$

$$= \frac{n}{n-1} R_{\mathrm{g}} T_1 \left[\left(\frac{p_2}{p_1} \right)^{\frac{n-1}{n}} + \left(\frac{p_3}{p_2} \right)^{\frac{n-1}{n}} - 2 \right]$$

在第一级进气压力 p_1（最低压力）和第二级排气压力 p_3（最高压力）之间，合理选择 p_2，可使压气机消耗的功最小，即

$$p_2 = \sqrt{p_1 p_3} \qquad (7-9)$$

可以证明，若为 m 级压缩，各级压力分别为 p_1，p_2，$\cdots$，p_m，p_{m+1}，每级中间冷却器都将气体冷却到最初温度，则此时若使压气机消耗的总功最小，必须满足

$$\frac{p_2}{p_1} = \frac{p_3}{p_2} = \frac{p_m}{p_{m-1}} = \frac{p_{m+1}}{p_m} = \sqrt{\frac{p_{m+1}}{p_1}} \qquad (7-10)$$

压气机消耗的总功为

$$w_C = \sum_{i=1}^{m} w_{C,i} = m\frac{n}{n-1}R_g T_1 \left[\left(\frac{p_2}{p_1}\right)^{\frac{n-1}{n}} - 1\right] \qquad (7-11)$$

按此原则选择中间压力还可以得到一些其他有利结果：①每级压气机所需的功相等，有利于压气机曲轴的平衡。②每个气缸中气体压缩后所达到的最高温度相同，每个气缸的温度条件相同。③每级向外排出的热量相等，而且每一级中间冷却器向外排出的热量也相等。

活塞式压气机无论是单级或是多级压缩都应尽可能接近定温过程。工程上通常用压气机的定温效率来作为活塞式压气机的性能指标，即当压气机压缩前气体状态相同，压缩后气体的压力相同时，可逆定温压缩过程和实际压缩过程所消耗的功之比，定义为

$$\eta_{C,T} = \frac{w_{C,T}}{w'_C} \qquad (7-12)$$

四、叶轮式压气机的工作原理

叶轮式压气机主要有离心式压气机和轴流式压气机两种。叶轮式压气机工作连续，没有余隙容积，压缩过程接近绝热压缩。实际压缩过程有摩擦损失，为不可逆的绝热压缩，压缩过程中熵增加，如图 7-5 所示。

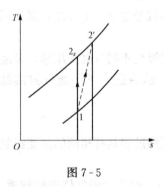

图 7-5

压气机实际所需要的功为

$$w'_C = h'_2 - h_1 \qquad (7-13)$$

通常采用绝热效率来计算叶轮式压气机的性能，即在压缩前气体状态相同，压缩后气体压力比也相同时，可逆绝热压缩所需的功和实际压缩所需的功之比，用 $\eta_{C,s}$ 表示

$$\eta_{C,s} = \frac{w_{C,s}}{w'_C} = \frac{h_{2s} - h_1}{h'_2 - h_1} \qquad (7-14)$$

若为定比热容的理想气体，则

$$\eta_{C,s} = \frac{T_{2s} - T_1}{T'_2 - T_1} \qquad (7-15)$$

思考题与习题

1. （上海交通大学 2006 年考研试题）空气在轴流压缩机中被绝热压缩，压力比为 4.5，初、终态温度分别为 27℃和 227℃。若空气作为理想气体，比热容取定值，气体常数 $R_g = 287\text{J}/(\text{kg} \cdot \text{K})$，$c_p = 1005\text{J}/(\text{kg} \cdot \text{K})$。试计算压气机的绝热效率即压缩过程 1kg 气体的熵变和过程做功能力损失（$t_0 = 20$℃）。

解：理想情况下压缩后的温度：

$$T_{2s} = T_1 \left(\frac{p_2}{p_1}\right)^{\frac{\kappa-1}{\kappa}} = 300 \times 4.5^{\frac{0.4}{1.4}} = 461.0(\text{K})$$

而在实际压缩终了过程的温度

$$T_2' = 227 + 273 = 500(\text{K})$$

绝热效率为

$$\eta_{\text{C,s}} = \frac{T_{2s} - T_1}{T_2' - T_1} = \frac{461.0 - 300}{500 - 300} = 0.805$$

压缩过程的熵变

$$\Delta s_{1-2'} = \Delta s_{2s-2'} = c_p \ln \frac{T_2'}{T_{2s}} - R_g \ln \frac{p_2'}{p_{2s}}$$

$$= c_p \ln \frac{T_2'}{T_{2s}} = 1.005 \times \ln \frac{500}{461} = 0.082 [\text{kJ/(kg · K)}]$$

过程中的做功能力损失为

$$I = T_0 s_g = (20 + 273) \times 0.082 = 23.9(\text{kJ/kg})$$

2.（上海交通大学 2005 年考研试题）100kPa、17℃的空气在压气机内绝热压缩到 400kPa，然后进入渐缩喷管绝热膨胀，如图 7-6 所示。（1）若压气机及喷管内过程均可逆，空气进入和排出压气机时宏观动能和位能变化可以忽略不计，求压气机耗功及喷管出口截面上气流速度。（2）若压气机及喷管内过程均不可逆，压气机绝热效率 $\eta_{\text{C,s}} = 0.90$，喷管速度系数 $\varphi = 0.90$，求压气机耗功，喷管出口截面上气流速度、温度和做功能力损失。

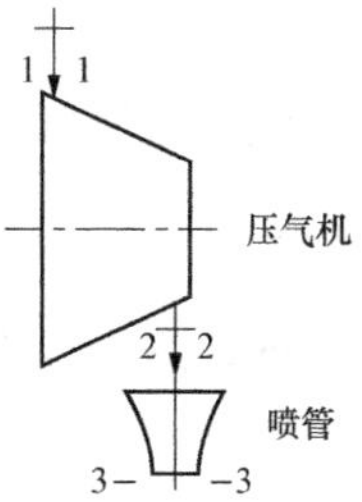

已知：$p_b = 100\text{kPa}$，空气比热容取定值 $c_p = 1.004\text{kJ/(kg · K)}$，$R_g = 0.287\text{kJ/(kg · K)}$

图 7-6

解：（1）过程可逆，空气经压气机绝热压缩后，在出口处的温度为

$$T_2 = T_1 \left(\frac{p_2}{p_1}\right)^{\frac{\kappa-1}{\kappa}} = 290 \times \left(\frac{400}{100}\right)^{\frac{1.4-1}{1.4}} = 430.9(\text{K})$$

根据稳定流动能量方程 $w_t = q - \Delta h$，因为绝热 $q = 0$，又有 $\Delta h = c_p \Delta T$，所以压气机功耗量为

$$w_{\text{C}} = -w_t = \Delta h = c_p(T_2 - T_1) = 1.004 \times (430.9 - 290) = 141.46(\text{kJ/kg})$$

喷管的临界压力为

$$p_{\text{cr}} = \nu_{\text{cr}} p_2 = 0.528 \times 400 = 211.2 \ (\text{kPa}) > p_b$$

喷管的出口压力为

$$p_3 = p_{\text{cr}} = 211.2\text{kPa}$$

出口处的空气温度为

$$T_3 = T_2 \left(\frac{p_3}{p_2}\right)^{\frac{\kappa-1}{\kappa}} = 430.9 \times \left(\frac{211.2}{400}\right)^{\frac{1.4-1}{1.4}} = 359.0(\text{K})$$

根据稳定流动能量方程 $h_2 + \frac{c_{f2}^2}{2} = h_3 + \frac{c_{f3}^2}{2}$，可得喷管出口速度为

$$c_{f3} = \sqrt{2(h_2 - h_3)} = \sqrt{2c_p(T_2 - T_3)} = \sqrt{2 \times 1.004 \times (430.9 - 359.0) \times 10^3} = 380.0(\text{m/s})$$

（2）压气机的绝热效率为 $\eta_{\text{C,s}} = 0.90$，则压气机的实际功耗为

$$w'_C = \frac{w_C}{\eta_{C,s}} = \frac{141.46}{0.90} = 157.18(\text{kJ/kg})$$

根据稳定流动能量方程 $w'_C = h'_2 - h_1 = c_p(T'_2 - T_1)$，可得实际压缩的出口温度为

$$T'_2 = T_1 + \frac{w'_C}{c_p} = 290 + \frac{157.18}{1.004} = 446.6(\text{K})$$

压气机的排气压力

$$p'_3 = p_3 = p_{cr} = p'_2 \nu_{cr} = 211.2 \ (\text{kPa})$$

在喷管内可逆膨胀时，喷管出口的温度为

$$T_3 = T'_2 (\nu_{cr})^{\frac{\kappa-1}{\kappa}} = 446.6 \times 0.528^{\frac{1.4-1}{1.4}} = 372.1(\text{K})$$

根据稳定流动能量方程，喷管出口截面上的气流速度为

$$c_{f3} = \sqrt{2(h'_2 - h_3)} = \sqrt{2c_p(T_2 - T_3)} = \sqrt{2 \times 1.004 \times (446.6 - 372.1) \times 10^3} = 386.8(\text{m/s})$$

利用喷管速度系数对其进行修正，则喷管不可逆膨胀时的出口速度为

$$c'_{f3} = \varphi c_{f3} = 0.9 \times 386.8 = 348.1(\text{m/s})$$

可得喷管不可逆膨胀时的温度

$$T'_3 = T'_2 \frac{c^2_{f3'}}{2c_p} = 446.6 - \frac{348.1^2}{2 \times 1.004 \times 10^3} = 386.2(\text{K})$$

气体在压气机及喷管内的熵产为

$$\Delta s = s_g = c_p \ln \frac{T'_3}{T_1} - R_g \ln \frac{p'_3}{p_1} = 1004 \times \ln \frac{386.2}{290} - 287 \times \ln \frac{211.2}{100} = 73.05[\text{J/(kg} \cdot \text{K)}]$$

做功能力损失为

$$I = T_0 s_g = 290 \times 73.05 = 21184(\text{J/kg})$$

3. （上海交通大学 2004 年考研试题）某两级气体压缩机进气参数为 100kPa、300K，每级压力比为 5，绝热效率为 0.82，从中间冷却器排出的气体温度是 330K，其 $T\text{-}s$ 图如图 7-7 所示。若空气的比热容可取定值，计算每级压气机的排气温度和生产 1kg 压缩空气压气机消耗的功。

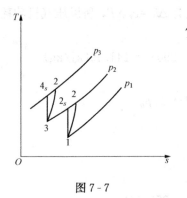

图 7-7

解：根据题意，初始状态的参数为 $p_1 = 100\text{kPa}$、$T_1 = 300\text{K}$。

压缩后的压力为

$$p_2 = \pi p_1 = 5 \times 100 = 500 \ (\text{kPa})$$

压缩后的温度为

$$T_{2s} = T_1 \left(\frac{p_2}{p_1}\right)^{\frac{\kappa-1}{\kappa}} = 300 \times 5^{\frac{0.4}{1.4}} = 475.15 \ (\text{K})$$

压气机的绝热效率为 0.82，则压缩后的实际温度为

$$T_2 = T_1 + \frac{T_{2s} - T_1}{\eta_{C,s}} = 300 + \frac{475.15 - 300}{0.82} = 513.59(\text{K})$$

点 2 与点 3 的压力相等，即 $p_3 = p_2 = 500\text{kPa}$，温度 $T_3 = 330\text{K}$。

再压缩到状态 4，其压力为

$$p_4 = \pi p_3 = 2500 \ (\text{kPa})$$

温度为

$$T_{4s}=T_3\left(\frac{p_2}{p_1}\right)^{\frac{k-1}{k}}=330\times5^{\frac{0.4}{1.4}}=522.66\ (\text{K})$$

4 点的温度为

$$T_4=T_3+\frac{T_{4s}-T_3}{\eta_{C,s}}=330+\frac{522.65-330}{0.82}=564.95(\text{K})$$

生产 1kg 压缩空气，压气机消耗的功为

$$\begin{aligned}w_C&=(h_2-h_1)+(h_4-h_3)=c_p[(T_2-T_1)+(T_4-T_3)]\\&=1.005\times[(513.59-300)+(564.95-330)]\\&=450.78(\text{kJ/kg})\end{aligned}$$

4. （上海交通大学 2004 年考研试题）利用人力打气筒为车胎打气时用湿布包裹气筒的下部，会发现打气时轻松了一点。压气机气缸常以水冷却或气缸上装有肋片，为什么？

答：忽略不可逆因素时，人力打气为可逆多变过程，多变过程的功耗为 $w_{C,n}=\dfrac{n}{n-1}p_1v_1$ $(1-\pi^{\frac{n-1}{n}})$。当 π 不变时，若 n 减小则功耗减少，用湿布包裹气筒的下部时，可以冷却气筒，使 n 减小，功耗减少。压气机气缸常以水冷却或气缸上装有肋片也是同样的道理。

5. （天津大学 2005 年考研试题）证明：压气机在两级压缩中间冷却，且中间压力为 $p_2=\sqrt{p_1p_3}$ 时（其中 p_1 为气体压缩前的压力，p_3 为气体压缩终了的压力），压气机的耗功最小。

证明：设中间冷却器能使气体的温度达到 $T_2'=T_1$，两级压缩指数 n 相同，有

$$w_C=w_{C,L}+w_{C,H}=\frac{n}{n-1}R_gT_1\left[\left(\frac{p_2}{p_1}\right)^{\frac{n-1}{n}}-1\right]+\frac{n}{n-1}R_gT_2'\left[\left(\frac{p_3}{p_2}\right)^{\frac{n-1}{n}}-1\right]$$

对 p_2 求导，并使之为零，得到压气机的耗功最小的中间压力为

$$p_2=\sqrt{p_1p_3}$$

6. （北京理工大学 2005 年考研试题）活塞式压气机的气缸容积为 V_1，余隙容积为 V_c，进气压力为 p_1，由压缩后气体的出口压力为 p_2，那么该压气机的增压比为＿＿，排量为＿＿。

答：$\dfrac{p_2}{p_1}$，V_1-V_c。

7. （北京理工大学 2007 年考研试题）活塞式压气机的气缸容积为 V_1，余隙容积为 V_c，进气压力为 p_1，压缩后气体的出口压力为 p_2，那么该压气机的增压比为＿＿，排量为＿＿。如果该压气机的压缩过程可以按照可逆定温或可逆绝热进行，则压缩单位质量空气压气机耗功以＿＿过程为大。

答：$\dfrac{p_2}{p_1}$，V_1-V_c，可逆绝热。

8. （北京理工大学 2006 年考研试题）一压气机，要求将温度为 295K 的空气从 0.1MPa 压缩到 0.6MPa，则此压气机的压比为多少？如果采用单级压缩，压缩过程为可逆绝热，问压缩每 kg 空气需要消耗功多少？如果采用两级压缩，级间最大程度冷却时，最有利的中间压力为多少？压缩功又为多少？

解：压气机的压力比为

$$\pi = \frac{p_2}{p_1} = \frac{0.6}{0.1} = 6$$

此压缩过程的绝热指数为

$$\kappa = \frac{c_V + R_g}{c_V} = \frac{0.717 + 0.287}{0.717} = 1.4$$

由可逆绝热过程的方程，压缩终了的温度为

$$T_2 = T_1 \left(\frac{p_2}{p_1}\right)^{\frac{\kappa-1}{\kappa}} = 295 \times 6^{\frac{0.1}{1.4}} = 492.2(\text{K})$$

每 kg 空气需要消耗的功为

$$w_t = c_p(T_2 - T_1) = 1.004 \times (492.2 - 295) = 198(\text{kJ/kg})$$

采用级间冷却时，最有利的中间压力为

$$p_m = \sqrt{p_1 p_2} = \sqrt{0.1 \times 0.6} = 0.245(\text{MPa})$$

最有利的中间压力时压缩功为

$$w_t = 2c_p(T_2 - T_1) = 2 \times 1.004 \times (381.1 - 295) = 172.9(\text{kJ/kg})$$

9. （北京理工大学 2004 年考研试题）有一活塞式压缩机能够提供 0.6MPa 的压缩空气。压缩机的进口空气压力为 0.1MPa，温度为 25℃。若压缩机活塞排量为 1.5L，余隙容积为 0.09 升。试求此压缩机的：（1）余隙比；（2）增压比；（3）容积效率；（4）每生产 1kg 压缩空气所需要消耗的功。

假设压缩过程和膨胀过程中多变指数均为 1.3，空气的 $c_V = 0.717\text{kJ/(kg·K)}$，$R = 0.287\text{kJ/(kg·K)}$。

解：（1）余隙比为

$$\sigma = \frac{V_c}{V_h} = \frac{0.09}{1.5} = 0.06$$

（2）增压比为

$$\pi = \frac{p_2}{p_1} = \frac{0.6}{0.1} = 6$$

（3）容积效率为

$$\eta_V = \frac{V}{V_h} = \frac{v_1 - v_4}{v_1 - v_3} = 1 - 6 \times \left[\left(\frac{p_2}{p_1}\right)^{\frac{1}{n}} - 1\right]$$

$$= 1 - 0.06 \times (6^{\frac{1}{1.3}} - 1) = 0.822$$

（4）因为压缩过程为多变压缩，先求出压缩终了时的温度为

$$T_2 = T_1^{\frac{n-1}{n}} = 298 \times 6^{\frac{0.3}{1.3}} = 450.6(\text{K})$$

每生产 1kg 压缩空气所消耗的功为

$$w_t = -\int_1^2 v\,dp = -p_1^{\frac{1}{n}} v_1 \left[p_2^{\frac{n-1}{n}} - p_1^{\frac{n-1}{n}}\right]$$

$$= \frac{n}{n-1}(p_1 v_1 - p_2 v_2) = \frac{nR_g}{n-1}(T_1 - T_2)$$

$$= \frac{1.3 \times 0.287}{1.3 - 1} \times (298 - 450.6) = -189.8(\text{kJ/kg})$$

10. （大连理工大学 2004 年考研试题）如何确定多级压缩、级间冷却压气机的各级增

压比?

答：设多级压缩的级数为 m 级，p_1 为初压，p_{m+1} 为终压，则最佳增压比为

$$\pi = \sqrt[m]{\frac{p_{m+1}}{p_1}}$$

11. （西安交通大学 2004 年考研试题）采用两级活塞式压缩机将压力 0.1MPa 的空气压缩至 2.5MPa，中间压力为多少时耗功最小?

答：使压气机的总功最小的增压比为

$$\pi = \sqrt{\frac{p_1}{p_2}} = \sqrt{\frac{2.5}{0.1}} = 5$$

中间压力为

$$0.1 \times 5 = 0.5 \ (\text{MPa})$$

12. （华中科技大学 2005 年考研试题）某理想气体在压气机中由初态 p_1、T_1 分别经由可逆的定温压缩过程和绝热压缩过程压缩至相同的终压力 p_2。试在 $p\text{-}v$ 图上示出此两种过程和压气机的功耗大小。

解：此两种过程的功耗如图 7-8 所示，定温过程的功耗如图中 $b-2_T-1-a-b$ 所示，绝热压缩过程的功耗如图中 $b-2_s-1-a-b$ 所示。

13. （华中科技大学 2005 年考研试题）某理想气体在绝热压气机中由初态 p_1、T_1 分别经由可逆的和不可逆的过程压缩至相同的终态压力 p_2。试在 $T\text{-}s$ 图上示出此两种过程和压气机的功耗大小。

答：此两种过程的功耗如图 7-9 所示，可逆绝热压缩过程的功耗如图中 $a-2_T-2_s-b-a$ 所示，不可逆绝热压缩过程的功耗如图中 $a-2_T-2-c-a$ 所示。

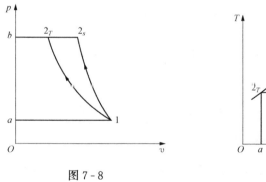
图 7-8

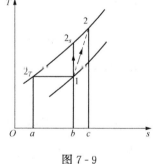
图 7-9

14. （华中科技大学 2005 年考研试题）压气机对空气进行理想的多变压缩，压缩过程中用水冷却被压缩的空气。压气机入口处空气的参数为 $p_1 = 0.1$MPa，$t_1 = 20$℃，进气量为 200m³/h，出口温度为 $t_2 = 120$℃。流过压气机的冷却水质量流量为 350kg/h，温升 14℃。试求压气机出口处的空气压力。空气视为理想气体，气体常数 $R_g = 0.287$kJ/(kg·K)，比定压热容 $c_p = 1.005$kJ/(kg·K)；水的比热容 $c_w = 4.186$kJ/(kg·K)。

解：水对压气机的冷却量为

$$Q = m_w c_w \Delta t = 350/3600 \times 4.186 \times 14 = 5.698 (\text{kJ/s})$$

压气机压缩的空气流量为

$$m_a = \frac{p_1 v_1}{R_g T_1} = \frac{0.1 \times 10^6 \times 200/3600}{0.287 \times 10^3 \times 293} = 0.066(\text{kg/s})$$

由热力学第一定律可得

$$Q = \Delta H + W_t = m_a c_p \Delta t + W_t$$

压气机消耗的功率为

$$W_C = -W_t = -(Q - \Delta H) = -Q + m_a c_p \Delta t$$
$$= 5.698 + 0.066 \times 1.005 \times (120 - 20)$$
$$= 12.33(\text{kW})$$

压气机中的压缩过程是可逆多变过程

$$W_t = m_a \frac{n}{n-1} R_g (T_2 - T_1)$$

$$12.33 = 0.066 \times \frac{n}{n-1} \times 0.287 \times (393 - 293)$$

可得 $n = 1.18$。

压气机出口压力为

$$p_2 = p_1 \left(\frac{T_2}{T_1}\right)^{\frac{n}{n-1}} = 0.1 \times \left(\frac{120+273}{20+273}\right)^{\frac{1.18}{0.18}} = 0.68(\text{MPa})$$

15.（东南大学 2004 年考研试题）空气在压气机中被绝热压缩。压缩前空气的参数为 $p_1 = 0.1\text{MPa}$，$T_1 = 25℃$；终态的参数为 $p_2 = 0.6\text{MPa}$，$T_2 = 240℃$。已知：$c_p = 1.001\text{kJ/(kg·K)}$，$R_g = 0.287\text{kJ/(kg·K)}$。试求：（1）实际压缩 1kg 空气所消耗的轴功 W_{cs}；（2）理论压缩 1kg 空气所消耗的轴功 W_{cp}；（3）该压气机的绝热效率 η_{cso}。

解：理论过程的等熵指数为 $\kappa = \dfrac{c_p}{c_p - R_g} = 1.4$

理论过程为等熵过程，由过程方程可得出口温度为

$$T_{2s} = T_1 \left(\frac{p_2}{p_1}\right)^{\frac{\kappa-1}{\kappa}} = 298 \times \left(\frac{0.6}{0.1}\right)^{\frac{0.4}{1.4}} = 497.23(\text{K})$$

可得压气机的绝热效率为

$$\eta_{cso} = \frac{T_{2s} - T_1}{T_2 - T_1} = \frac{497.23 - 298}{513 - 298} = 92.66\%$$

理论压缩 1kg 空气所消耗的轴功为

$$W_{cp} = \frac{\kappa}{\kappa-1} R_g (T_{2s} - T_1) = \frac{1.4}{1.4-1} \times 0.287 \times (497.23 - 298) = 200.11(\text{kJ/kg})$$

实际压缩 1kg 空气所消耗的轴功为

$$W_{cs} = \frac{W_{cp}}{\eta_{cso}} = \frac{200.11}{0.9266} = 215.96(\text{kJ/kg})$$

16.（北京理工大学 2004 年考研试题）已知初态为 0.1MPa，温度为 290K 的空气在压缩机中被绝热压缩到 0.5MPa，试分析此时终态气温有无可能为 423K？最小可能的终温为多少？已知：空气的 $c_V = 0.717\text{kJ/(kg·K)}$，$R_g = 0.287\text{kJ/(kg·K)}$。

解：$\kappa = \dfrac{c_p}{c_V} = \dfrac{0.717 + 0.287}{0.717} = 1.40$

由定熵过程，最高温度为

$$T_{\max} = T_1\left(\frac{p_2}{p_1}\right)^{\frac{\kappa-1}{\kappa}} = 290 \times \frac{0.5^{\frac{1.40-1}{1.40}}}{0.1} = 459.31(\mathrm{K})$$

$$T_{\min} = T_1 = 290(\mathrm{K})$$

一般 290K$\leqslant T \leqslant$459.31K，有可能为 423K。

17.（北京航空航天大学 2006 年考研试题）**气体在压缩机中经历三种理想过程，分别为绝热压缩、定温压缩和多变压缩（同时放热、升温），如果压缩比相同，三者耗功分别为** W_s、W_T 和 W_n，则（　　　）。

A. $|W_\mathrm{T}| < |W_\mathrm{n}| < |W_\mathrm{s}|$ 　　　　B. $|W_\mathrm{n}| < |W_\mathrm{s}| < |W_\mathrm{T}|$

C. $|W_\mathrm{s}| < |W_\mathrm{T}| < |W_\mathrm{n}|$ 　　　　D. $|W_\mathrm{s}| < |W_\mathrm{n}| < |W_\mathrm{T}|$

答：A。

18. 一台旋转式压缩机的进口压力和温度分别为 100kPa 和 20℃。压缩机的压比是 5：1。空气的质量流量 2kg/s，等熵效率为 0.85，压缩机出口流速为 150m/s，多变指数 $n=$ 1.4，取 $c_p=1.005$kJ/(kg·K)。求：（1）压缩机耗功；（2）压缩机出口的滞止温度和滞止压力。

解：将空气看作理想气体。取压缩机进口速度为 0。

（1）压缩机耗功

$$T_{2\mathrm{s}} = T_1(p_2/p_1)^{(\kappa-1)/\kappa} = 293 \times 5^{0.4/1.4} = 464.06\ (\mathrm{K})$$

$$w_\mathrm{s} = h_{2\mathrm{s}} - h_1 = 1.005 \times (464.06 - 293) = 171.915(\mathrm{kJ/kg})$$

$$w_\mathrm{a} = w_\mathrm{s}/\eta_{\mathrm{C,s}} = 171.915/0.85 = 202.253(\mathrm{kJ/kg})$$

$$P_\mathrm{a} = q_m w_\mathrm{a} = 2 \times 202.253 = 404.5(\mathrm{kW})$$

（2）压气机出口滞止压力和滞止温度

等熵效率

$$\eta_{\mathrm{C,s}} = (h_{2\mathrm{s}} - h_1)/(h_{2\mathrm{a}} - h_1) = (T_{2\mathrm{s}} - T_1)/(T_{2\mathrm{a}} - T_1)$$

$$0.85 = (464.06 - 293)/(T_{2\mathrm{a}} - 293)$$

$$T_{2\mathrm{a}} = 494.247(\mathrm{K})$$

$$T_0 = T_{2\mathrm{a}} + c_{\mathrm{f,a}}^2/2c_p = 494.247 + 150^2/(2 \times 1005) = 505.44(\mathrm{K})$$

$$p_0 = p_{2\mathrm{a}}(T_0/T_{2\mathrm{a}})^{\kappa/(\kappa-1)} = 500 \times (505.44/494.247)^{1.4/0.4} = 540.766(\mathrm{kPa})$$

第八章 气体动力循环

基本知识点

一、活塞式内燃机动力循环

1. 活塞式内燃机理想循环

（1）混合加热循环。活塞式内燃机的混合加热理想循环可以抽象和概括为五个热力过程，如图8-1所示。

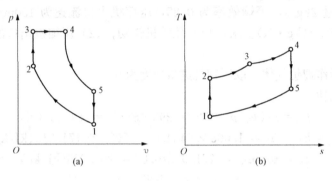

图8-1

其中1—2为定熵压缩过程；2—3为定容加热过程；3—4为定压加热过程；4—5为定熵膨胀过程；5—1为定容放热过程。

混合加热理想循环的三个特性参数为：压缩比 $\varepsilon = \dfrac{v_1}{v_2}$，升压比 $\lambda = \dfrac{p_3}{p_2}$ 和预胀比 $\rho = \dfrac{v_3}{v_4}$。

循环吸热量为

$$q_1 = c_V(T_3 - T_2) + c_p(T_4 - T_3) \tag{8-1}$$

循环放热量为

$$q_2 = c_V(T_5 - T_1) \tag{8-2}$$

循环热效率为

$$\eta_t = 1 - \frac{T_5 - T_1}{(T_3 - T_2) + \kappa(T_4 - T_3)} \tag{8-3}$$

把特定参数带入热效率公式可得

$$\eta_t = 1 - \frac{\lambda \rho^\kappa - 1}{\varepsilon^{\kappa-1}[(\lambda - 1) + \kappa\lambda(\rho - 1)]} \tag{8-4}$$

混合加热理想循环的热效率随压缩比 ε 和增加比 λ 的增大而提高，随预胀比 ρ 的增加而降低。

（2）定压加热理想循环。定压加热理想循环又称狄塞尔循环，是早期低速柴油的理想循环。整个循环由四个热力过程组成，如图8-2所示。

其中1—2为定熵压缩过程；2—3为定压加热过程；3—4为定熵膨胀过程；4—1为定

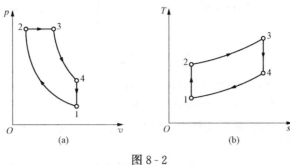

图 8 - 2

容放热过程。

循环吸热量为

$$q_1 = c_p(T_3 - T_2) \tag{8-5}$$

循环放热量为

$$q_2 = c_V(T_4 - T_1) \tag{8-6}$$

定压加热循环可以看作是 $\lambda = 1$ 的混合加热循环，将 $\lambda = 1$ 代入式（8-4）得定压加热循环的热效率为

$$\eta_{t,p} = 1 - \frac{\rho^\kappa - 1}{\varepsilon^{\kappa-1}\kappa(\rho-1)} \tag{8-7}$$

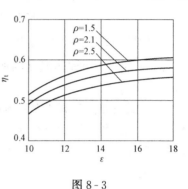

定压加热循环的热效率随压缩比 ε 的增大而增大，随预胀比 ρ 的增大而减小。

图 8-3 为在 $\kappa = 1.35$ 时，ε 值与 ρ 值与热效率的关系。

图 8 - 3

（3）定容加热理想循环。定容加热理想循环又称奥托循环，是煤气机和汽油机理想循环，整个循环由四个热力过程组成，如图 8-4 所示。

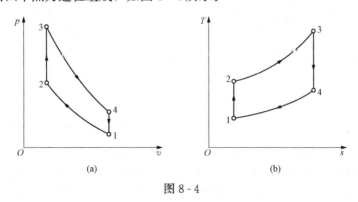

图 8 - 4

其中 1—2 为定熵压缩过程；2—3 为定容加热过程；3—4 为定熵膨胀过程；4—1 为定容放热过程。

循环吸热量为

$$q_1 = c_V(T_3 - T_2) \tag{8-8}$$

循环放热量为

$$q_2 = c_V(T_4 - T_1) \tag{8-9}$$

定容加热循环可以看作是 $\rho=1$ 的混合加热循环，将 $\rho=1$ 代入式（8-4）得定压加热循环的热效率为

$$\eta_{t,V} = 1 - \frac{1}{\varepsilon^{\kappa-1}} \qquad (8-10)$$

定容加热理想循环的热效率随 ε 的增大而增大。

2. 活塞式内燃机各种理想循环的热力学比较

一般分别以压缩比、吸热量、放热量、循环最高压力、循环最高温度和循环初始状态相同作为比较热效率的条件。

（1）具有相同压缩比和吸热量。图 8-5 为压缩比和吸热量相同条件下的三种理想循环。1-2-3-4-1 为定容加热理想循环，1-2-2'-3'-4'-1 为混合加热理想循环，1-2-3''-4''-1 为定压加热理想循环。

三种理想循环的吸热量相同，即

$$面积\ 23782 = 面积\ 23'682 = 面积\ 23''582$$

三种循环的放热量相对大小为，$q_{2V} < q_{2m} < q_{2p}$；平均吸热温度的相对大小为，$\overline{T}_{2,p} < \overline{T}_{2,m} < \overline{T}_{2V}$；平均放热温度的相对大小为，$\overline{T}_{2V} < \overline{T}_{2,m} < \overline{T}_{2,p}$；故热效率的相对大小为，$\eta_{t,p} < \eta_{t,m} < \eta_{t,V}$。

（2）具有相同最高压力和最高温度。图 8-6 为具有相同的最高压力和最高温度条件下的三种理想循环。1-2-3-4-1 为定容加热理想循环，1-2-2'-3'-3-4-1 为混合加热理想循环，1-2''-3-4-1 为定压加热理想循环。

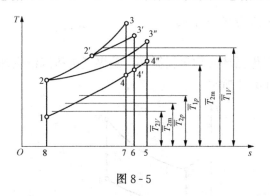

图 8-5

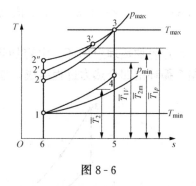

图 8-6

三种循环的放热量和平均放热温度相同；三种循环的吸热量相对大小为，$q_{1V} < q_{1m} < q_{1p}$；平均吸热温度的相对大小为，$\overline{T}_{1V} < \overline{T}_{1m} < \overline{T}_{1p}$；故热效率的相对大小为，$\eta_{t,V} < \eta_{t,m} < \eta_{t,p}$。

（3）具有相同最高压力和热负荷。图 8-7 为具有相同的最高压力和热负荷条件下的三种理想循环。1-2-3-4-1 为定容加热理想循环，1-2''-3''-4''-1 为定压加热理想循环，1-2'-3'-5-4'-1 为混合加热理想循环。

三种循环的吸热量和最高压力相同，三种循环的放热量相对大小为，$q_{2p} < q_{2m} < q_{2V}$；平均吸热温度的相对大小为，$\overline{T}_{1V} < \overline{T}_{1m} < \overline{T}_{1p}$；平均放热温度的相对大小为，$\overline{T}_{2p} < \overline{T}_{2m} < \overline{T}_{2V}$；故热效率的相对大小为，$\eta_{t,V} < \eta_{t,m} < \eta_{t,p}$。

二、燃气轮机装置循环

1. 定压加热理想循环

燃气轮机装置主要由压气机、燃烧室和燃气轮机三部分构成如图 8-8 所示。

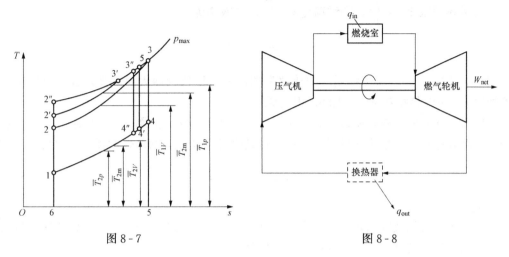

图 8-7　　　　　　　　　　　　　　图 8-8

在对燃气轮机进行分析计算时，可把实际循环做合理的简化处理：

（1）循环中的燃气视为理想气体的空气，且比热容为定值。

（2）工质在燃烧室中的燃烧过程看作定压吸热过程，向压气机的排气过程看作是定压放热过程。

（3）工质的热力过程都是可逆过程。

这样，燃气轮机装置循环为封闭的布雷顿循环，如图 8-9 所示。

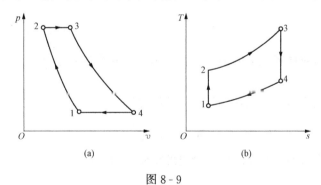

(a)　　　　　　　　　　　　(b)

图 8-9

压气机消耗的功为

$$w_{\mathrm{C}} = h_2 - h_1 = c_p (T_2 - T_1) \tag{8-11}$$

燃气轮机输出的功为

$$w_{\mathrm{T}} = h_3 - h_4 = c_p (T_3 - T_4) \tag{8-12}$$

循环吸热量为

$$q_1 = h_3 - h_2 = c_p (T_3 - T_2) \tag{8-13}$$

循环放热量为

$$q_2 = h_4 - h_1 = c_p (T_4 - T_1) \tag{8-14}$$

循环热效率为

$$\eta = 1 - \frac{h_4 - h_1}{h_3 - h_2} \tag{8-15}$$

引入循环增压比 $\pi = \dfrac{p_2}{p_1}$，和增温比 $\tau = \dfrac{T_3}{T_1}$，热效率为

$$\eta_t = 1 - \frac{1}{\pi^{\frac{\kappa-1}{\kappa}}} \tag{8-16}$$

式（8-16）表明，布雷顿循环的热效率随循环增压比的增大而提高，且主要取决于循环增加比 π，及绝热指数 κ，与循环增温比无关。

循环增加比除影响热效率以外，还对循环净功产生影响，如图 8-10 所示。在一定温度范围内，循环净功仅是增压比的函数，可求得使循环净功最大的最佳循环增压比为

$$\pi_{\mathrm{opt}} = \left(\frac{T_3}{T_1}\right)^{\frac{\kappa}{2(\kappa-1)}} = \tau^{\frac{\kappa}{2(\kappa-1)}} \tag{8-17}$$

2. 定压加热实际循环

燃气轮机装置的实际循环中，各个环节都存在不可逆损失，一般主要考虑在压缩机的压缩过程和燃气轮机的膨胀过程，如图 8-11 所示。

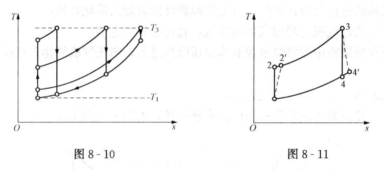

图 8-10   图 8-11

考虑不可逆因素对循环性能的影响，引入压气机的绝热效率 $\eta_{\mathrm{C,s}}$ 和燃气轮机的相对内效率 η_{T} 来进行修正。

压气机绝热内效率是其理想功耗与实际功耗之比

$$\eta_{\mathrm{C,s}} = \frac{h_2 - h_1}{h_2' - h_1} \tag{8-18}$$

燃气轮机相对内效率是其实际做功量与理想做功量之比

$$\eta_{\mathrm{T}} = \frac{h_3 - h_4'}{h_3 - h_4} \tag{8-19}$$

燃气轮机实际做功量

$$w_{\mathrm{T}}' = \eta_{\mathrm{T}}(h_3 - h_4) \tag{8-20}$$

实际循环净功量

$$w_{\mathrm{net}}' = \eta_{\mathrm{T}}(h_3 - h_4) - \frac{h_2 - h_1}{\eta_{\mathrm{C,s}}} \tag{8-21}$$

实际循环热效率为

$$\eta'_t = \cfrac{\cfrac{\tau}{\pi^{\frac{\kappa-1}{\kappa}}}\eta_T - \cfrac{1}{\eta_{C,s}}}{\cfrac{\tau-1}{\pi^{\frac{\kappa-1}{\kappa}}} - \cfrac{1}{\eta_{C,s}}} \tag{8-22}$$

分析式（8-22）可以得出以下结论：

（1）循环增温比 τ 越大，实际热效率就越高。

（2）压气机绝热内效率 $\eta_{C,s}$ 和燃气轮机相对内效率 η_T 越大，实际热效率也越高。

（3）如图 8-12 所示，保持 τ、$\eta_{C,s}$ 和 η_T 不变，存在使热效率最大的最佳增压比，且增温比增大时，增压比提高，相应热效率最大值也增大。

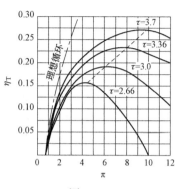

图 8-12

3. 提高布雷顿循环热效率的主要措施

提高布雷顿循环热效率的主要措施有：①采用回热；②在回热基础上分级压缩、中间冷却和分级膨胀、中间再热。

图 8-13 为采用回热的布雷顿循环。在工质膨胀做功后不是直接排向冷源，而是排入回热器中，加热压气机压缩后的空气。在回热理论循环 1—2—3—4—1 中，可以把压缩空气的温度加热到 $T_7 = T_4$，把膨胀后的工质冷却到 $T_6 = T_2$。在实际循环 1—2'—3—4'—1 中采用极限回热，可以把压缩空气的温度加热到可能的最高温度 $T_5 = T'_4$，膨胀后的工质冷却到可能的最低温度 $T'_6 = T'_2$，但由于存在传热温差，无法实现。实际上，把压缩后的工质加热到比 T_5 低的 T'_5。采用回热度 σ 来表示实际的回热程度，即实际利用的热量和理论上可利用的热量之比，表达式为

$$\sigma = \frac{h'_5 - h'_2}{h'_4 - h'_2} = \frac{T'_5 - T'_2}{T'_4 - T'_2} \tag{8-23}$$

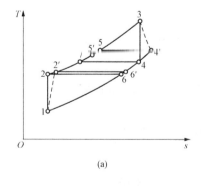

(a)

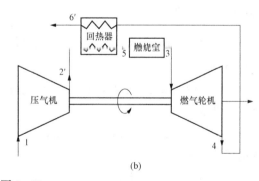

(b)

图 8-13

由于增设回热器，可以实现提高平均吸热温度、降低平均放热温度的目的，从而提高循环的热效率。

思考题与习题

1.（北京航空航天大学 2005、2006 年考研试题）在压缩比相同、吸热量相同时，定容加热循环、定压加热循环和混合加热循环的效率大小依次为____，最高压力和最高温度相同

时，三种循环的效率大小为____。

答：定容＞混合＞定压；定压＞混合＞定容。

2. 发动机运行于空气标准奥托循环，循环功是 900kJ/kg，循环的最高温度是 3000℃，等熵压缩终温是 600℃，求发动机的压缩比。

解：空气标准奥托循环，采用冷空气标准计算

$$\frac{T_2}{T_1} = \frac{T_3}{T_4}$$

$$\frac{T_4}{T_1} = \frac{T_3}{T_2} = \frac{3273}{873} = 3.7491$$

$$q_{23} = u_3 - u_2 = 0.718 \times (3273 - 873) = 1723.2 (\text{kJ/kg})$$

$$q_{14} = q_{23} - w_{\text{net}} = 1723.2 - 900 = 823.2 (\text{kJ/kg})$$

$$q_{14} = u_4 - u_1 = 0.718 \times (3.7491 T_1 - T_1) = 823.3 (\text{kJ/kg})$$

$$T_1 = 417K$$

$$\frac{T_2}{T_1} = \left(\frac{v_1}{v_2}\right)^{\kappa - 1}$$

$$\frac{873}{417} = \left(\frac{v_1}{v_2}\right)^{0.4}$$

$$\frac{v_1}{v_2} = 6.342$$

注：本题是冷空气标准 Otto 循环，求压缩比，为常规计算。

3. 对一台单缸奥托循环发动机进行测试得到下列数据：转矩为 950N·m。平均有效压力（$p_{\text{e,av}}$）758kPa，孔径和冲程为 28cm 和 30.5cm，转速为 300r/min，燃料消耗量为 0.003kg/s，热值为 41 860kJ/kg。求：(1) 发动机热效率。(2) 发动机机械效率。(3) 每小时燃料费用，已知单价为 50 分/L，密度为 0.82g/cm³。

解：(1) 活塞排量

$$V_1 - V_2 = \pi \left(\frac{D}{2}\right)^2 L = \pi \left(\frac{0.28}{2}\right)^2 \times 0.305 = 0.018\ 780\ 4 (\text{m}^3)$$

循环净功

$$W_{\text{net}} = p_{\text{e,av}} (V_1 - V_2) = 758 \times 0.018\ 780\ 4 = 14.235\ 6 (\text{kJ})$$

循环净功率

$$P_{\text{net}} = \varphi W_{\text{net}} = 300/60 \times 14.235\ 6 = 71.178 (\text{kW})$$

发动机热效率

$$\eta_t = \frac{P_{\text{net}}}{\varphi_{23}} = 71.178/(0.003 \times 41\ 860) = 56.68\%$$

(2) 发动机机械效率

测功功率

$$P_b = 2\pi n T = 2\pi \times 300/60 \times 950 = 29\ 845.13 \ (\text{W})$$

指示功率

$$P_i = 71\ 178 \ (\text{W})$$

机械效率

$$\eta_m = P_b/P_i = 29\,845.13/71\,178 = 41.93\%$$

（3）计算每小时燃料费用

$$Q_{Vf} = q_{mf}/\rho = \frac{3}{0.82} = 3.658\,5(\text{cm}^3/\text{s})$$

燃料费用 $= 3.658\,5 \times 10^{-6} \times 3600 \times 50 \times 10^3 = 658.54$（分/h）$= 6.585$（元/h）

注：本题为 Otto 循环测试数据处理。涉及热效率、机械效率和燃料费用的计算。

4.（东南大学 2003 年考研试题）燃气以 $p_1 = 0.5\text{MPa}$，$t_1 = 850℃$ 的状态进入燃气轮机，出口压力 $p_2 = 0.1\text{MPa}$。计算：（1）理论出口温度。（2）1kg 燃气做出的理论功。（3）若燃气轮机的相对内效率是 0.86，计算实际出口温度，并表示在 $T\text{-}s$ 图上。（4）若燃气流量为 $200\text{m}^3/\text{min}$（标准状态），出口流速为 120m/s，求排气管道的最小直径。

已知：燃气：$R = 0.256\text{kJ/(kg·K)}$，$c_p = 1.019\text{kJ/(kg·K)}$。

解：（1）燃气在燃气轮机内可看作可逆绝热过程，由绝热过程的过程方程和理想气体状态方程 $p_1 v_1^\kappa = p_2 v_2^\kappa$，$pv = nRT$，可得理论出口温度为

$$T_2 = T_1 \left(\frac{p_2}{p_1}\right)^{\frac{\kappa-1}{\kappa}} = 1123 \times \left(\frac{0.1}{0.5}\right)^{\frac{1.4-1}{1.4}} = 709.05(\text{K})$$

（2）理论过程 1－2 的容积变化功为

$$W = \int_1^2 p\,dV = p_1 v_1^\kappa \int_1^2 \frac{1}{V^\kappa}dV = p_1 V_1^\kappa \frac{V_1^{1-\kappa}}{\kappa-1} = \frac{p_1 V_1 - p_2 V_2}{\kappa-1}$$

$$= \frac{\kappa}{\kappa-1}R_g(T_1 - T_2) = 370.899(\text{kJ/kg})$$

（3）燃气看作理想气体，由相对内效率的公式可得

$$\eta = \frac{h_2' - h_1}{h_2 - h_1} = \frac{c_p(T_2' - T_1)}{c_p(T_2 - T_1)} = \frac{T_2' - T_1}{T_2 - T_1} = 0.86$$

则 $T_2' = 767.0$（K）

表示在 $T\text{-}s$ 图上，如图 8-14 所示。

（4）由 $V = vs = v\pi r^2$，$\frac{200}{60} = 120 \times 3.14 \times r^2$ 可得最小半径为 $r = 0.094\text{m}$。

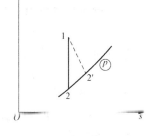

图 8-14

5.（华中科技大学 2004 年考研试题）如图 8-15 所示，某电厂以燃气轮机装置产生动力，向发电机输出的功率为 20MW。循环的最低温度为 290K、最高温度为 1500K，循环的最低压力为 95kPa、最高压力为 950kPa。装置中设一回热器，回热度为 75%。压气机绝热效率 $\eta_{C,s} = 0.85$，燃气轮机的相对内效率 $\eta_T = 0.87$。图中所示的 $12'734'81$ 为循环的示意图。试求：（1）燃气轮机发出的总功率、压气机消耗的功率和循环的热效率；（2）燃气轮机和压气机工作过程的不可逆损失。

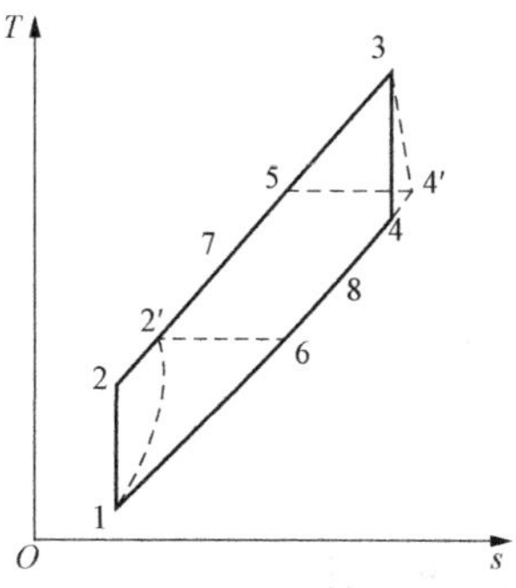

可认为燃气轮机的工质是空气，且为定比热容的理想气体，比热容比 $\kappa = 1.4$，比定压热容 $c_p = 1.005\text{kJ/(kg·K)}$。

解：循环中各点的温度为

图 8-15

$$T_2 = T_1 \left(\frac{p_2}{p_1}\right)^{\frac{\kappa-1}{\kappa}} = 290 \times \left(\frac{950}{95}\right)^{\frac{1.4-1}{1.4}} = 559.90(\text{K})$$

$$T_4 = T_3 \left(\frac{p_1}{p_2}\right)^{\frac{\kappa-1}{\kappa}} = 1500 \times \left(\frac{95}{950}\right)^{\frac{1.4-1}{1.4}} = 776.92(\text{K})$$

根据燃气轮机的相对内效率 $\eta_\text{T} = \dfrac{h_3 - h_4'}{h_3 - h_4} = \dfrac{T_3 - T_4'}{T_3 - T_4}$ 可求得燃气轮机实际出口的温度为

$$T_4' = T_3 - (T_3 - T_4)\eta_\text{T} = 1500 - (1500 - 776.92) \times 0.87 = 870.92(\text{K})$$

根据压气机的绝热效率 $\eta_\text{C,s} = \dfrac{h_2 - h_1}{h_2' - h_1} = \dfrac{T_2 - T_1}{T_2' - T_1} = \dfrac{559.90 - 290}{T_2' - 290} = 0.85$，可得压气机的实际出口温度为

$$T_2' = \frac{559.90 - 290}{0.85} + 290 = 607.53(\text{K})$$

根据回热的定义 $\sigma = \dfrac{T_7 - T_2'}{T_4' - T_2'}$，可得回热后的实际温度为

$$T_7 = \sigma(T_4' - T_2') + T_2' = 0.75 \times (870.92 - 607.53) + 607.53 = 805.07(\text{K})$$

可得燃气轮机单位工质的轴功为

$$w_\text{T} = -\Delta h_\text{T} = h_3 - h_4' = c_p(T_3 - T_4') = 1.005 \times (1500 - 870.92) = 632.23(\text{kJ/kg})$$

压气机单位工质的轴功为

$$w_\text{C} = \Delta h_\text{C} = h_2' - h_1 = c_p(T_2' - T_1) = 1.005 \times (607.53 - 290) = 319.12(\text{kJ/kg})$$

燃气轮机的工质流率

$$q_m = \frac{P}{w_\text{T} - P_\text{c}} = \frac{20 \times 10^3}{632.23 - 319.12} = 63.875(\text{kg/s})$$

（1）燃气轮机发出的总功率

$$P_\text{T} = q_m \times w_\text{T} = 63.875 \times 632.23 = 40.38(\text{MW})$$

压气机消耗的功率

$$P_\text{C} = q_m \times w_\text{C} = 63.875 \times 319.12 = 20.38(\text{MW})$$

循环的吸热量

$$q_1 = h_3 - h_7 = c_p(T_3 - T_7) = 1.005 \times (1500 - 805.07) = 698.40(\text{kJ/kg})$$

循环的热效率为

$$\eta_\text{T} = \frac{w_\text{T} - w_\text{C}}{q_1} = \frac{632.23 - 319.12}{698.40} = 0.448\,3$$

（2）在燃气轮机中做功时的熵产

$$
\begin{aligned}
s_{\text{g},3-4'} = \Delta s_{3-4'} &= c_p \ln \frac{T_4'}{T_3} - R_\text{g} \ln \frac{p_1}{p_2} \\
&= 1.005 \times \ln \frac{870.92}{1500} - 0.287 \times \ln \frac{95}{950} \\
&= 0.114\,5[\text{kJ/(kg} \cdot \text{K)}]
\end{aligned}
$$

燃气轮机的可能㶲损失

$$E_{3-4'} = q_m T_0 s_{\text{g},3-4'} = 63.875 \times 290 \times 0.114\,5 = 2120.97(\text{kJ/s})$$

在压气机中的熵产

$$s_{\text{g},1-2'} = \Delta s_{1-2'} = c_p \ln \frac{T_2'}{T_1} - R_\text{g} \ln \frac{p_2}{p_1}$$

$$= 1.005 \times \ln \frac{607.53}{290} - 0.287 \times \ln \frac{950}{95}$$

$$= 0.0824 \text{kJ/(kg} \cdot \text{K)}$$

压气机中的可用能损失

$$F_{1-2'} = q_m T_0 s_{g,1-2'} = 63.875 \times 290 \times 0.082 - 1518.95 (\text{kJ/s})$$

6. （华中科技大学 2003 年考研试题）如图 8 - 16 所示，某极限回热的定压加热燃气轮机装置理想循环，已知参数：$T_1 = 300\text{K}$，$T_3 = 1200\text{K}$，$p_1 = 0.1\text{MPa}$，$p_2 = 1\text{MPa}$，$\kappa = 1.37$。求：（1）循环热效率；（2）设 T_1、T_3、p_1 各维持不变，问 p_2 增大到何值时就不可能再采用回热？

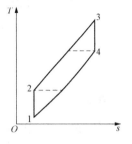

图 8 - 16

解：根据循环图对过程进行分析，过程 1—2 和过程 3—4 是绝热过程，由绝热过程方程可得

$$T_4 = T_3 \left(\frac{p_4}{p_3}\right)^{\frac{\kappa-1}{\kappa}} = T_3 \left(\frac{p_1}{p_2}\right)^{\frac{\kappa-1}{\kappa}} = 1200 \times \left(\frac{1}{10}\right)^{\frac{1.37-1}{1.37}} = 644.33(\text{K})$$

$$T_2 = T_1 \left(\frac{p_2}{p_1}\right)^{\frac{\kappa-1}{\kappa}} = 300 \times \left(\frac{10}{1}\right)^{\frac{1.37-1}{1.37}} = 558.72(\text{K})$$

（1）循环热效率为

$$\eta_t = 1 - \frac{T_2 - T_1}{T_3 - T_4} = 1 - \frac{558.72 - 300}{1200 - 644.33} = 0.5344$$

（2）不能再热的极限情况为 $T_2 = T_4$，即

$$T_2 = T_1 \left(\frac{p_2}{p_1}\right)^{\frac{\kappa-1}{\kappa}}$$

$$T_4 = T_3 \left(\frac{p_4}{p_3}\right)^{\frac{\kappa-1}{\kappa}}$$

$p_3 = p_2$，$p_4 = p_1$ 代入上式

$$T_4 = T_3 \left(\frac{p_1}{p_2}\right)^{\frac{\kappa-1}{\kappa}}$$

$$T_2 = T_4$$

$$T_3 \left(\frac{p_1}{p_2}\right)^{\frac{\kappa-1}{\kappa}} = T_1 \left(\frac{p_2}{p_1}\right)^{\frac{\kappa-1}{\kappa}} \Rightarrow \left(\frac{p_2}{p_1}\right)^{\frac{2(\kappa-1)}{\kappa}} = \frac{T_3}{T_1}$$

可得

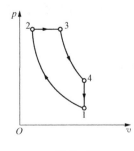

图 8 - 17

$$p_2 = p_1 \left(\frac{T_3}{T_1}\right)^{\frac{\kappa}{2(\kappa-1)}} = 0.1 \times \left(\frac{1200}{300}\right)^{\frac{1.37}{2 \times (1.37-1)}} = 1.302(\text{MPa})$$

即当 $p_2 = 1.302\text{MPa}$ 时，就不可能再采取回热了。

7. （上海交通大学 2006 年考研试题）有一内燃机定压加热理想循环，压缩比 $\varepsilon = 20$，做功冲程的 4% 为定压加热过程，压缩冲程的初始状态为 $p_1 = 100\text{kPa}$、$t_1 = 20℃$。求 T_2、p_2 和循环定压预胀比。工质取空气，其比热容取定值，$\kappa = 1.4$。

解：循环示意图如图 8 - 17 所示。

根据已知条件可得初、末态的比体积为

$$v_1 = \frac{R_g T_1}{p_1} = \frac{0.287 \times 293.15}{10\,000} = 0.841(\text{m}^3/\text{kg})$$

$$v_2 = \frac{v_1}{\varepsilon} = \frac{0.841}{20} = 0.042(\text{m}^3/\text{kg})$$

1—2 为定熵过程，所以有

$$T_2 = T_1 \left(\frac{v_1}{v_2}\right)^{\kappa-1} = 293.15 \times 20^{1.4-1} = 971.63(\text{K})$$

$$p_2 = p_1 \left(\frac{v_1}{v_2}\right)^{\kappa} = 100 \times 20^{1.4} = 6628.9(\text{kPa})$$

在循环过程中，定压吸热过程和绝热膨胀过程是做功冲程，由因为定压加热过程占总的做功冲程的 4%，即 $\frac{v_3 - v_2}{v_1 - v_2} = 0.04$，可得

$$v_3 = 0.04 v_1 + 0.96 v_2 = 1.76 v_2$$

则有 $\rho = \frac{v_3}{v_2} = 1.76$

因为过程 2—3 是定压发生的过程，所以有 $p_3 = p_2 = 6628.9\text{kPa}$，且

$$T_3 = T_2 \frac{v_3}{v_2} = 971.63 \times 1.76 = 1710(\text{K})$$

过程 3—4 是定熵过程，可得状态 4 的温度和压力分别为

$$T_4 = T_3 \left(\frac{v_3}{v_4}\right)^{\kappa-1} = T_3 \left(\frac{\rho}{\varepsilon}\right)^{\kappa-1} = 1710 \times \left(\frac{1.76}{20}\right)^{1.4-1} = 646.8(\text{K})$$

$$p_4 = p_3 \left(\frac{v_3}{v_4}\right)^{\kappa} = p_3 \left(\frac{\rho}{\varepsilon}\right)^{\kappa} = 6628.9 \times \left(\frac{1.76}{20}\right)^{1.4} = 220.6(\text{kPa})$$

过程的热效率为

$$\eta_t = 1 - \frac{q_2}{q_1} = 1 - \frac{\rho^{\kappa} - 1}{\varepsilon^{\kappa-1} \kappa(\rho - 1)} = 1 - \frac{1.76^{1.4} - 1}{20^{1.4-1} \times 1.4 \times (1.76 - 1)} = 0.658$$

8. （上海交通大学 2005 年考研试题）某大型燃气轮机装置定压加热循环输出净功率为 100MW，循环的最高温度为 1600K，最低温度为 300K，循环最低压力 100kPa，压气机中的压比 $\pi = 14$。压气机绝热效率为 0.85，汽轮机的相对内效率为 0.88，若空气比热容可取定值，求压气机消耗的功率、燃气轮机产生的功率、循环空气的流量和循环的热效率。燃气 $c_p = 1.004\text{kJ}/(\text{kg} \cdot \text{K})$。

解：由进入压气机前的初态，$p_2 = p_3 = 1400\text{kPa}$ 可得压气机理想情况下的工质出口温度为

$$T_2 = T_1 \left(\frac{p_2}{p_1}\right)^{\frac{\kappa-1}{\kappa}} = T_1 \pi^{\frac{\kappa-1}{\kappa}} = 300 \times 14^{\frac{0.4}{1.4}} = 637.6(\text{K})$$

据压气机绝热效率为 0.85，则压气机工质实际出口温度为

$$T_2' = T_1 + \frac{T_2 - T_1}{\eta_{C,s}} = 300 + \frac{637.6 - 300}{0.85} = 697.2(\text{K})$$

状态 3 的参数为 $p_3 = 1400\text{kPa}$，温度为最高温度 $T_3 = 1600\text{K}$

状态 4 的参数为 $p_4 = 100\text{kPa}$，温度为

$$T_4 = T_3 \left(\frac{p_4}{p_3}\right)^{\frac{\kappa-1}{\kappa}} = T_3 \left(\frac{1}{\pi}\right)^{\frac{\kappa-1}{\kappa}} = 1600 \times \left(\frac{1}{14}\right)^{\frac{0.4}{1.4}} = 752.8(\text{K})$$

燃气轮机的相对内效率 0.88，有

$$T_4' = T_3 - \eta_{\text{T}}(T_3 - T_4) = 1600 - 0.88 \times (1600 - 752.8) = 854.5(\text{K})$$

压气机消耗的功量为

$$w_{\text{C}} = h_2' - h_1 = c_p(T_2' - T_1) = 1.005 \times (697.2 - 300) = 399.2(\text{kJ/kg})$$

燃气轮机输出的功量为

$$w_{\text{T}} = h_3 - h_4' = c_p(T_3 - T_4') = 1.005 \times (1600 - 854.5) = 749.2(\text{kJ/kg})$$

循环输出净功为

$$w_{\text{net}} = w_{\text{T}} - w_{\text{c}} = 749.2 - 399.2 = 350.0(\text{kJ/kg})$$

根据该燃气轮机装置的功率，可得循环工质流量为

$$q_m = \frac{P}{w_{\text{net}}} = \frac{100\,000}{350.0} = 285.7(\text{kg/s})$$

压气机消耗的功率为

$$P_{\text{C}} = q_m w_{\text{C}} = 285.7 \times 399.2 = 114\,051.4(\text{kW})$$

燃气轮机输出的功率为

$$P_{\text{T}} = q_m w_{\text{T}} = 285.7 \times 749.2 = 214\,046.4(\text{kW})$$

循环的热效率为

$$\eta_t = \frac{w_{\text{net}}}{q_1} = \frac{w_{\text{net}}}{c_p(T_3 - T_2')} = \frac{350.0}{1.005 \times (1600 - 697.2)} = 0.386$$

9. （上海交通大学 2004 年考研试题）某燃气轮机装置实际循环，压气机入口空气参数为 100kPa、22℃，出口参数为 600kPa，燃气轮机入口温度为 800℃，压气机绝热效率为 $\eta_v = 0.85$。气体绝热流经燃气轮机过程中熵产 0.098kJ/(kg·K)。燃气可视为理想气体，性质近似为空气，$\kappa = 1.4$，$c_p = 1.03$kJ/(kg·K)，$R_g = 0.287$kJ/(kg·K)。求（1）循环热效率 η_v；（2）若采用极限回热，求循环热效率 η_t'。

解：如图 8-18 所示，燃气轮机定压加热理想循环为 1—2—3—4—1。由于空气在压气机及燃气轮机中的过程不可逆，所以实际循环表示为 1—2'—3—4'—1。

根据题意有，压气机理想循环时，出口空气温度为

$$T_2 = T_1 \left(\frac{p_2}{p_1}\right)^{\frac{\kappa-1}{\kappa}} = (273 + 22) \left(\frac{0.6}{0.1}\right)^{\frac{1.4-1}{1.4}} = 492.2(\text{K})$$

压气机实际循环时，出口空气温度为

$$T_2' = T_1 + \frac{T_2 - T_1}{\eta_v} = 295 + \frac{492.2 - 295}{0.85} = 527.0(\text{K})$$

理想循环时，燃气轮机出口温度为

$$T_4 = T_3 \left(\frac{p_4}{p_3}\right)^{\frac{\kappa-1}{\kappa}} = (273 + 800) \times \left(\frac{0.1}{0.6}\right)^{\frac{1.4-1}{1.4}} = 643.1(\text{K})$$

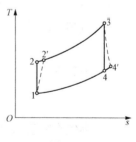

图 8-18

燃气轮机中的热力过程为绝热过程，故该过程的熵增即为熵产，则

$$s_{\text{g}} = \Delta s_{3-4'} = \Delta s_{3-4} + \Delta s_{4-4'} = c_p \ln \frac{T_4'}{T_4}$$

燃气轮机实际循环的空气出口温度

$$T'_4 = T_4 \mathrm{e}^{\frac{s_8}{c_p}} = 643.1 \times \mathrm{e}^{\frac{0.098}{1.03}} = 707.3(\mathrm{K})$$

燃气轮机实际循环的热效率为

$$\eta_t = 1 - \frac{q_2}{q_1} = 1 - \frac{T'_4 - T_1}{T_3 - T'_2} = 1 - \frac{707.3 - 295}{1073 - 527.0} = 0.245$$

若采用回热循环，则循环的热效率为

$$\eta'_t = 1 - \frac{q'_2}{q_1} = 1 - \frac{T'_2 - T_1}{T_3 - T'_4} = 1 - \frac{527.0 - 295}{1073 - 707.3} = 0.366$$

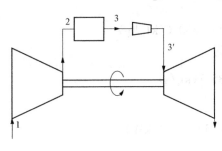

图 8-19

10. （中国科学院-中国科学技术大学 2007 年考研试题）图 8-19 所示为某一燃气轮机装置，已知压气机进口处 1 空气的比焓 $h_1 = 290 \mathrm{kJ/kg}$，经绝热压缩后，空气温度升高，比焓增为 $h_2 = 580 \mathrm{kJ/kg}$；在截面 2 处空气和燃料的混合物以 $c_2 = 20 \mathrm{m/s}$ 的速度进入燃烧室，在定压燃烧过程中，工质吸入热量 $q = 670 \mathrm{kJ/kg}$，燃烧后燃气进入喷管绝热膨胀到状态 $3'$，$h_3 = 800 \mathrm{kJ/kg}$，流速增加到 c'_3；此燃气进入燃气轮机动叶片，推动转轮做功。若燃气在动叶片中热力状态不变，最后离开燃气轮机的速度 $c_1 = 100 \mathrm{m/s}$。问：（1）若空气流量为 100kg/s，压气机消耗的功率为多少（kW）？（2）若燃料的发热量 $q_F = 43960 \mathrm{kJ/kg}$，燃料的消耗量为多少（kg/s）？（3）燃气在喷管出口处的流速 c'_3 是多少（m/s）？（4）燃气轮机的功率为多少（kW）？（5）燃气轮机装置的总功率为多少（kW）？

解：（1）压气机为开口系统，绝热压缩过程，故过程热量 $q=0$。由热力学第一定律可得

$$\Delta h + w_t = 0$$

则 $w_t = -\Delta h = h_1 - h_2 = 290 - 580 = -290 \ (\mathrm{kJ/kg})$

压气机消耗的功率为

$$P_c = q_m w_t = 100 \times 290 = 29\,000(\mathrm{kW})$$

（2）燃料的消耗量为

$$q_F = \frac{q_{ma}}{q_F} = \frac{100 \times 670}{43\,960} = 1.52(\mathrm{kg/s})$$

（3）燃气在喷管出口处的流速，取截面 2 至截面 $3'$ 为热力系统，工质为稳定流动过程，忽略重力势能，则由热力学第一定律可得

$$q = (h_{3'} - h_2) + \frac{1}{2}(c_{3'}^2 - c_2^2)$$

$$c_{3'} = \sqrt{2 \times [q - (h_3 - h_2)] + c_2^2} = \sqrt{2 \times [670 - (800 - 580)] \times 10^3 + 20^2} = 949(\mathrm{m/s})$$

（4）若燃气轮机为稳定流动，则进出口的状态参数保持不变，即 $h_4 = h_{3'}$；又忽略重力势能和散热量，由稳定流动能量方程式可得

$$w_i = \frac{1}{2}(c_4^2 - c_{3'}^2) = \frac{1}{2}(949^2 - 100^2) = 445\,300(\mathrm{J/kg}) = 445.3(\mathrm{kJ/kg})$$

燃气轮机的功率为

$$P_t = q_m w_i = 100 \times 445.3 = 44\,530(\text{kW})$$

（5）装置的总功率为燃气轮机输出的功率与压气机消耗的功率之差

$$P = P_t - P_c = 44\,530 - 29\,000 = 15\,530(\text{kW})$$

11.（北京航空航天大学 2006 年考研试题）试定性地判断图 8-20 所示的三种理想循环热效率，____循环热效率最大，____循环热效率最小。

答：（c），（b）。三个循环中（c）循环的平均吸热温度最高，平均放热温度最低，故其循环热效率最大；而（b）的平均吸热温度最低，平均放热温度最高，故其热效率最小。

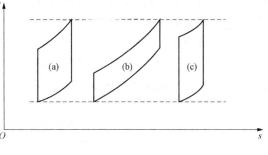

图 8-20

12.（北京航空航天大学 2004、2005 年考研试题）定性画出具有回热的燃气轮机装置示意图，并在 T-s 图上定性地分析回热对热效率的影响。

答：具有回热的燃气轮机装置示意图如图 8-21 所示，回热循环的 T-s 图如图 8-22 所示。

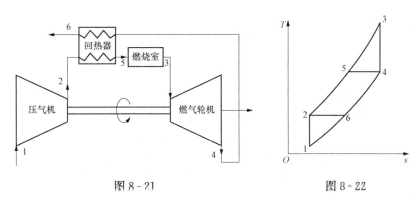

图 8-21　　　　　　　　　　图 8-22

由图 8-22 所示，如不采用回热，循环为 1—2—3—4—1，加热过程为 2—3，采用回热后循环变为 1—2—5—3—4—6—1，加热过程为 5—3，即加热量减少了 q_{2-5}，而装置的内部功不变，故使循环的热效率提高。

13.（北京理工大学 2007 年考研试题）通常我们说汽油机的循环效率要比柴油机的低，其主要理由是____。汽油机的理想循环由____个过程组成，分别是____；柴油机的理想循环由____个过程组成，分别为____。

答：压缩比较小，4，可逆绝热压缩、可逆定容加热、可逆绝热膨胀、可逆定容放热，5，定熵压缩、可逆定容加热、可逆定压加热、定熵膨胀、可逆定容放热。

14.（北京理工大学 2006 年考研试题）混合加热理想循环的压缩比定义为____、定容增压比定义为____、定压膨胀比定义为____。

答：$\varepsilon = \dfrac{v_1}{v_2}$，$\lambda = \dfrac{p_3}{p_2}$，$\rho = \dfrac{v_4}{v_3}$

15.（北京理工大学 2005 年考研试题）一活塞式内燃机的理想循环，若活塞在下止点位

置时气缸容积为 V_1，活塞在上止点位置时气缸内容积为 V_2，那么此循环的压缩比为____。循环效率随压缩比的提高呈现____的趋势。

答：V_1/V_2，增大。

16.（北京理工大学 2006 年考研试题）在热机循环分析中，循环经济性的原则性定义一般为____；对于动力循环，此经济性指标称____，一般定义为____；对制冷循环，此经济指标叫____，并定义为____。

答：收益/代价，热效率，w_0/q_1，制冷系数，q_2/w_0。

17.（北京理工大学 2004 年考研试题）已知压缩比为 9.3 的某汽油机理想循环，气体在压缩的起点压力和温度分别为 0.1MPa 和 35℃。现设气缸内工质为空气，且其比热容可视为定值。若加热过程中气体吸收的热量为 625kJ/kg。试求此理想循环中：（1）各点的温度和压力；（2）循环功；（3）循环效率；（4）假定加热过程中的热量㶲数量可以近似看成为所吸收的热量，则该循环的㶲效率为多少？空气的 $c_V = 0.717$kJ/(kg·K)，$R=0.287$kJ/(kg·K)。

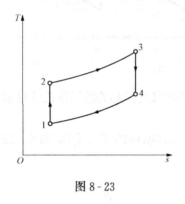

图 8-23

解：该循环的 T-s 图如图 8-23 所示

$$c_p = c_V + R_g = 0.717 + 0.287$$
$$= 1.004 \text{kJ/(kg·K)}$$
$$\kappa = c_p/c_V = 1.4$$

工质为状态点 1 时的比体积为

$$v_1 = \frac{R_g T_1}{p_1} = \frac{287 \times 295}{100\ 000} = 0.846\ 7 (\text{m}^3/\text{kg})$$

（1）各点的温度和压力分别为

过程 1−2 为等熵压缩过程

$$T_2 = T_1 \varepsilon^{\kappa-1} = 308 \times 9.3^{0.4} = 751.5 (\text{K})$$

$$p_2 = p_1 \left(\frac{v_1}{v_2}\right)^{\kappa} = 0.1 \times 9.3^{1.4} = 2.269 (\text{MPa})$$

过程 2−3 为等容加热过程

$$T_3 = T_2 + \frac{q}{c_V} = 751.5 + \frac{625}{0.717} = 1623.2 (\text{K})$$

$$p_3 = p_2 \frac{T_3}{T_2} = 2.269 \times \frac{1623.2}{751.5} = 4.901 (\text{MPa})$$

过程 3−4 为等熵膨胀过程

$$T_4 = T_3 \left(\frac{1}{\varepsilon}\right)^{\kappa-1} = 308 \times \left(\frac{1}{9.3}\right)^{0.4} = 665.2 (\text{K})$$

$$p_4 = p_3 \left(\frac{v_2}{v_1}\right)^{\kappa} = 4.901 \times \left(\frac{1}{9.3}\right)^{1.4} = 0.216 (\text{MPa})$$

（2）循环功为

$$q_1 = c_V (T_3 - T_2) = 625 (\text{kJ/kg})$$
$$q_2 = c_V (T_4 - T_1) = 256.1 (\text{kJ/kg})$$
$$w = q_1 - q_2 = 625 - 256.1 = 368.9 (\text{kJ/kg})$$

（3）循环的热效率为

$$\eta = \frac{w}{q_1} = \frac{368.9}{625} = 0.590$$

（4）由于假定加热过程中的热量㶲数量近似看成为所吸收的热量，则㶲值与上述热效率相同。

18.（西安交通大学 2004 年考研试题）一燃气轮机装置如图 8-24 所示。它由一台压气机产生压缩空气，而后分两路进入两个燃烧室燃烧，燃气分别进入两台燃气轮机，其中燃气轮机 I 发出的动力供应压气机，另一台则输出净功率 $P = 2000\text{kW}$。压气机进口空气状态为：$p_1 = 0.1\text{MPa}$，$t_1 = 27℃$；压气机的增加比 $\pi = 10$；燃气轮机进口处的燃气温度 $t_3 = 1180℃$。燃气可近似作为空气，且比热容 $c_p = 1.004\text{kJ/(kg·K)}$。

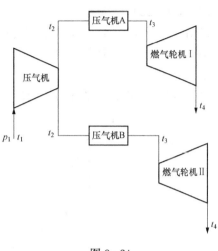

图 8-24

若全部都是可逆过程，试求：（1）每千克燃气在燃气轮机中做出的功 w_T；（2）燃气轮机 II 的质量流量 $q_{m,B}$；（3）压气机压缩每千克空气所消耗的功 w_C；（4）燃气轮机 I 的质量流量 $q_{m,A}$；（5）每分钟气体工质分别从两燃烧室吸收的热量 Q_A 和 Q_B；（6）整个装置的热效率 η_t。

解：过程全部可逆，则燃气轮机 II 出口的燃气温度为

$$T_4 = T_3 \left(\frac{1}{\pi}\right)^{\frac{\kappa-1}{\kappa}} = (1180 + 273) \times \left(\frac{1}{10}\right)^{\frac{0.4}{1.4}} = 752.6(\text{K})$$

（1）由题意可知，每千克燃气在两个气轮机中的做功量是相同的，则每千克燃气在气轮机中做的功为

$$w_{T,I} = w_{T,II} = c_p(T_3 - T_4) = 1.004 \times (1453 - 752.6) = 703.2(\text{kJ/kg})$$

（2）输出功率为 2000kW，可得燃气轮机 II 的质量流量为

$$q_{m,B} = \frac{P_{II}}{w_{T,II}} = \frac{2000}{703.2} = 2.84(\text{kg/s})$$

（3）压气机出口空气温度为

$$T_2 = T_1 \pi^{\frac{\kappa-1}{\kappa}} = 300 \times 10^{\frac{0.4}{1.4}} = 579.2(\text{K})$$

压气机压缩每千克空气所消耗的功为

$$w_C = c_p(T_2 - T_1) = 1.004 \times (579.2 - 300) = 280.3(\text{kJ/kg})$$

（4）因为燃气轮机 I 输出的功提供给压气机，所以

$$w_C(q_{m,A} + q_{m,B}) = q_{m,A} \cdot w_{T,1}$$

$$q_{m,A} = \frac{w_C q_{m,B}}{w_{T,1} - w_C} = \frac{280.3 \times 2.84}{703.2 - 280.3} = 1.88(\text{kg/s})$$

（5）每分钟气体工质从 A 燃烧室吸收的热量为

$$Q_A = q_{m,A} c_p (T_3 - T_2) \times 60 = 1.88 \times 1.004 \times (1453 - 579.2) \times 60 = 98\,958(\text{kJ}) = 98.958(\text{MJ})$$

每分钟气体工质从 B 燃烧室吸收的热量为

$$Q_B = q_{m,B}c_p(T_3 - T_2) \times 60 = 2.84 \times 1.004 \times (1453 - 579.2) \times 60 = 149\ 491(\text{kJ}) = 149.491(\text{MJ})$$

（6）整个装置的热效率 η_t

$$\eta_t = 1 - \frac{T_1}{T_2} = 1 - \frac{300}{579.2} = 48.2\%$$

19.（同济大学 2006 年考研试题）活塞式内燃机的定容加热循环，其初始状态为 $p = 0.1\text{MPa}$，$t = 25℃$，压缩比为 8，对工质加入热量为 780kJ/kg，工质视为理想气体，$R_g = 0.287\text{kJ/(kg·K)}$，$c_p = 1.004\text{kJ/(kg·K)}$。（1）确定循环 $p\text{-}v$ 图和 $T\text{-}s$ 图；（2）求循环热效率和净功率；（3）计算循环最高压力及最高温度；（4）分析提高循环热效率的热力学措施。

解：（1）循环 $p\text{-}v$ 图和 $T\text{-}s$ 图，如图 8-25 所示。

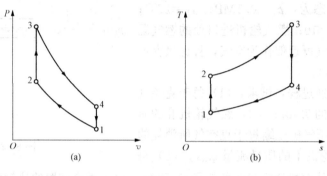

图 8-25

（2）由压缩过程为定熵压缩，压缩比为 8 可得

$$p_2 = \varepsilon^\kappa p_1 = 8^{1.4} \times 0.1 = 1.838(\text{MPa})$$

压缩后的温度为

$$T_2 = T_1\left(\frac{p_2}{p_1}\right)^{\frac{\kappa-1}{\kappa}} = (273 + 25) \times \left(\frac{1.838}{0.1}\right)^{\frac{0.4}{1.4}} = 684.6(\text{K})$$

2—3 为加入热量的过程，可得 3 和 4 的温度分别为

$$T_3 = \frac{Q_{23}}{c_V} + T_2 = \frac{780}{1.004 - 0.287} + 684.6 = 1772.5(\text{K})$$

$$T_4 = T_3\left(\frac{p_4}{p_3}\right)^{\frac{\kappa-1}{\kappa}} = T_3\left(\frac{v_3}{v_4}\right)^{\kappa-1} = T_3\left(\frac{v_2}{v_1}\right)^{\kappa-1} = 1772.5 \times \left(\frac{1}{8}\right)^{0.4} = 772(\text{K})$$

循环净功为 3—4 输出的功与 1—2 消耗的功之差

$$\begin{aligned}
w_{net} &= w_{3-4} - w_{1-2} = \frac{R_g}{\kappa-1}(T_3 - T_4) - \frac{R_g}{\kappa-1}(T_2 - T_1) \\
&= \frac{0.287}{0.4} \times (1772.5 - 772) - \frac{0.287}{0.4} \times (684.6 - 298) \\
&= 440.51(\text{kJ})
\end{aligned}$$

循环热效率为

$$\eta = \frac{w_{net}}{Q_{23}} = \frac{440.51}{780} = 56.5\%$$

（3）循环最高压力和温度点为 3 点

$$p_3 = p_2 \frac{T_3}{T_2} = 1.838 \times \frac{1772.5}{684.6} = 4.759(\text{MPa})$$

$$T_3 = 1772.5\text{K}$$

(4) 定容加热理想循环的热效率为 $\eta_V = 1 - \dfrac{1}{\varepsilon^{\kappa-1}}$，可知循环的热效率与压缩比有关，压缩比越大，循环效率就越高，但汽油机在吸气时，吸入的为空气和汽油的混合物，压缩比不能过高，其范围为 5～10。

20.（同济大学 2005 年考研试题）一台奥托循环的四缸发动机，压缩比为 8.6，四缸合计的活塞排量为 1000cm^3，初始压力 $p_1 = 100\text{kPa}$，$t_1 = 18℃$，每缸向工质提供热量 135J，求热效率、加热过程终了温度和压力，并画在 $p\text{-}v$ 图上。$R_g = 287\text{J}/(\text{kg}\cdot\text{K})$，$c_V = 717\text{J}/(\text{kg}\cdot\text{K})$，比热比 $\kappa = 1.4$。

解：该循环的 $p-v$ 图如图 8-26 所示。

压缩后的温度和压力分别为

$$p_2 = \varepsilon^\kappa p_1 = 8.6^{1.4} \times 100 = 2033.75(\text{kPa})$$

$$T_2 = T_1 \left(\frac{p_2}{p_1}\right)^{\frac{\kappa-1}{\kappa}} = (273+18) \times \left(\frac{2033.75}{100}\right)^{0.4/1.4} = 688.16(\text{K})$$

由于是理想气体，则气体的质量为

$$m = \frac{pV}{RT} = \frac{100 \times 10^3 \times 1000 \times 10^{-6}}{287 \times (273+18)} = 1.2 \times 10^{-3}(\text{kg})$$

2—3 为等容吸热过程，则 $Q_{2-3} = mc_V(T_3 - T_2) = 4 \times 135 = 540$（J）

$$T_3 = \frac{540}{1.2 \times 10^{-3} \times 717} + 688.16 = 1315.78(\text{K})$$

2—3 为定容过程，3—4 为等熵程，可得 3、4 点的压强分别为

$$p_3 = p_2 \frac{T_3}{T_2} = 2033.75 \times \frac{1315.78}{688.16} = 3888.58(\text{kPa})$$

$$p_4 = p_3 \left(\frac{v_2}{v_1}\right)^\kappa = p_3 \frac{p_1}{p_2} = 3888.58 \times \frac{100}{2033.75} = 191.22(\text{kPa})$$

理想气体状态方程可得 4 点温度为

$$T_4 = T_3 \left(\frac{p_4}{p_3}\right)^{\frac{\kappa-1}{\kappa}} = 1315.78 \times \left(\frac{191.22}{3888.58}\right)^{\frac{0.4}{1.4}} = 556.41(\text{K})$$

循环的热效率为

$$\eta = 1 - \frac{1}{\varepsilon^{\kappa-1}} = 1 - \frac{1}{8.6^{0.4}} = 57.71\%$$

21.（南京航空航天大学 2006 年考研试题）某内燃机采用混合加热循环 1—2—3—4—5—1，如图 8-27 所示，其中 $t_1 = 22℃$、$t_2 = 350℃$、$t_3 = 600℃$、$t_5 = 320℃$。工质为空气，比热容为定值（$\kappa = 1.4$）。求：(1) t_4 的大小；(2) 该混合加热循环的循环热效率；(3) 同温限下卡诺循环的热效率。

解：(1) 3—4 为定压过程，则

$$T_4 = T_3 \frac{v_4}{v_3} = T_3 \frac{v_4}{v_1\left(\frac{T_1}{T_2}\right)^{\frac{1}{\kappa-1}}} = T_3 \frac{v_4}{v_5\left(\frac{T_1}{T_2}\right)^{\frac{1}{\kappa-1}}}$$

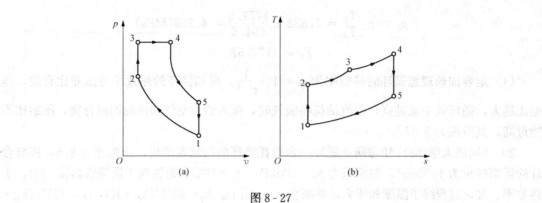

图 8 - 27

$$= T_3 \left(\frac{T_2}{T_1}\right)^{\frac{1}{\kappa-1}} \left(\frac{T_5}{T_4}\right)^{\frac{1}{\kappa-1}} = \left(\frac{T_2}{T_1}\right)^{\frac{1}{\kappa}} T_3^{\frac{\kappa-1}{\kappa}} T_5^{\frac{1}{\kappa}}$$

$$= 1129.64(\mathrm{K})$$

（2）该循环的热效率为

$$\eta = 1 - \frac{T_5 - T_1}{(T_3 - T_2) + \kappa(T_4 - T_3)}$$

$$= 1 - \frac{593 - 295}{(873 - 623) + 1.4 \times (1129.64 - 873)} = 51.1\%$$

（3）同温限下卡诺循环的热效率为

$$\eta = 1 - \frac{T_1}{T_4} = 73.9\%$$

第九章 蒸汽动力循环

基 本 知 识 点

一、蒸汽动力装置理论循环——朗肯循环

朗肯循环是最基本的蒸汽动力循环,由锅炉、汽轮机、凝汽器和给水泵四个主要设备组成,图 9-1 为朗肯循环示意图。

图 9-2 为朗肯循环 p-v 图和 T-s 图。对实际循环理想化:4—1 为在锅炉中的可逆定压吸热过程,1—2 为在汽轮机中的定熵膨胀过程,2—3 为在凝汽器中的定压放热过程,3—4 为在水泵中的定熵压缩过程。

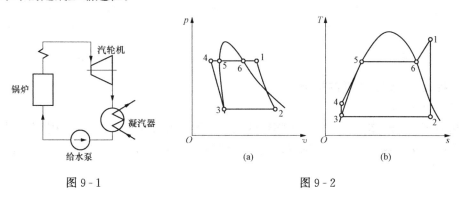

图 9-1   图 9-2

锅炉中的吸热量为

$$q_1 = h_1 - h_4 \tag{9-1}$$

凝汽器中的放热量为

$$q_2 = h_2 - h_3 \tag{9-2}$$

汽轮机中膨胀做功量为

$$w_{\mathrm{T}} = h_1 - h_2 \tag{9-3}$$

水泵压缩耗功量为

$$w_{\mathrm{p}} = h_4 - h_3 \tag{9-4}$$

循环的热效率为

$$\eta_t = \frac{w_{\mathrm{net}}}{q_1} = \frac{w_{\mathrm{T}} - w_{\mathrm{p}}}{q_1} = \frac{(h_1 - h_2) - (h_4 - h_3)}{h_1 - h_4} \tag{9-5}$$

当忽略水泵功时

$$\eta_t \approx \frac{h_1 - h_2}{h_1 - h_4} \tag{9-6}$$

二、蒸汽参数对热效率的影响

1. 初温对热效率的影响

如图 9-3 所示,在初压及背压不变的情况下,提高蒸汽初温可以提高循环的平均吸热

温度，从而提高循环热效率。提高初温还可以提高乏汽的干度，对汽轮机的使用寿命有利。

2. 初压对热效率的影响

如图 9-4 所示，在初温及背压不变的情况下，提高蒸汽初压同样可以提高循环的平均吸热温度，从而提高循环热效率。提高初压降低乏汽的干度，对汽轮机的使用寿命不利。

3. 背压对热效率的影响

如图 9-5 所示，在初温及初压不变的情况下，由于降低了平均放热温度，降低背压使循环热效率有所提高。背压的降低受环境温度的限制，且背压降低时，若不提高初温，会导致乏汽干度降低。

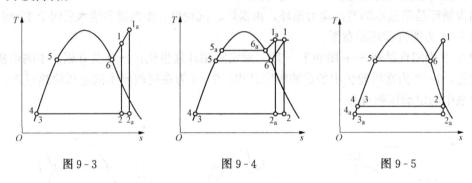

图 9-3　　　　　　　　　　图 9-4　　　　　　　　　　图 9-5

三、提高蒸汽动力循环的措施

1. 蒸汽再热循环

再热循环就是新蒸汽在汽轮机中膨胀到某一中间压力时抽出，进到锅炉中的再热器或其他换热器中再次加热，然后再回到汽轮机内继续膨胀做功。再热循环的示意图及 T-s 图如图 9-6 所示。

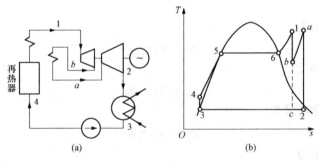

图 9-6

忽略泵功时，再热循环的功量为

$$w_{\text{net}} = (h_1 - h_b) + (h_a - h_2) \tag{9-7}$$

再热循环的吸热量

$$q_1 = (h_1 - h_3) + (h_a - h_b) \tag{9-8}$$

再热循环的热效率

$$\eta_t = \frac{w_{\text{net}}}{q_1} = \frac{(h_1 - h_b) + (h_a - h_2)}{(h_1 - h_3) + (h_a - h_b)} \tag{9-9}$$

蒸汽再热循环提高了乏汽的干度，但不能直接判断热效率是否提高，选择合适的再热压力，提高循环的平均吸热温度，才能使循环热效率提高，最佳中间再热压力一般为初压力的 20%～30%。

2. 蒸汽回热循环

回热循环是利用一部分未完全膨胀做功的蒸汽对锅炉给水进行加热，以提高循环的平均吸热温度，提高热效率。混合式一级抽汽回热循环示意图和 $T\text{-}s$ 图如图 9-7 所示。

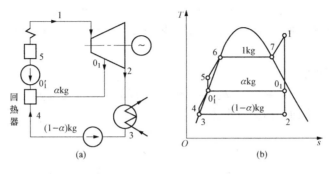

图 9-7

在进行回热循环计算时，先要确定抽汽量 α，可以通过回热器的质量守恒和能量守恒来计算确定，如图 9-8 所示。

$$(1-\alpha) \times (h_{01'} - h_4) = \alpha(h_{01} - h_{01'})$$

$$\alpha = \frac{h_{01'} - h_4}{h_{01} - h_4} \tag{9-10}$$

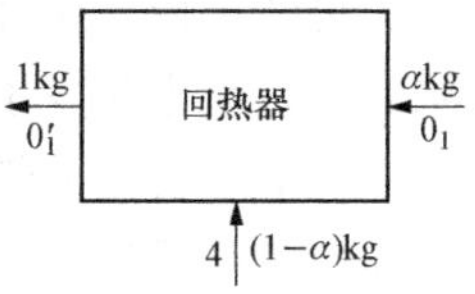

图 9-8

回热循环的功量为

$$w_{\text{net}} = (h_1 - h_{01}) + (1-\alpha)(h_{01} - h_2) \tag{9-11}$$

忽略泵功时，回热循环的吸热量

$$q_1 = h_1 - h_5 = h_1 - h_{01'} \tag{9-12}$$

回热循环的热效率

$$\eta_t = \frac{w_{\text{net}}}{q_1} = \frac{(h_1 - h_{01'}) + (1-\alpha) \times (h_{01} - h_2)}{h_1 - h_5} \tag{9-13}$$

由式（9-10）可得 $h_{01'} = h_4 + \alpha(h_{01} - h_4)$，将其带入式（9-13）后得

$$\eta_t = \frac{(1-\alpha) \times (h_1 - h_2) + \alpha(h_1 - h_{01})}{(1-\alpha) \times (h_1 - h_4) + \alpha(h_1 - h_{01})} > \eta_t = \frac{(1-\alpha) \times (h_1 - h_2)}{(1-\alpha) \times (h_1 - h_4)} = \frac{(h_1 - h_2)}{(h_1 - h_4)}$$

由此可见，回热循环的热效率一定大于基本朗肯循环的热效率。在实际应用中，在不断提高初温与初压的基础上，同时采用回热与再热循环。

思考题与习题

1. 有一台汽轮机在绝热条件下稳定地工作。已知测得汽轮机的入口状态为 $p_1 = 600\text{kPa}$，$T_1 = 923\text{K}$；出口状态为 $p_2 = 100\text{kPa}$，$T_2 = 673\text{K}$。假定环境状态为 100kPa，290K。试计算：(1) 汽轮机输出的比轴功。(2) 汽轮机的熵产即㶲损。(3) 汽轮机的绝热效率及功损。

解：根据入口参数查得：$h_1 = 3800\text{kJ/kg}$，$s_1 = 8.36\text{kJ/(kg·K)}$，$h_2 = 3278\text{kJ/kg}$，$s_2 =$

$8.52\text{kJ}/(\text{kg}\cdot\text{K})$。

(1) 汽轮机的比轴功为

$$w_{12} = h_1 - h_2 = 3800 - 3278 = 522(\text{kJ}/\text{kg})$$

(2) 熵方程可简化为

$$\Delta s = s_2 - s_1 = 8.52 - 8.36 = 0.16[\text{kJ}/(\text{kg}\cdot\text{K})]$$
$$I = T_0\Delta s = 290 \times 0.16 = 46.4(\text{kJ}/\text{kg})$$

(3) 若定熵膨胀，则 $s_{2s} = s_1 = 8.36\text{kJ}/(\text{kg}\cdot\text{K})$，$p_2 = 100\text{kPa}$，可查出 $T_{2s} = 350℃$，$h_{2s} = 3172\text{kJ}/\text{kg}$。

定熵膨胀时的功为

$$w_{12s} = h_1 - h_{2s} = 3800 - 3172 = 628(\text{kJ}/\text{kg})$$

汽轮机的绝热效率即功损失分别为

$$\eta_{sT} = \frac{w_{12}}{w_{12s}} = \frac{522}{628} = 0.83$$

$$\Delta w = w_{12s} - w_{12} = 628 - 522 = 106(\text{kJ}/\text{kg})$$

2. (华中科技大学 2005 年考研试题) 什么是回热？试解释在热力循环中若能采取回热措施，从热力学角度简单来说会带来什么好处。

答：回热就是把本来要放给冷源的热量用来加热工质，以减少工质从冷源的吸热量。从热力学角度来说，循环输出的净功是不变的，但是工质从高温热源的吸热量减少了，向低温热源的放热量也减少了，从而可以提高循环的热效率。

3. (华中科技大学 2005 年考研试题) 画出带一次再热，并且再热至初温的蒸汽动力装置循环的 $T\text{-}s$ 图，再热过程开始时工质为干度较高的湿蒸汽。

答：过程的 $T\text{-}s$ 图如图 9-9 所示。

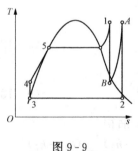

图 9-9

4. (北京理工大学 2004 年考研试题) 某汽轮机的蒸汽进口焓为 $3454\text{kJ}/\text{kg}$，出口焓为 $2116\text{kJ}/\text{kg}$，汽轮机散热量为 $20\text{kJ}/\text{kg}$，当忽略蒸汽的进出口动能差和位能差时，其轴功为＿＿＿，技术功为＿＿＿。

答：$1338\text{kJ}/\text{kg}$，$1318\text{kJ}/\text{kg}$。

5. (清华大学 2005 年考研试题) 既然卡诺循环热效率高，为什么蒸汽动力循环利用了水蒸气在两相区等温等压的特点，而不采用卡诺循环？

解：蒸汽卡诺循环由于技术上的原因很难在实际中实现。压缩机内难以实现两相流的绝热压缩过程，上限温度 T，受水临界温度（374℃）较低的影响，即使实现了卡诺循环，其热效率也不会高。且卡诺循环中汽轮机排汽干度太小，不利于汽轮机强度和安全运行。

6. (南京理工大学 2008 年考研试题) 蒸汽动力循环中，蒸汽轮机排汽压力 p_2 是否越低越好，降低排汽压力 p_2 是否有哪些限制？

解：从循环内部自身来说 p_2 是越低越好，但还要从实现循环的外界条件来衡量才全面。比如降低 p_2 要受到外界大气温度的限制，即 p_2 对应的水蒸气饱和温度应高于环境温度以利于放热。此外 p_2 的维持需要做功，p_2 越低做功越大，故不一定有利。

7. (湖南大学 2007 年考研试题) 进入蒸汽轮机的过热蒸汽参数为 $p_1 = 30\text{bar}$，$t_1 =$

450℃。绝热膨胀后乏汽的压力为 $p_2=0.05$bar，如果蒸汽流量为30t/h，试求：（1）可逆膨胀时，汽轮机的功率、乏汽的干度和熵。（2）若汽轮机效率为85%，则汽轮机的实际功率为多少？这时乏汽的干度及熵又是多少？

饱和蒸汽参数见表 9-1。

表 9-1　　　　　　　　　　　　　饱 和 蒸 汽 参 数

p (bar)	t (℃)	h' (kJ/kg)	h'' (kJ/kg)	s' [kJ/(kg·K)]	s'' [kJ/(kg·K)]
0.05	32.9	137.77	2561.2	0.476 2	8.395 2
30	233.84	—	—	—	—

过热蒸汽参数见表 9-2。

表 9-2　　　　　　　　　　　　　过 热 蒸 汽 参 数

p (bar)	t (℃)	h (kJ/kg)	s [kJ/(kg·K)]
30	450	3344.4	7.0847

解：（1）可逆膨胀时，熵不变即 $\Delta s=0$，$s_1=s_2$。可由干度计算熵 $s_1=x_2 s''+(1-x_2)s'$。可得干度为

$$x_2=\frac{s_1-s'}{s''-s'}=\frac{7.084\,7-0.476\,2}{8.395\,2-0.476\,2}=0.834\,5$$

根据干度可求得汽轮机出口蒸汽的焓值为

$$h_{2s}=x_2 h_2''+(1-x_2)h_2'=0.834\,5\times2561.2+(1-0.8345)\times137.77=2160.1(\text{kJ/kg})$$

故汽轮机所输出的功率为

$$P=q_m w_s=q_m(h-h_{2s})=\frac{30\times10^3}{3600}\times(3344.4-2160.1)=9869(\text{kW})$$

（2）因为汽轮机的效率为85%，故实际功率为

$$P'=0.85P=0.85\times9869=8389(\text{kW})$$

汽轮机实际出口蒸汽的焓值为

$$h_2=h_1-0.85(h_1-h_2)=3344.4-0.85\times(3344.4-2160.1)=2337.75(\text{kJ/kg})$$

可得汽轮机实际出口蒸汽的干度为

$$x_2=\frac{h_2-h_2'}{h_2''-h_2'}=\frac{2337.75-137.77}{2561.2-137.77}=0.907\,8$$

乏汽的熵为

$$s_2=x_2 s''+(1-x_2)s'=0.907\,8\times8.395\,2+(1-0.907\,8)\times0.476\,2$$
$$=7.665[\text{kJ/(kg·K)}]$$

熵变为

$$\Delta s'=s_2-s_1=7.665-7.084\,7=0.580\,3[\text{kJ/(kg·K)}]$$

8.（天津大学 2005 年考研试题）判断题：实际蒸汽动力装置与燃气轮机装置，采用回热后每千克工质做功量均增加。

答：错。回热后由于循环的平均吸热温度增加了，平均放热温度不变，故循环的热效率增加了，但是有一部分工质由于在做了一部分功后引入回热器，没有再继续做功，故每千克

工质的做功量是减少的。

9．（天津大学 2004 年考研试题）回热循环的热效率比朗肯循环高，但比功比朗肯循环低。

答：对。

10．（天津大学 2005 年考研试题）综观蒸汽动力循环、燃气轮机循环、内燃机循环以及其他动力循环，请分析归纳热能转换为机械能的必要条件或基本规律。

答：热机循环以消耗热能作为代价，以做功为目的。但动力循环必须以升压作为前提条件，否则消耗再多的热能，若没有压差条件，仍然无法膨胀做功。因此压差是热能转化为机械能的先决条件，也为拉开平均吸热温度和平均放热温度创造了条件。另外，有吸热就必定要有放热，否则违反热力学第二定律。总之，正压是前提，加热是手段，做功是目的。

11．（天津大学 2004 年考研试题）朗肯循环采用回热的基本原理是什么？

答：基本原理为提高循环的平均吸热温度从而提高循环的效率。

12．（大连理工大学 2004 年考研试题）已知朗肯循环新蒸汽压力 $p_1 = 150$bar，$t_1 = 450℃$，汽轮机排汽压力为 $p_2 = 0.032$bar，忽略泵功，试求循环吸热量、做功量和热效率。若提高循环初参数 p_1，将给循环带来什么影响？试结合 $T\text{-}s$ 图进行讨论。

饱和水蒸气的热力性质见表 9-3。

表 9-3　　　　　　　　　　　　饱和水蒸气的热力性质

t（℃）	p（bar）	h'（kJ/kg）	h''（kJ/kg）	s'［kJ/(kg·K)］	s''［kJ/(kg·K)］
25	0.031 66	104.74	2546.4	0.366 0	8.556 1
35	0.056 21	146.47	2564.5	0.505 0	8.351 1
324.6	120.0	1490.2	2687.2	120.0	3.494 1
342.1	150.0	1608.9	2610.5	150.0	3.681 8

过热蒸汽参数见表 9-4。

表 9-4　　　　　　　　　　　　过 热 蒸 汽 参 数

$p=120$bar，$t=550℃$	$h=3480.0$kJ/kg	$s=6.653\ 6$kJ/(kg·K)
$p=150$bar，$t=450℃$	$h=3158.2$kJ/kg	$s=6.144\ 3$kJ/(kg·K)

解：由表 9-4 可知，$h_1 = 3158.2$kJ/kg，$s_1 = 6.144\ 3$kJ/(kg·K)。

在汽轮机中为等熵过程，故有 $s_1 = s_2$，汽轮机的乏汽干度为

$$x_2 = \frac{s_2 - s'}{s'' - s'} = \frac{6.144\ 3 - 0.366\ 0}{8.556\ 1 - 0.366\ 0} = 0.7$$

$$h_2 = xh_2'' + (1-x_2)h_2' = 0.7 \times 2546.4 + 0.3 \times 104.74 = 1813.902(\text{kJ/kg})$$

$$h_3 = h_2' = 104.74(\text{kJ/kg})$$

循环吸热量为

$$Q = h_1 - h_3 = 3158.2 - 104.74 = 3053.46(\text{kJ/kg})$$

对外做功量为

$$w_t = h_1 - h_2 = 3158.2 - 1813.902 = 1344.298(\text{kJ/kg})$$

循环热效率为

$$\eta = \frac{w_t}{Q} = \frac{1344.298}{3053.46} = 44\%$$

提高初参数 p_1 后，循环如图 9-10 所示。

优点：在相同的初温和背压下，使热效率增大。因为初压提高循环的平均温差增大，所以热效率提高。

缺点：对设备的强度要求提高；乏汽干度降低，水分增加，使汽轮机相对内效率降低，甚至发生侵蚀，发生振动大的危险。

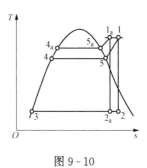

图 9-10

13. 某蒸汽动力厂中锅炉以 40t/h 的蒸汽供入蒸汽轮机，进口处压力表读数为 9MPa，蒸汽的焓为 3441kJ/kg；蒸汽轮机出口真空表上的读数为 0.097 4MPa，出口蒸汽焓为 2248kJ/kg，汽轮机对环境散热为 6.81×10^5 kJ/h。求：(1) 进、出口蒸汽的绝对压力（当地大气压是 101 325Pa）；(2) 不计进、出口动能差和位能差时的汽轮机的功率；(3) 进口处蒸汽速度为 70m/s、出口处的速度为 140m/s 时对汽轮机的功率有多大影响？(4) 蒸汽进、出口高度差为 1.6m 时对汽轮机的功率又有多大影响？

解：(1) 进口处蒸汽的绝对压力为

$$p_1 = p_{el} + p_b = 9 + 0.101 \ 325 = 9.101 \ 3 (MPa)$$

出口处蒸汽的绝对压力为

$$p_2 = p_b - p_{2v} = 0.101 \ 325 - 0.097 \ 4 = 0.003 \ 925 (MPa) = 3.925 (kPa)$$

(2) 视汽轮机为稳态稳流装置，有能量方程

$$\dot{Q} = \dot{m} \left[(h_2 - h_1) + \frac{1}{2}(c_2^2 - c_1^2) + g(z_2 - z_1) \right] + \dot{W}_{shaft}$$

不计蒸汽的动能和重力位能时，汽轮机功率为

$$P_{shaft} = \Phi - q_m(h_2 - h_1) = [-6.81 \times 10^5 - (2248 - 3441) \times 40 \times 10^3]/3600 = 13 \ 066.39 (kW)$$

(3) 考虑进、出口的蒸汽动能时，汽轮机功率将减少

$$\Delta P_s = \frac{q_m}{2}(c_0^2 - c_1^2) = \frac{140^2 - 70^2}{2} \times 10^{-3} \times \frac{40 \times 10^3}{3600} = 81.67 (kW)$$

功率相对变化值为

$$\Delta = \frac{\Delta P_s}{P_{shaft}} = \frac{81.67}{13 \ 066.39} = 0.63\%$$

(4) 考虑进、出口处的蒸汽重力位能时，汽轮机功率将增大

$$\Delta P_s' = q_m g(z_2 - z_1) = \frac{40 \times 10^3}{3600} \times 9.81 \times 1.6 \times 10^{-3} = 0.174 \ 4 (kW)$$

功率相对变化值为

$$\Delta = \frac{\Delta P_s'}{P_{shaft}} = \frac{0.174 \ 4}{13 \ 066.39} = 0.001 \ 33\%$$

14. 再热循环的蒸汽参数为 $p_1 = 13.5$MPa，$t_1 = 550℃$，$p_2 = 0.004$MPa。当蒸汽在汽轮机内膨胀至 3MPa 时，再热温度到 t_1 形成一次再热循环，求该循环的净功、热效率、汽耗率。

解：将再热循环表示在 $T\text{-}s$ 图上，如图 9-11 所示。

由已知参数可查得 $h_1 = 3464.5\text{kJ/kg}$，$h_3 \approx h_4 = 121.41\text{kJ/kg}$，$h_A = 3027.6\text{kJ/kg}$，$h_R = 3568.5\text{kJ/kg}$，$h_2 = 2222.0\text{kJ/kg}$

忽略水泵功时的循环净功为

$$\begin{aligned} w_{net} &= (h_1 - h_A) + (h_R - h_2) \\ &= (3464.5 - 3027.6) + (3568.5 - 2222.0) \\ &= 1783.4(\text{kJ/kg}) \end{aligned}$$

循环吸热量

$$\begin{aligned} q_1 &= (h_1 - h_3) + (h_R - h_A) \\ &= (3464.5 - 121.41) + (3568.5 - 3027.6) \\ &= 3884.0(\text{kJ/kg}) \end{aligned}$$

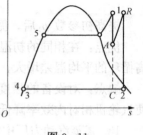

图 9-11

循环效率为

$$\eta_t = \frac{w_{net}}{q_1} = \frac{1783.4}{3884.0} = 45.9\%$$

汽耗率

$$d = \frac{3600}{w_{net}} = 2.019(\text{kg/kWh})$$

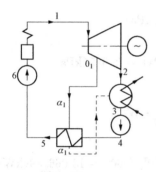

图 9-12

15. 在如图 9-12 所示的一级抽汽回热理想循环中，回热加热器为表面式，其疏水（即抽汽在表面式加热器内的凝结水）流回冷凝器，水泵功可忽略。试：(1) 定性画出此循环的 $T\text{-}s$ 图；(2) 写出用图上标出的状态点的焓值表示的抽汽系数 α_A、循环净功 w_{net}、吸热量 q_1、放热量 q_2、循环热效率 η_t 及汽耗率 d 的计算式。

解：(1) 此循环的 $T\text{-}s$ 图如图 9-13 所示。

(2) 表面式回热器的能量平衡方程为

$$\alpha_1(h_{01} - h'_{01}) = h_5 - h_4$$

抽汽系数为

$$\alpha_1 = \frac{h_5 - h_4}{h_{01} - h'_{01}}$$

循环吸热量

$$q_1 = h_1 - h_5$$

循环放热量

$$q_2 = (1 - \alpha_1)(h_2 - h_3)$$

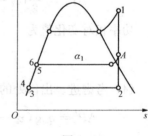

图 9-13

循环净功

$$w_{net} = (h_1 - h_{01}) + (1 - \alpha_1)(h_{01} - h_2)$$

循环热效率

$$\eta_t = 1 - \frac{q_2}{q_1} = 1 - \frac{(1 - \alpha_1)(h_2 - h_3)}{h_1 - h_5}$$

汽耗率

$$d = \frac{3600}{w_{net}} = \frac{3600}{(h_1 - h_{01}) + (1 - \alpha_1)(h_{01} - h_2)}$$

16. 一台净功输出为 45MW 的蒸汽动力装置运行于简单理想朗肯循环。透平进口参数为 7MPa 和 500℃。凝汽器中压力为 10kPa。冷却水流量为 2000kg/s。画出该循环的 T-s图。并确定：(1) 循环热效率；(2) 蒸汽质量流量；(3) 冷却水温升。

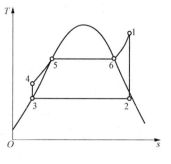

解：循环的 T-s 图见图 9-14。由 7MPa 和 500℃查得过热蒸汽表可得

$$h_1 = 3410.3\text{kJ/kg}, s_1 = 6.797\ 5\text{kJ/(kg}\cdot\text{K)} = s_2$$

由 10kPa 查饱和水蒸气表可得 $h_f = 191.83\text{kJ/kg} = h_3$，$h_g = 2584.7\text{kJ/kg}$，$s_f = 0.649\ 3\text{kJ/(kg}\cdot\text{K)} = s_3 = s_4$，$s_g = 8.150\ 2\text{kJ/(kg}\cdot\text{K)} > s_2$ 所以状态点 2 是湿蒸汽。

$$x_2 = (s_2 - s_f)/(s_g - s_f) = (6.797\ 5 - 0.649\ 3)/(8.150\ 2 - 0.649\ 3) = 0.819\ 7$$

$$x_2 = (h_2 - h_f)/(h_g - h_f) = (h_2 - 191.83)/(2584.7 - 191.83) = 0.819\ 7$$

得 $h_2 = 2153.17\text{kJ/kg}$

(1) 由 7MPa 和 $s_4 = 0.649\ 3\text{kJ/(kg}\cdot\text{K)}$ 查过冷水表可得 $h_4 = 200.2\text{kJ/kg}$，则

$$\eta_t = w_{net}/q_1 = [(h_1 - h_2) - (h_4 - h_3)]/(h_1 - h_4)$$
$$= [(3410.3 - 2153.17) - (200.2 - 191.83)]/(3410.3 - 200.2) = 38.90\%$$

(2) 蒸汽质量流量

$$q_m = P/w_{net} = 45\ 000/1248.76 = 36.036(\text{kg/s})$$

(3) 冷却水温升

凝汽器中热平衡为

$$\Phi = q_m(h_2 - h_3) = q_m c_p \Delta t = 36.036 \times (2153.17 - 191.83) = 2000 \times 4.18\Delta t$$

得 $\Delta t = 8.45℃$

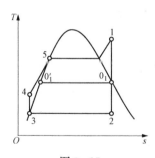

图 9-15

17. 理想回热循环如图 9-15 所示，过热蒸汽进入第一透平参数为 18MPa 和 560℃。压力为 1MPa 的抽汽进入一个闭式给水加热器（间壁式换热器）。给水加热器的凝结水是压力为 1MPa 的饱和水，经过汽水阀进入凝汽器。给水离开加热器的压力是 18MPa，温度等于压力为 1MPa 的饱和温度。凝汽器中压力为 6kPa。试确定：(1) 进入第一透平单位质量蒸汽的净功。(2) 循环热效率。

解：由已知参数可查得

$h_1 = 3443.78\text{kJ/kg}, h_{01} = 2711.04\text{kJ/kg}, h_{01'} = 762.81\text{kJ/kg}$，
$h_2 = 1982.07\text{kJ/kg}, h_3 = 151.53\text{kJ/kg}, s_3 = 0.521\text{kJ/(kg}\cdot\text{K)} = s_4$

由 18MPa 和 $s_4 = 0.521\text{kJ/(kg}\cdot\text{K)}$ 查过冷水表可得 $h_4 = 169.95\text{kJ/kg}$。

由 18MPa 和 $t_{s,1\text{MPa}} = 17.9℃$ 查过冷水表可得 $h_5 = 771.69\text{kJ/kg}$。

抽汽率

$$\alpha = (h_5 - h_4)/(h_{01} - h_{01'}) = (771.69 - 169.95)/(2711.04 - 762.81) = 0.308\ 9$$

$$1 - \alpha = 1 - 0.308\ 9 = 0.691\ 1$$

（1）透平的功

$$w_\mathrm{T}=(h_1-h_{01})+(1-\alpha)(h_{01}-h_2)$$
$$=(3443.78-2711.04)+0.691\ 1\times(2711.04-1982.07)$$
$$=1236.56(\mathrm{kJ/kg})$$

水泵耗功

$$w_\mathrm{p}=h_4-h_3=169.95-151.53=18.42(\mathrm{kJ/kg})$$

进入第一透平单位质量蒸汽的净功

$$w_\mathrm{net}=w_\mathrm{T}-w_\mathrm{p}=1236.56-18.42=1218.14(\mathrm{kJ/kg})$$

（2）锅炉加热量

$$q_1=h_1-h_5=3443.78-771.69=2672.09(\mathrm{kJ/kg})$$

循环热效率

$$\eta_\mathrm{T}=w_\mathrm{net}/q_1=1218.14/2672.09=45.59\%$$

18. 如图 9-16 所示，某蒸汽循环进入汽轮机的蒸汽温度 400℃、压力 3MPa，绝热膨胀到 0.8MPa，抽出部分蒸汽进入回热器，其余蒸汽在再热器中加热到 400℃后，进入低压汽轮机继续膨胀到 10kPa 排向冷凝器，忽略水泵功，求循环热效率。

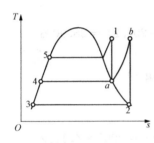

图 9-16

解：由 3MPa 和 400℃查水蒸气表得，$s_1=6.921\mathrm{kJ/(kg\cdot K)}$、$h_1=3230.7\mathrm{kJ/kg}$。

由 $s_a=s=6.921\mathrm{kJ/(kg\cdot K)}$、$p_a=0.8\mathrm{MPa}$ 查水蒸气表得 $h_a=2890.1\mathrm{kJ/kg}$。

由 0.8MPa 和 400℃查水蒸气表得 $h_b=3267\mathrm{kJ/kg}$，$s_b=7.571\mathrm{kJ/(kg\cdot K)}$、$h_4=h_a'=721.1\mathrm{kJ/kg}$。

由 10kPa 查饱和水蒸气表得 $h''=2583.7\mathrm{kJ/kg}$、$h'=191.7\mathrm{kJ/kg}$、$s''=8.149\mathrm{kJ/(kg\cdot K)}$、$s'=0.649\mathrm{kJ/(kg\cdot K)}$。

由 $s_b=s_2=7.571\mathrm{kJ/(kg\cdot K)}$ 可知 $s'<s_2<s''$，所以状态 2 为饱和湿蒸汽状态

则

$$x_2=\frac{s_2-s'}{s''-s'}=\frac{7.571-0.649}{8.149-0.649}=0.923$$
$$h_2=h'+x_2(h''-h')=191.7+0.923\times(2583.7-191.7)=2399.5(\mathrm{kJ/kg})$$

抽汽量

$$\alpha=\frac{h_4-h_3}{h_a-h_3}=\frac{721.1-191.7}{2890.1-191.7}=0.196\ 2$$

吸热量

$$q_1=h_1-h_4+(1-\alpha)(h_b-h_a)$$
$$=3230.7-721.1+(1-0.196\ 2)\times(3267-2890.1)=2812.6(\mathrm{kJ/kg})$$

放热量

$$q_2=(1-\alpha)(h_2-h_3)=(1-0.196\ 2)\times(2399.5-191.7)=1774.6(\mathrm{kJ/kg})$$

则循环热效率

$$\eta_\mathrm{t}=1-\frac{q_2}{q_1}=1-\frac{1774.6}{2812.6}=0.369$$

第十章 制 冷 循 环

制冷循环和热泵循环都属于逆向循环，其目的是把低温热源的热量转移到高温热源，制冷循环必须要消耗热量或是功量作为代价来实现。

基 本 知 识 点

一、压缩空气制冷循环

1. 简单空气压缩制冷循环

空气压缩制冷循环由两个定压过程和两个定温过程组成，故可以看作逆向的布雷顿循环。其 p-v 图和 T-s 图如图 10-1 所示，其装置示意图如图 10-2 所示。

循环中向高温热源放出的热量为

$$q_1 = h_2 - h_3 = c_p(T_2 - T_3) \qquad (10-1)$$

循环中向低温热源吸收的热量为

$$q_2 = h_1 - h_4 = c_p(T_1 - T_4) \qquad (10-2)$$

循环所消耗的净功为

$$w_{net} = w_c - w_T = (h_2 - h_1) - (h_3 - h_4)$$
$$= c_p(T_2 - T_1) - c_p(T_3 - T_4)$$
$$\qquad (10-3)$$

循环的制冷系数为

$$\varepsilon = \frac{q_2}{w_{net}} = \frac{T_1 - T_4}{(T_2 - T_3) - (T_1 - T_4)}$$
$$= \frac{T_4}{T_3 - T_4} = \frac{1}{\pi^{\frac{\kappa-1}{\kappa}} - 1} \qquad (10-4)$$

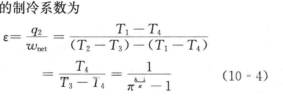

图 10-1

式中：$\pi = p_2/p_1$ 为循环增压比。

压缩空气制冷循环的制冷系数与循环增压比有关，π 越大，则 ε 越小；π 越小，则 ε 越大。

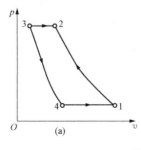
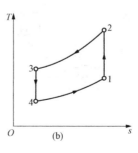

图 10-2

由于空气的热物性限制，导致空气压缩制冷循环单位工质的制冷量小，制冷系数低。且活塞式压气机和膨胀机的流量不能太大，否则设备庞大。

2. 回热式空气压缩制冷循环

采用叶轮式压气机，并采用回热循环可以改善简单空气压缩制冷循环的主要缺陷。如图 10-3 所示，与简单空气压缩制冷循环 $1-2-3-4-1$ 相比，回热循环 $4-1'-2'-3'-4-1'$ 在回热器中的放热量（图中面积 $53'ab5$）与在回热器中的吸热量（图中面积 $1'1cd1'$）相等。与没有采用回热的简单循环 $1-2-3-4-1$ 相比，回热循环的制冷量和制冷系数是完全相同的，但是增压比从 p_2/p_1 下降到 p_2'/p_1'；进膨胀机的工质温度可以在压缩比较小的情况下大大降低；由于压缩比的减小，压缩过程和膨胀过程的不可逆损失影响也减小。

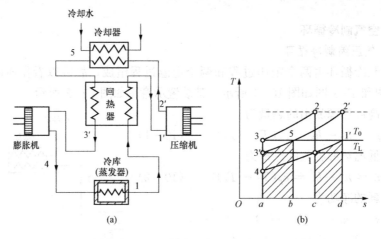

图 10-3

二、压缩蒸汽制冷循环

空气压缩制冷循环在吸热和放热过程中为非定温过程，偏离了卡诺制冷循环，制冷系数低；空气的比定压热容小，单位工质的制冷量小。利用蒸汽压缩制冷循环可以在两相区实现定温吸放热，且蒸汽汽化潜热大，因而可以克服空气压缩制冷循环的缺点。蒸汽压缩制冷循环 $1-2-3-4-5-1$，如图 10-4 所示。

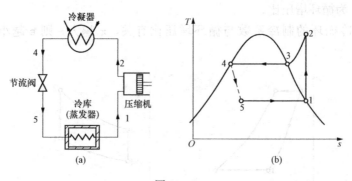

图 10-4

对循环分析如下：

循环自冷库的吸热量为

$$q_2 = h_1 - h_5 = h_1 - h_4 \tag{10 - 5}$$

循环向冷凝器的放热量为

$$q_1 = h_2 - h_4 \tag{10 - 6}$$

压缩机的功耗为

$$w_c = h_2 - h_1 = w_{net} \tag{10 - 7}$$

循环的制冷系数为

$$\varepsilon = \frac{q_2}{w_{net}} = \frac{h_1 - h_4}{h_2 - h_1} \tag{10 - 8}$$

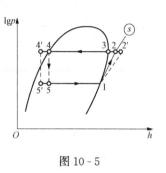

循环的吸、放热量及制冷系数都与焓值有关，可根据制冷剂的压焓图查得。

实际上，在压缩机中的压缩过程并不是等熵压缩，而是如图 10 - 5 中过程线 1—2′ 所示，而制冷剂在冷凝器出口也不是饱和液体状态，而存在一定的过冷度如图 10 - 5 中过程线 4—4′ 所示。采用过冷措施时，压缩机的功耗没有变化，而循环的制冷量增加，故循环制冷系数是增加的。

图 10 - 5

🧠 思考题与习题

1.（天津大学 2004 年考研试题）在相同工况下，供暖系数一定大于制冷系数。

答：对。

2.（大连理工大学 2004 年考研试题）什么是制冷系数？试说明逆卡诺循环制冷系数的表达式。

答：制冷系数是指制冷过程中系统制冷量与压缩机实际耗功量的比值，$\varepsilon = \dfrac{制冷量}{耗冷量}$。逆卡诺循环的制冷系数的表达式为 $\varepsilon_c = \dfrac{T_2}{T_1 - T_2}$。

3.（中国科学技术大学 2009 年考研试题）蒸汽压缩制冷循环采用节流阀来代替膨胀机，空气压缩制冷循环是否也可以采用这种方法？为什么？

答：不可以。因为空气的绝热节流系数几乎为 0，因而采用节流阀不会像蒸汽那样有显著的膨胀降温效果，所以不可以。

4.（南京航空航天大学 2008 年考研试题）在 T-s 图上，任意一个制冷循环其（　　）。

A. 吸热量大于放热量　　　　　　　B. 吸热量等于放热量

C. 吸热量小于放热量　　　　　　　D. 吸热量与放热量关系不定

答：C。放热量等于吸热量加上压缩机功耗，故吸热量小于放热量。

5.（南京航空航天大学 2006 年考研试题）卡诺热泵的供暖系数（　　）。

A. >1　　　　　　B. <1　　　　　　C. =1　　　　　　D. 不确定

答：A。

6.（上海交通大学 2006 年考研试题）家用冰箱的使用说明书上指出，冰箱应放置在通风处，并距离墙壁适当距离，以及不要把冰箱温度设置过低，为什么？

答：根据卡诺制冷系数 $\varepsilon_c = \dfrac{T_2}{T_1 - T_2}$，$T_1$、$T_2$ 分别为环境温度和冷源温度，环境温度和

冷源温度相差越小则制冷系数越大。冰箱放置在通风处，并距离墙壁适当距离，可以使冰箱冷凝器的散热效果更好，减小冰箱与环境的温度差，提高制冷系数。同理，不把冰箱温度设置过低也是减小环境和冷源温差，提高制冷系数，减少电耗。

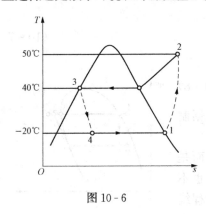

图 10 - 6

7.（上海交通大学 2006 年考研试题）一台以 R134a 为制冷工质的冰箱放在室温为 20℃的房间内，在压缩机内进行的过程既非绝热也不可逆，进入压缩机的是 −20℃的饱和蒸汽，离开压缩机时温度为 50℃，冷凝液的温度为 40℃，如图 10 - 6 所示。经实测，循环的制冷系数为 2.3，循环中制冷剂的流量 0.2kg/s。求：输入压缩机的功率和压缩过程的熵产。查 R134a 热力性质表可知：$h_1 = 386.6$kJ/kg、$s_1 = 1.741$kJ/（kg·K）、$h_2 = 430.5$kJ/kg、$s_2 = 1.746$kJ/（kg·K）、$p_3 = p_2 = 1017.1$kPa、$h_3 = h_4 = 256.4$kJ/kg。

解：循环的吸热量 $q_2 = h_1 - h_4 = h_1 - h_3 = 386.6 - 256.4 = 130.2$kJ/kg。根据制冷系数，可以得到输入压缩机的功量为

$$w_{\text{net}} = \frac{q_2}{\varepsilon} = \frac{130.2}{2.3} = 56.61(\text{kJ/kg})$$

因为在压缩机内进行的过程既非绝热也不可逆，所以根据 $q = \Delta h + w_t$，有

$$q_{1-2} = (h_2 - h_1) + w_t = 430.5 - 386.6 - 56.61 = -12.71(\text{kJ/kg})$$

熵产为：

$$s_g = (s_2 - s_1) - s_f = (1.746 - 1.741) - \frac{-12.71}{293.15} = 0.048\,3[\text{kJ/(kg·K)}]$$

输入压缩机的功率为：

$$P_c = q_m w_{\text{net}} = 0.2 \times 56.61 = 11.3(\text{kW})$$

8.（天津大学 2005 年考研试题）试画出蒸汽压缩式热泵的 T-s 图，并用各状态点的焓表示出其制热系数。

解：蒸汽压缩式热泵下的 T-s 图如图 10 - 7 所示，其制热系数为 $\varepsilon_2 = \dfrac{h_2 - h_4}{h_2 - h_1}$。

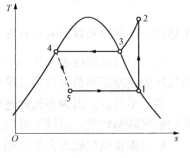

图 10 - 7

9.（天津大学 2005 年考研试题）如图 10 - 8 所示，压力 $p_1 = 1$bar，$t_1 = 17$℃，$V_1 = 0.4$m³ 的空气被可逆绝热压缩到 $p_2 = 10$bar，然后定压放热到初温 $t_2 = 17$℃，最后等温膨胀到初压。试问：（1）该循环是正向循环还是逆向循环？（2）循环的制冷系数为多少？

解：（1）该循环是制冷循环，为一个逆向循环。

（2）1−2 为空气的绝热压缩过程，压缩后的体积为

$$V_2 = V_1 \left(\frac{p_1}{p_2}\right)^{\frac{1}{\kappa}} = 0.4 \times \left(\frac{1}{10}\right)^{\frac{1}{1.4}} = 0.077(\text{m}^3)$$

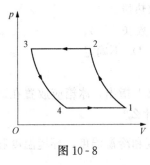

图 10 - 8

压缩后的温度为

$$T_2 = T_1 \frac{p_2 V_2}{p_1 V_1} = 290 \times \frac{10 \times 0.077}{1 \times 0.4} = 558(\text{K})$$

2—3 定压放热过程，$p_3 = p_2 = 10$bar。

根据理想气体状态方程可得冷却后的空气体积为

$$V_3 = V_1 \frac{p_1 T_3}{p_3 T_1} = 0.4 \times \frac{1 \times 290}{10 \times 290} = 0.04(\text{m}^3)$$

$T_4 = T_3 = 290$K，$p_4 V_4 = p_3 V_3$，可得

$$V_4 = 0.4 \ (\text{m}^3)$$

过程 2—3 的放热量为

$$q_1 = \Delta u + w = c_p(T_3 - T_2) + p(V_3 - V_2) = -342.1(\text{kJ/kg})$$

过程 4—1 的吸热量为

$$q_2 = w = \int_4^1 p \mathrm{d}V = 92.1 \text{kJ/kg}$$

制冷系数为

$$\varepsilon = \frac{|q_1|}{|q_1| - q_2} = 1.37$$

10.（天津大学 2004 年考研试题）蒸汽压缩式制冷循环，如图 10-9 所示，采用 NH_3 作为制冷剂，制冷量为 100 000kJ/h，冷藏室温度为 $-20℃$，冷却水温度为 20℃，NH_3 的物性参数如表 10-1 所示，试求：（1）每千克 NH_3 的吸热量。（2）每千克 NH_3 传给冷却水的热量。（3）循环耗功量。（4）制冷系数。（5）循环中 NH_3 的质量流量。（6）同温度范围内逆向卡诺循环的制冷系数。

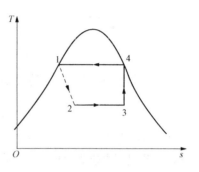

图 10-9

表 10-1　　　　　　　　　　　　NH_3 的物性参数

温度（℃）	v'（液体） （m³/kg）	v''（蒸汽） （m³/kg）	h'（液体） （kJ/kg）	h''（蒸汽） （kJ/kg）	s'（液体） [kJ/(kg·K)]	s''（蒸汽） [kJ/(kg·K)]
−20	0.001 50	0.623 7	327.198	1657.428	3.840 55	9.096 24
−15	0.001 51	0.508 8	349.890	1664.085	3.928 80	9.020 87
−10	0.001 53	0.418 5	372.667	1670.407	4.015 97	8.948 44
−5	0.001 55	0.346 8	395.652	1676.352	4.101 80	8.878 94
0	0.001 57	0.289 5	418.680	1681.921	4.186 80	8.812 37
5	0.001 58	0.243 3	441.840	1687.071	4.270 53	8.747 89
10	0.001 60	0.205 6	465.237	1691.802	4.353 01	8.685 51
15	0.001 62	0.174 8	488.725	1696.072	4.435 07	8.625 64
20	0.001 64	0.149 4	512.464	1699.966	4.515 88	8.542 32

解：由图 10-9 可知，4 点为 20℃ 对应的饱和干蒸汽，所以 $h_4 = 1699.966$kJ/kg，$s_3 = s_4 = 8.54232$kJ/(kg·K)，可计算出点 3 的干度

$$x_3 = \frac{s_3 - s_2'}{s_2'' - s_2'} = \frac{8.542\ 32 - 3.840\ 55}{9.096\ 24 - 3.840\ 55} = 0.895$$

$$h_3 = x_3 h_2'' + (1 - x_3) h_2'' = 0.895 \times 1657.428 + (1 - 0.895) \times 327.198 = 1517.75 (\text{kJ/kg})$$

$$h_1 = h_2 = 512.464 (\text{kJ/kg})$$

每千克 NH_3 的吸热量为

$$\Delta q_1 = h_3 - h_2 = 1517.754 - 512.464 = 1005.3 (\text{kJ/kg})$$

每千克 NH_3 传给水的热量为

$$\Delta q_2 = h_4 - h_1 = 1699.966 - 512.464 = 1187.5 (\text{kJ/kg})$$

循环耗功量为

$$w = h_4 - h_3 = 1699.966 - 1517.754 = 182.21 (\text{kJ/kg})$$

制冷系数为

$$\varepsilon = \frac{h_3 - h_2}{w} = \frac{1005.3}{182.24} = 5.52$$

NH_3 的质量流量为

$$q_m = \frac{Q}{\Delta q_1} = \frac{100\ 000}{1005.3} = 99.5 (\text{kg/h})$$

同温限间卡诺循环的制冷系数为

$$\varepsilon = \frac{T_2}{T_1 - T_2} = \frac{253}{293 - 253} = 6.325$$

11. (哈尔滨工业大学 2000、2003 年考研试题) 用家用电冰箱在室温 25℃ 下制冰 1.5kg，若民用电价为每度 0.37 元，求制冰所需要最低电费。已知水的 $c_p = 4.186\ 8 \text{kJ/(kg} \cdot \text{K)}$，冰在 0℃ 时溶解热为 333kJ/kg。

解：冰箱把 25℃ 的水制冷到 0℃ 冰的过程可以分为两个过程，第一个过程是先把 25℃ 的水制成 0℃ 的水，第二个过程是把 0℃ 的水制成 0℃ 的冰。第一个过程中水的放热量为

$$Q_1 = mc_p \Delta t = 1.5 \times 4.1868 \times 25 = 157 (\text{kJ})$$

水的熵变为

$$\Delta S_{\text{sys}} = mc_p \ln \frac{T_2}{T_1} = 1.5 \times 4.1868 \times \ln \frac{273}{298} = -0.5503 (\text{kJ/K})$$

根据孤立系统熵增原理，系统的过程为可逆过程 $\Delta S_{\text{iso}} = 0$ 时，ΔS_{sur} 有最小值，冰箱功耗最小

$$\Delta S_{\text{iso}} = \Delta S_{\text{sys}} + \Delta S_{\text{sur}} = 0$$

$$\Delta S_{\text{sur}} = 0.5503$$

冰箱对环境的放热量为

$$Q_2 = T \Delta S_{\text{sur}} = 298 \times 0.550\ 3 = 164\ (\text{kJ})$$

冰箱消耗的功为

$$W_1 = Q_2 - Q_1 = 7\ (\text{kJ})$$

第二个过程可以看成是一个逆向卡诺循环，则循环的热效率为

$$\eta = \frac{T_2}{T_1 - T_2} = \frac{273}{25} = 10.92$$

水变成冰的吸热量为

$$Q_3 = 333 \times 1.5 = 499.5\ (\text{kJ})$$

实际消耗的功为 $W_2 = \dfrac{Q_3}{\eta} = \dfrac{499.5}{10.92} = 45.74$ （kJ）

冰箱所需最低电费为

$$M = \frac{45.74 + 7}{3600} \times 0.37 = 0.005\ 4 \text{（元）}$$

12. （哈尔滨工业大学 2003 年考研试题）空气压缩制冷装置的空压机，吸入来自低温室的空气，吸气压力 $p_1 = 98\text{kPa}$，温度 $t_1 = -10℃$，在压缩机中被绝热压缩至 $p_2 = 490.5\text{kPa}$ 后进入冷却器，在其中定压冷却，温度降至 $t_3 = 10℃$，然后进入膨胀机，在其中绝热膨胀至初始压力而进入低温室，空气在低温室中定压吸取被冷却物体的热量使其温度升至 $-10℃$ 再被吸入压缩机。求：（1）空气进入低温室时的温度。（2）循环的理论功。（3）装置的制冷系数。（4）相同温度范围内逆卡诺的制冷系数。

已知空气的 $c_p = 1.01\text{kJ/(kg·K)}$。

解：（1）如图 10 - 10 所示，3—4 为绝热膨胀

由已知条件：$T_3 = 273 + 10 = 283\text{K}$，$p_3 = p_2 = 490.5\text{kPa}$，$p_4 = p_1 = 98\text{kPa}$。空气进入低温室的温度为

$$T_4 = T_3 \left(\frac{p_4}{p_3}\right)^{\frac{\kappa-1}{\kappa}} = 178.63 \text{（K）}$$

（2）同理可得

$$T_2 = T_1 \left(\frac{p_2}{p_1}\right)^{\frac{\kappa-1}{\kappa}} = 416.667 \text{（K）}$$

各个过程的换热量为

2—3 过程：

$$q_1 = \Delta h_1 = c_p (T_3 - T_2) = -134.676 \text{（kJ/kg）}$$

4—1 过程：

$$q_2 = \Delta h_2 = c_p (T_1 - T_4) = 85.213\ 7 \text{（kJ/kg）}$$

循环的理论功为

$$\oint w = \oint q + \oint \mathrm{d}u = q_1 + q_2 = -49.462\ 3 (\text{kJ/kg})$$

（3）制冷系数为

$$\varepsilon = \frac{q_2}{49.462\ 3} = 1.722\ 8$$

（4）相同温度范围内逆向卡诺循环的制冷系数为

$$\varepsilon_0 = \frac{T_1}{T_3 - T_1} = \frac{263}{283 - 263} = 13.15$$

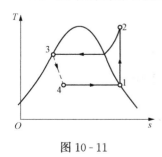

图 10 - 11

13. （哈尔滨工业大学 2002 年考研试题）如图 10 - 11 所示，某蒸汽压缩制冷循环，其蒸发温度为 $-20℃$，冷凝温度为 $30℃$，原先制冷剂为氟利昂 12 （CFC12），现为保护臭氧层改为 HFC134a，作为制冷剂，查得循环中各点的焓值为：CFC12：$h_1 = 564\text{kJ/kg}$，$h_2 = 592.9\text{kJ/kg}$，$h_3 = 448\text{kJ/kg}$，HFC134a：$h_1 = 387\text{kJ/kg}$，$h_2 = 423\text{kJ/kg}$，$h_3 = 243\text{kJ/kg}$。试

计算两种制冷剂为工质时，制冷量 q_2 和制冷系数 ε。

解：（1）若以 CFC12 为制冷剂，则冷凝器中制冷剂与外界的热交换为

$$q_1 = h_3 - h_2 = -144.9 \text{（kJ/kg）}$$

蒸发器中制冷剂与外界的热交换为

$$q_2 = h_1 - h_4 = h_1 - h_3 = 116 \text{（kJ/kg）}$$

则得制冷系数为

$$\varepsilon = \frac{q_2}{|w_0|} = \frac{q_2}{|q_1 + q_2|} = \frac{116}{|-144.9 + 116|} = 4.01$$

（2）若以 HFC134a 为制冷剂，则冷凝器中制冷剂与外界的热交换为

$$q_1 = h_3 - h_2 = -180 \text{（kJ/kg）}$$

蒸发器中制冷剂与外界的热交换为：

$$q_2 = h_1 - h_4 = h_1 - h_3 = 144 \text{（kJ/kg）}$$

则得制冷系数为

$$\varepsilon = \frac{q_2}{|w_0|} = \frac{q_2}{|q_1 + q_2|} = \frac{144}{|-180 + 144|} = 4$$

14．（同济大学 2005 年考研试题）判断题：蒸汽压缩制冷循环采用比热容小的工质作制冷剂可以降低节流损失。

答：对。

15．（同济大学 2006 年考研试题）某蒸汽压缩制冷机如图 10-12 所示，以氨为制冷剂，若蒸发温度为 -15°C、冷凝温度为 30°C，进入压缩机为干饱和氨蒸汽，压缩机定熵压缩时的出口焓为 1885kJ/kg，从冷凝器出来的为饱和氨液，若制冷量为 167 200kJ/h，压缩机绝热压缩效率为 0.85，求：（1）每千克氨蒸汽压缩耗功 W。（2）系统制冷系数 ε。（3）工质质量流量 q_m。（4）压缩机耗功率。（5）节流过程的可用能损失。

已知环境温度为 $T_0 = 300\text{K}$，氨的有关参数见表 10-2。

表 10-2　　　　　　　　　　　氨 的 有 关 参 数

t（℃）	p（MPa）	h'（kJ/kg）	h''（kJ/kg）	s'［kJ/(kg·K)］	s''［kJ/(kg·K)］
30	1.17	560.5	1706	4.675 0	8.455 7
25	1.00	536.5	1703	4.595 9	8.510 5
-15	0.236	349.9	1664	3.928 7	9.020 9

解：$\lg p\text{-}h$ 图如图 10-12 所示。

（1）若气体为可逆绝热压缩过程 1—2s，消耗的功为

$$w_{1-2s} = h_1 - h_{2s} = 1664 - 1885 = -221 \text{（kJ/kg）}$$

压缩机绝热压缩效率 $\eta = \dfrac{w_{1-2s}}{w_{1-2}}$，可得每千克氨蒸汽实际的功耗为

$$w_{1-2} = \frac{w_{1-2s}}{\eta} = -\frac{221}{0.85} = -260 \text{(kJ/kg)}$$

（2）过程 4—1 的制冷量为

$$Q_{41} = h_1 - h_4 = h_1 - h_3 = 1664 - 560.5 = 1103.5 \text{(kJ/kg)}$$

系统制冷系数为

$$\varepsilon = \frac{Q_{41}}{w_{1-2}} = \frac{1103.5}{260} = 4.24$$

（3）工质质量流量为

$$q_m = \frac{Q}{Q_{41}} = \frac{16\,7200}{1103.5} = 151.5(\text{kg/h}) = 42.1(\text{g/s})$$

（4）压缩机耗功率为

$$P = w_{1-2} = 260 \times 42.1 \times 10^{-3} = 10.95\ (\text{kW})$$

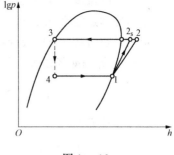

图 10 - 12

（5）状态 3 为 30℃的饱和液体，其熵为 $s_3 = 4.675\,0\text{kJ/}$ $(\text{kg}\cdot\text{K})$。

状态点 4 的焓值可由干度计算得到

$$h_4 = h_3 = (1-x)h_4' + xh_4''$$

可计算干度为

$$x = \frac{h_4 - h_4'}{h_4'' - h_4'} = \frac{560.5 - 349.9}{1664 - 349.9} = 0.16$$

因而，可得状态 4 的熵为

$$s_4 = (1-x)s_4' + xs_4'' = (1-0.16) \times 3.928\,7 + 0.16 \times 9.020\,9 = 4.75[\text{kJ/}(\text{kg}\cdot\text{K})]$$

节流过程的熵增为

$$\Delta s = s_4 - s_3 = 4.75 - 4.675 = 0.075[\text{kJ/}(\text{kg}\cdot\text{K})]$$

节流过程的可用能损失为

$$I = T_0 - sq_m = 300 \times 0.075 \times 42.1 \times 10^{-3} = 0.95(\text{kW})$$

16.（南京理工大学 2001 年考研试题）有一压缩空气制冷装置，已知冷藏库的温度为 $-15℃$，而冷却空气的冷却水温度为 $15℃$。空气在压气机入口和出口的压力分别为 1bar 和 4bar，在 $p\text{-}v$ 图和 $T\text{-}s$ 图上绘出压缩空气制冷循环，计算压缩空气和制冷循环所消耗的功及制冷系数。已知空气的气体常数 $R_g = 0.287\text{kJ/}(\text{kg}\cdot\text{K})$，比体积热容 $c_V = 0.718\text{kJ/}(\text{kg}\cdot\text{K})$，等熵指数 $\gamma = 1.4$。

解：循环的 $p\text{-}v$ 图和 $T\text{-}s$ 图如图 10 - 13 所示

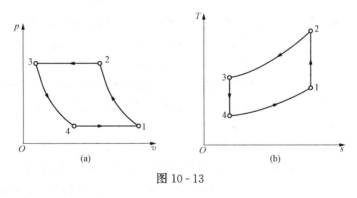

图 10 - 13

1－2 为等熵压缩过程，则状态 2 的温度为

$$T_2 = T_1 \left(\frac{p_2}{p_1}\right)^{\frac{\gamma-1}{\gamma}} = 258 \times \left(\frac{4}{1}\right)^{\frac{1.4-1}{1.4}} = 383.39(\text{K})$$

状态 3 的温度为 $T_3 = 288K$。

定压冷却过程 2—3：$p_3 = p_2 = 4\text{bar}$

定压吸热过程 4—1：$p_4 = p_1 = 1\text{bar}$

3—4 为等熵膨胀过程，可得状态 4 的温度为

$$T_4 = T_3 \left(\frac{p_4}{p_3}\right)^{\frac{\gamma-1}{\gamma}} = 288 \times \left(\frac{1}{4}\right)^{\frac{1.4-1}{1.4}} = 193.81(\text{K})$$

空气在冷凝器的放热量为

$$q_1 = h_3 - h_2 = 1.005 \times (288 - 383.39) = -95.87(\text{kJ/kg})$$

空气在冷库中的吸热量为

$$q_2 = h_1 - h_4 = 1.005 \times (258 - 193.81) = 64.51(\text{kJ/kg})$$

压缩机消耗的功为

$$w = w = |q_1| - q_2 = -31.36(\text{kJ/kg})$$

循环的制冷系数为

$$\varepsilon = \frac{q_2}{|w|} = \frac{64.51}{31.36} = 2.06$$

17. 一逆向卡诺循环，其性能系数为 4，问：（1）高温热源与低温热源之比是多少？（2）若输入功率为 1.5kW，则制冷量为多少冷吨？（3）如果将此系统改作热泵循环，高、低温热源温度及输入功率维持不变，试求循环的性能系数及提供的热量。

解：（1）由 $\varepsilon_c = \dfrac{T_L}{T_H - T_L} = 4$，可求得 $T_H/T_L = 1.25$。

（2）$\varepsilon_c = \dfrac{q_2}{w_{\text{net}}} = 4$，可求得 $q_2 = \varepsilon_c w_{\text{net}} = 4 \times 1.5 = 6$ （kW）。

（3）热泵性能系数为

$$\varepsilon_c' = \frac{T_H}{T_H - T_L} = \frac{1}{1 - \dfrac{T_L}{T_H}} = \frac{1}{1 - \dfrac{1}{1.25}} = 5$$

提供的热量为

$$q_2' = \varepsilon_c' w_{\text{net}} = 5 \times 1.5 = 7.5(\text{kW})$$

18. 一蒸汽压缩制冷系统采用氨作为工作流体。等压运行的蒸发器出口是压力为 172.37kPa 的饱和蒸汽。冷凝器的进口参数为 1.7237MPa 和 176.7℃，冷凝器出口饱和液体压力为 1.7237MPa。压缩机绝热运行。如果冷量为 50 冷吨。试确定：（1）质量流量；（2）压缩机功率；（3）性能系数；（4）压缩机的等熵效率。

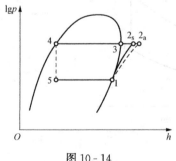

图 10 - 14

解：实际蒸汽压缩制冷循环如图 10 - 14 所示。

由 172.37kPa 查得 NH₃ 饱和蒸汽表可得 $h_g = 1414.78\text{kJ/kg} = h_1$，$s_1 = 5.6492\text{kJ/(kg·K)} = s_2$

由 1.7237MPa 查得 NH₃ 饱和蒸汽表可得 $h_f = 389.78\text{kJ/kg} = h_4 = h_5$

由 1.7237MPa 和 $s_{2s} = 5.6492\text{kJ/(kg·K)}$ 查 NH₃ 过热蒸汽表可得 $h_{2s} = 1771.18\text{kJ/kg}$

由 1.723 7MPa 和 176.7℃查 NH_3 过热蒸汽表可得 $h_{2a}=1838.49$kJ/kg

(1) $q_m=\Phi_2/(h_1-h_5)=50\times3.516/(1414.78-389.78)=0.171\ 5$kg/s

(2) $P_C=q_m(h_{2a}-h_1)=0.1715\times(1838.49-1414.78)=72.67$kW

(3) $COP_R=(h_1-h_5)/(h_{2a}-h_1)=(1414.78-389.78)/(1838.49-1414.78)=2.419$

(4) $\eta_C=(h_{2s}-h_1)/(h_{2a}-h_1)=(1771.18-1414.78)/(1838.49-1414.78)=0.841$

19. 一个蒸汽压缩系统采用氨作为工质来采暖和制冷。压缩机可处理-4℃的氨 6L/s，排气压力 1.8MPa。求：（1）ε_{HP}；（2）COP_R；（3）可能最大冷负荷；（4）可能最大暖负荷。

解：循环的 T-s 图如图 10-15 所示。

由-4℃的氨查饱和蒸汽表可得

$$v_g=0.334m^3/kg=v_1, h_g=1437.56kJ/kg=h_1$$

$$s_g=s_1=5.383kJ/(kg\cdot K)=s_2$$

$$q_{V,1}=q_m\times v_1$$

即

$$6\times10^{-3}=q_m\times0.334$$

$$q_m=0.017\ 964kg/s$$

由 1.8MPa 和 $s_2=5.383$kJ/(kg·K) 查氨过热蒸汽表可得 $h_2=1672.02$kJ/kg。

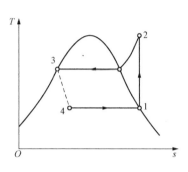

图 10-15

由 1.8MPa 查氨饱和蒸汽表可得 $h_f=398$kJ/kg$=h_3=h_4$。

(1) $\varepsilon_{HP}=(h_2-h_3)/(h_2-h_1)=(1672.02-398)/(1672.02-1437.56)=5.434$

(2) $\varepsilon_R=(h_1-h_4)/(h_2-h_1)=(1437.56-398)/(1672.02-1437.56)=4.434$

(3) 可能最大冷负荷 $\Phi_2=q_m(h_1-h_4)=0.017\ 964\times1039.56=18.675$ （kW）

(4) 可能最大采暖负荷 $\Phi_1=q_m(h_2-h_3)=0.017\ 964\times1274.02=22.886$ （kW）

20. 一气体制冷系统采用空气作为工质，增压比是 4，压缩机的进口温度是-7℃。高压空气对环境放热被冷却到 27℃。在进入透平之前在回热器中进一步冷却到-15℃。假定透平和压缩机是等熵过程，取室温下的定比热容，试确定：（1）循环可达到的最低温度；（2）性能系数；（3）冷量为 12kW 的空气质量流量。

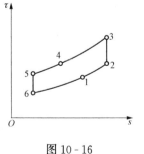

图 10-16

解：该循环如 10-16 所示。在回热器中高压空气的放热量为低压空气的吸热量

$$q_mc_p(T_4-T_5)=q_mc_p(T_2-T_1)$$

$$300-258=266-T_1$$

得

$$T_1=224K$$

（1）循环可达到的最低温度

$$T_5/T_6=(p_5/p_6)^{(1.4-1)/1.4}$$

解得

$$T_6=T_5\left(\frac{p_6}{p_5}\right)^{0.4/1.4}=(-15+273)\times\left(\frac{1}{4}\right)^{0.4/1.4}=173.62 \text{（K）}$$

（2）性能系数

$$T_3/T_2 = (p_3/p_2)^{(1.4-1)/1.4}$$
$$T_3 = (-7+273) \times 4^{0.4/1.4} = 395.27(K)$$
$$\text{COP}_R = (h_1-h_6)/[(h_3-h_2)-(h_5-h_6)]$$
$$= (T_1-T_6)/[(T_3-T_2)-(T_5-T_6)] = 1.122$$

(3) 冷量为 12kW 的空气质量流量
$$q_m = \Phi_2/q_2 = 12/1.005 \times (224-173.62) = 0.273(\text{kg/s})$$

第十一章 理想气体混合物及湿空气

基 本 知 识 点

一、理想气体混合物

理想气体混合物的各组分气体均可单独视为理想气体，因此理想气体混合物具有理想气体的一切特征，适用于理想气体的计算公式，对理想气体混合物都适用。

1. 混合物的成分、摩尔质量及气体常数

（1）质量分数、摩尔分数和体积分数。混合气体中第 i 种组元气体的质量 m_i 与混合气体总质量 m 的比值，称为质量分数

$$\omega_i = \frac{m_i}{m} \tag{11-1}$$

混合气体中第 i 种组元气体的摩尔数 n_i 与混合气体总摩尔数 n 的比值，称为摩尔分数

$$x_i = \frac{n_i}{n} \tag{11-2}$$

混合气体中第 i 种组元气体的分体积 V_i 与混合气体总体积 V 的比值，称为体积分数

$$\varphi_i = \frac{V_i}{V} \tag{11-3}$$

几种成分都有

$$\sum_{i=1}^{k} \omega_i = 1, \ \sum_{i=1}^{k} x_i = 1, \ \sum_{i=1}^{k} \varphi_i = 1 \tag{11-4}$$

（2）质量分数和摩尔分数的换算。由理想气体状态方程可得，体积分数与摩尔分数相同

$$x_i = \varphi_i \tag{11-5}$$

混合气体的二种表示方法实质上只有两种，则质量分数和摩尔分数之间的换算关系为

$$x_i = \frac{\omega_i / M_i}{\sum\limits_{i=1}^{k} \omega_i / M_i}, \ \omega_i = \frac{x_i M_i}{\sum\limits_{i=1}^{k} x_i M_i} \tag{11-6}$$

（3）混合气体的平均摩尔质量和平均气体常数

$$M = \sum_i x_i M_i \tag{11-7}$$

$$R_g = \sum_i \omega_i R_{g,i} = \frac{R}{M} \tag{11-8}$$

2. 分压定律和分体积定律

组元气体与混合气体温度相同，并单独占有与混合气体相同容积时，所呈现的分压力为 p_i，理想气体混合物的总压力 p 等于各组成气体分压力 p_i 之和，称为道尔顿分压力定律。

$$p = \sum_i p_i \tag{11-9}$$

组元气体与混合气体压力和温度都相同时，单独占有的分容积为 V_i，理想气体混合物

的总体积 V 等于各组成气体分压力 V_i 之和，称为亚美格分体积定律。

$$V = \sum_i V_i \qquad (11-10)$$

二、理想气体混合物的参数计算

1. 理想气体混合物的比热容

理想气体混合物的质量比热容、摩尔比热容和体积比热容分别为

$$c = \sum_i \omega_i c_i \qquad (11-11)$$

$$C_m = \sum_i x_i C_{m,i} \qquad (11-12)$$

$$C' = \sum_i \varphi_i C_i' \qquad (11-13)$$

式中：c_i、$C_{m,i}$、C_i' 分别为第 i 种组分的比热容、摩尔热容和体积热容。理想气体混合物的比定压热容和比定容热容之间的关系仍然遵循迈耶公式。

2. 理想气体混合物的热力学能、焓、熵

理想气体混合物的热力学能、焓、熵是广延参数，都具有加和性。实际上，理想气体混合物的总参数为组元在分压力之下的参数之和，即

$$\left. \begin{array}{l} U = \sum_i U_i(T) \\[2mm] H = \sum_i H_i(T) \\[2mm] S = \sum_i S_i(T, p_i) \end{array} \right\} \qquad (11-14)$$

理想气体混合物的比参数等于各组元气体在分压力之下相应比参数与成分的加权之和，即

$$\left. \begin{array}{l} u = \sum_i \omega_i u_i(T) \\[2mm] h = \sum_i \omega_i h_i(T) \\[2mm] s = \sum_i \omega_i s_i(T, p_i) \end{array} \right\} \qquad (11-15)$$

综上所述，理想气体混合物具有单一理想气体的性质，又与单一理想气体不同，它的参数还与组元气体的种类及成分有关。

在成分无变化的混合气体进行的热力过程中，1kg 工质热力学能、比焓和比熵的变化为

$$\left. \begin{array}{l} \mathrm{d}u = \sum_i \omega_i c_{V,i} \mathrm{d}T \\[2mm] \mathrm{d}h = \sum_i \omega_i c_{p,i} \mathrm{d}T \\[2mm] \mathrm{d}s = \sum_i \omega_i c_{p,i} \dfrac{\mathrm{d}T}{T} - \sum_i \omega_i R_{g,i} \dfrac{\mathrm{d}p_i}{p_i} \end{array} \right\} \qquad (11-16)$$

1mol 工质热力学能、比焓和比熵的变化为

$$
\left.
\begin{aligned}
\mathrm{d}U_\mathrm{m} &= \sum_i x_i C_{V,\mathrm{m},i}\,\mathrm{d}T \\
\mathrm{d}H_\mathrm{m} &= \sum_i x_i C_{p,\mathrm{m},i}\,\mathrm{d}T \\
\mathrm{d}S_\mathrm{m} &= \sum_i x_i C_{p,\mathrm{m},i}\,\frac{\mathrm{d}T}{T} - \sum_i x_i R\,\frac{\mathrm{d}p_i}{p_i}
\end{aligned}
\right\}
\qquad (11\text{-}17)
$$

三、湿空气

湿空气是由空气和水蒸气组成的，通常湿空气中水蒸气的分压力很低，处于过热状态。湿空气可以看作是理想气体混合物，理想气体状态方程和定律对于湿空气同样是适用的。但是，湿空气中的水蒸气分压力达到饱和状态时会引起部分水蒸气的凝结，湿空气中水蒸气的含量将会随之改变，因此，湿空气又有一些特殊性质。

1. 湿空气及其性质

（1）未饱和空气和饱和空气。湿空气总压力为干空气分压力 p_a 与水蒸气分压力 p_b 之和。未饱和空气由干空气和过热水蒸气组成，饱和空气由干空气和饱和水蒸气组成，即

$$p_\mathrm{b} = p_\mathrm{a} + p_\mathrm{v} \qquad (11\text{-}18)$$

由图 11-1 所示，1 点为处于未饱和状态的湿空气，若由 1 点达到饱和状态可以通过等压冷却过程，即图中过程线 1—4，在此过程中湿空气的温度是降低的，4 点达到饱和状态。通过等温加压的方式达到饱和，即图中过程线 1—2，在此过程中，湿空气温度保持不变，水蒸气含量增加，即水蒸气分压力增大。

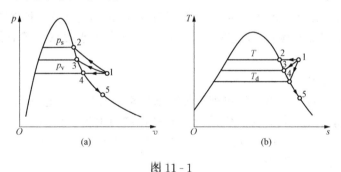

图 11-1

到达 4 点时，如果继续降温就会结露，如过程线 4—5 所示，此时 4 点为对应于 p_v 的饱和温度，也称为露点温度 t_d。露点温度就是维持湿空气中水蒸气含量不变，冷却达到饱和湿空气时，所对应的温度。

（2）湿空气的状态参数。

绝对湿度：单位体积（$1\mathrm{m}^3$）的湿空气中所含水蒸气的质量。

相对湿度：湿空气中水蒸气分压力与同一温度同样压力的饱和湿空气中水蒸气分压力的比值，称为相对湿度，用 φ 表示，即

$$\varphi = \frac{p_\mathrm{v}}{p_\mathrm{s}} = \frac{\rho_\mathrm{v}}{\rho_\mathrm{s}} \qquad (11\text{-}19)$$

绝对湿度并不能完全说明湿空气的吸湿能力，而相对湿度的大小则直接反映了湿空气的吸湿能力。$0 < \varphi < 1$，$\varphi = 0$ 时为干空气，$\varphi = 1$ 时为饱和湿空气，φ 值越大说明空气的吸湿能力越差。

含湿量（或称比湿度）：1kg 干空气所带有的水蒸气质量称为湿空气的含湿量。

$$d = \frac{m_a}{m_v} = 0.622\frac{p_v}{p_a} = 0.622\frac{p_v}{p - p_v} \tag{11-20}$$

将式 (11-18) 带入式 (11-19)，则

$$d = 0.622\frac{\varphi p_s}{p - \varphi p_s} \tag{11-21}$$

p_s 只与温度有关，故压力一定时，$d = F(\varphi, t)$。

焓：含有 1kg 干空气的湿空气的焓，等于 1kg 干空气的焓和 $d$kg 水蒸气的焓之和。

$$h = h_a + \mathrm{d}h_v \tag{11-22}$$

比体积：1kg 干空气和 dkg 水蒸气的体积之和，称为湿空气的比体积。

$$v = (1 + d)\frac{R_g T}{p} \tag{11-23}$$

式中：R_g 为湿空气的气体常数。

湿球温度 t_w：未饱和空气吹过湿球温度计时，温度计湿纱布中的水分气化，气化的热量来自水分本身，水分温度下降，使水分温度低于未饱和空气温度 t，热量由空气传给湿纱布中的水分，当达到热湿平衡时，纱布上水分蒸发的热量全部来自空气的对流换热，纱布中水温保持不变，这一温度称为湿球温度。

几个温度的关系为：$t \geqslant t_w \geqslant t_d$，未饱和湿空气取不等号，饱和湿空气取等号。

2. 湿空气的焓湿图

湿空气的焓湿图是在固定大气压下，焓 h 与比湿度 d 的坐标图，包含的线群有：等湿线（等 d 线）、等焓线（等 h 线）、等温度线（等 t 线）、等相对湿度线（等 φ 线）、水蒸气分压力线。

3. 湿空气的基本热力过程

(1) 加热或冷却过程。湿空气单纯的加热或冷却过程中含湿量保持不变，在焓湿图上的加热过程线沿等 d 线进行，湿空气的温度升高，焓值增加，如图 11-2 过程线 1—2，冷却过程反之，如图 11-2 过程线 1—3。过程中加入或放出的热量为

$$q = h_2 - h_1 \tag{11-24}$$

(2) 冷却去湿过程。湿空气达到露点温度以后继续冷却，将有水分析出，湿空气保持饱和状态，沿 $\varphi = 100\%$ 的等 φ 线，含湿量减小，如图 11-2 过程线 1—4—5 所示。过程中放出的热量为

$$q = (h_1 - h_5) - (d_1 - d_5)h_w \tag{11-25}$$

(3) 绝热加湿过程。在绝热的条件下，向湿空气中加入水分，增加其含湿量，称为绝热加湿。水分蒸发过程中的汽化潜热来自空气本身，故空气温度降低，可近似看作定焓加湿过程，又称为蒸发冷却过程，如图 11-2 过程线 1—6。

$$h_1 \approx h_6 \tag{11-26}$$

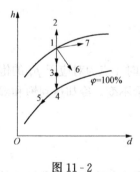

图 11-2

(4) 加热加湿过程。同时向湿空气加入热量和水分，湿空气的焓和含湿量同时增加，若加入的热量与水分蒸发的汽化潜热相同，则湿空气的温度不变，为定温加湿过程，如图 11-3 过程线 1—7。

$$t_1 = t_2 \tag{11-27}$$

（5）绝热混合过程。将几股不同状态的湿空气绝热混合称为绝热混合过程。混合以后的湿空气状态取决于混合前各股湿空气的状态和它们的流量比。如图 11-3 所示，状态 3 为混合后的状态点，将直线 1、2 分为两段，这两段线的长度与干空气质量流量成反比。

$$h_3 = \frac{m_{\mathrm{a1}} h_1 + m_{\mathrm{a2}} h_2}{m_{\mathrm{a1}} + m_{\mathrm{a2}}} \tag{11-28}$$

$$d_3 = \frac{m_{\mathrm{a1}} d_1 + m_{\mathrm{a2}} d_2}{m_{\mathrm{a1}} + m_{\mathrm{a2}}} \tag{11-29}$$

$$\frac{q_{m,\mathrm{a1}}}{q_{m,\mathrm{a2}}} = \frac{d_2 - d_3}{d_3 - d_1} = \frac{h_2 - h_3}{h_3 - h_1} = \frac{\overline{23}}{\overline{31}} \tag{11-30}$$

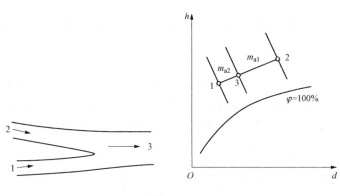

图 11-3

思考题与习题

1．（东南大学 2004 年考研试题）用仪表可测得湿空气的露点温度、干球温度和湿球温度，若测量值分别为 18℃、21℃、24℃三个值，其中（　　）℃是湿球温度。

答：21℃。干球温度＞湿球温度＞露点温度

2．（东南大学 2004 年考研试题）依理想混合气体的假设，第 i 种组成气体的状态方程可写成（　　）。

A. $p_i V = m_i R T$　　　　　　　B. $p_i V = n_i R T$

C. $p_i V_i = m_i R_i T$　　　　　　D. $p V_i = m_i R_n T$

答：B。依据分压定律可知，除 B. 选项正确之外，还有 $p_i V = m_i R_m T$ 。

3．（东南大学 2003 年考研试题）判断题：露点温度其值等于空气中水蒸气分压力对应的饱和温度。

答：对。

4．（东南大学 2003 年考研试题）判断题：湿空气的干燥过程就是将湿空气中的水蒸气去除的过程。

答：错。在湿空气中加入干空气，也是湿空气的干燥过程。

5．（南京航空航天大学 2006 年考研试题）由分压力定律和分容积定律，理想气体混合物满足（　　）

A. $p_i V_i = V P$　　B. $p_i V = V_i P$　　　C. $p_i V = n R T$　　　D. $p V_i = n R T$

答：B。

6. (南京航空航天大学 2006 年考研试题) 未饱和空气中的水蒸气的状态是 (   )。

A. 湿蒸汽　　　　B. 饱和水　　　　　C. 过热蒸汽　　　　D. 饱和蒸汽

答：C。

7. (南京航空航天大学 2006 年考研试题) 相对湿度越大，含湿量就越高。

答：错，从焓湿图上可知二者没有必然关系。

8. (天津大学 2005 年考研试题) 水在大气中喷淋冷却时温度能降低到低于空气的温度。

答：对。

9. (天津大学 2005 年考研试题) 湿空气的相对湿度可用干湿球温度计间接测量。

答：对。

10. (同济大学 2005 年考研试题) 只需测出空气的干球温度、露点温度和大气压力就能确定湿空气的状态。

答：对。

11. (同济大学 2005 年、2007 年考研试题) 一加热器入口湿空气状态：$t_1 = 5℃$，$p_1 = 0.1MPa$，$\varphi_1 = 60\%$。加热器出口状态：$t_2 = 20℃$。t_1、t_2 对应的饱和压力 $p_{s1} = 871.8Pa$，$p_{s2} = 2337Pa$。湿空气的质量流量为 150kg/h。求加热器的加热量及出口的相对湿度。

解：(1) 据含湿量的公式可得

$$d = 622 \times \frac{\varphi p_s}{p - \varphi p_s} = 622 \times \frac{0.6 \times 871.8}{101\,325 - 0.6 \times 871.8} = 3.23 [\mathrm{g(水蒸气)/kg(干空气)}]$$

由 $d = \dfrac{m_v}{m_a} \Rightarrow d = \dfrac{m - m_a}{m_a} \Rightarrow m_a = \dfrac{m}{1+d}$

$$q_{m_a} = \frac{q_m}{1 + 0.001d} = \frac{150}{1 + 0.001 \times 3.23} = 149.5 (\mathrm{kg/h})$$

进口湿空气的焓

$$
\begin{aligned}
h_1 &= q_{m_a} [1.01t + d(2501 + 1.86t_1)] \\
&= 149.5 \times \left[1.01 \times 5 + \frac{3.23}{1000} \times (2501 + 1.86 \times 5)\right] \\
&= 1967.2 (\mathrm{kJ/h})
\end{aligned}
$$

出口湿空气的焓

$$
\begin{aligned}
h_2 &= q_{m_a} [1.01t + d(2501 + 1.86t)] \\
&= 149.5 \times \left[1.01 \times 20 + \frac{3.23}{1000} \times (2501 + 1.86 \times 20)\right] \\
&= 4245.6 (\mathrm{kJ/h})
\end{aligned}
$$

加热器的加热量为

$$Q = h_2 - h_1 = 2778.4 (\mathrm{kJ/h})$$

(2) 由 $d = 622 \dfrac{\varphi p_s}{p - \varphi p_s}$ 可得，出口湿空气的相对湿度为

$$\varphi = \frac{dp}{p_s(d + 622)} = \frac{3.23 \times 101\,325}{2337 \times (3.23 + 622)} = 22.4\%$$

12. (同济大学 2005 年考研试题) 配有活塞气缸，由质量分数 0.3 的 CO_2 和 0.7 的 N_2 组成 1kg 气体，温度为 30℃，压力为 150kPa，定压膨胀到两倍体积，求热力学能变化、焓

变化、热量和功量交换（比热容按定值计算）。

已知：$c_{VCO_2} = 651.6 J/(kg \cdot K)$，$c_{pCO_2} = 840.5 J/(kg \cdot K)$

$c_{VN_2} = 742.3 J/(kg \cdot K)$，$c_{pN_2} = 1039 J/(kg \cdot K)$

解：混合气体的平均定压热容和定容热容分别为

$$c_p = 0.3 \times 840.5 + 0.7 \times 1039 = 979.45 J/(kg \cdot K)$$

$$c_V = 0.3 \times 651.6 + 0.7 \times 742.3 = 715.09 J/(kg \cdot K)$$

混合气体的热力过程为定压过程

$$T_2 = 2T_1 = 2 \times (273 + 30) = 606 (K)$$

热力学能的变化为

$$\Delta U = c_V(T_2 - T_1) = 715.09 \times (606 - 303) = 216\ 672 (J/kg) = 216.67 (kJ/kg)$$

焓的变化为

$$\Delta H = c_p(T_2 - T_1) = 979.45 \times (606 - 303) = 296\ 773 (J/kg) = 296.77 (kJ/kg)$$

交换的热量为

$$Q = \Delta H = 296.77 (kJ/kg)$$

交换的功量为

$$W = Q - \Delta U = 80.27 (kJ/kg)$$

13. 为什么在计算理想混合气体中组元气体的熵时必须采用分压力而不能用总压力？

答：因为理想混合气体中各组元分压力的状态是其实际的状态，熵是状态参数，所以计算组元气体的熵时必须用其状态参数即分压力。

14. 冬季室内供暖时，为什么会感到空气干燥？用火炉取暖时，经常在火炉上放一壶水，目的何在？

答：室内供暖时，室内空气被加热，干球温度上升，湿空气温度所对应的水蒸气饱和压力也增加，而比湿度不变（湿空气中水蒸气的数量不变），即水蒸气分压力不变，所以相对湿度减小，因此感到空气干燥。

15. 如果等量的干空气与湿空气降低温度相同，两者放出的热量相等吗？为什么？

答：不相等，且前者小于后者。湿空气由干空气和水蒸气组成，干空气的比热容小于水蒸气的比热容，所以等量的干空气和湿空气降低相同的温度，前者放出的热量必然小于后者。而且如果降温至湿空气露点温度以下，湿空气中水蒸气将部分冷凝，则放出的热量更多。

16. （北京理工大学 2007 年考研试题）通用气体常数值为_____；当某理想气体混合物的摩尔成分分别为：氧气 6%、氮气 75%、二氧化碳气体 14%、水蒸气 5%，则该混合气体的这个摩尔质量为_____；折合气体常数为_____；它的容积分别为_____；它的质量分数分别为_____。

答：$8.314 J/(mol \cdot K)$；$29.98 g/mol$；$277.3 J/(mol \cdot K)$；6%，75%，14%，5%；0.064，0.70，0.205，0.03。

17. （北京理工大学 2006 年考研试题）若某理想混合气体的气体常数为 $287 J/(kg \cdot K)$，比定容热容为 $717 J/kg \cdot K$，则此气体的比定压热容为_____$J/kg \cdot K$，其比热容比为_____。

答：$1004 J/(kg \cdot K)$；1.4。

18.（北京理工大学 2006 年考研试题）一刚性透热容器体积 $4m^3$，内有温度 20℃，压力 0.1MPa，相对湿度 0.6 的湿空气。问对此容器充入 2kg 的干空气后，容器中空气的相对湿度、含湿量及水蒸气分压力各变化多少？已知：20℃时，饱和蒸汽压力为 $p_{s,t}=2337Pa$。

解：根据题意，容器中原来的湿空气分压力为

$$p_{v,1}=p_{s,t}\varphi_1=2337\times0.6=1402.2\ (Pa)$$

含湿量为

$$d_1=0.622\frac{p_{v,1}}{p-p_{v,1}}=0.622\times\frac{1402.2}{100\ 000-1402.2}=0.008\ 8[kg(水蒸气)/kg(干空气)]$$

干空气的质量为

$$m_{a,1}=\frac{p_{a,1}V}{R_gT}=\frac{(0.1\times10^6-1402.2)\times4}{287\times(20+273)}=4.69(kg)$$

水蒸气的质量为

$$m_{v,1}=m_{a,1}d_1=4.69\times0.008\ 8=0.041\ 3(kg)$$

充入 2kg 干空气后，容器内干空气质量为 $m_{a,2}=6.69kg$，容器内总压力升高，温度不变，湿空气的含湿量变为

$$d_2=m_{v,2}/m_{a,2}=0.041\ 3/6.69=0.006\ 2[kg(水蒸气)/kg(干空气)]$$

干空气分压力

$$p_{a,2}=\frac{m_aR_{g,a}T_2}{V}=\frac{6.69\times287\times293}{4}=140\ 642(Pa)$$

水蒸气分压力

$$p_{v,2}=\frac{m_vR_{g,v}T_2}{V}=\frac{0.041\ 3\times461.9\times293}{4}=1397(Pa)$$

相对湿度

$$\varphi_2=p_{v,2}/p_{s,t}=1401/2337=0.60$$

19. N_2 和 CO_2 的混合气体，在温度为 40℃，压力为 5×10^5Pa 时，比体积为 $0.166m^3/kg$，求混合气体的质量成分。

解：对于混合气体，有

$$pv=RT$$
$$R=\omega_{N_2}\cdot R_{N_2}+\omega_{CO_2}\cdot R_{CO_2}$$
$$\omega_{N_2}+\omega_{CO_2}=1$$

所以

$$\frac{pv}{T}=\omega_{N_2}R_{N_2}+(1-\omega_{N_2})R_{CO_2}$$

质量成分
$$\omega_{N_2}=\frac{\frac{pv}{T}-R_{CO_2}}{R_{N_2}-R_{CO_2}}=\frac{\frac{pv}{T}-\frac{R_m}{M_{CO_2}}}{\frac{R_m}{M_{N_2}}-\frac{R_m}{M_{CO_2}}}=\frac{\frac{pv}{R_m T}M_{CO_2}-1}{\frac{M_{CO_2}}{M_{N_2}}-1}$$

$$=\frac{\frac{5\times10^5\times0.166}{8314.3\times(40+273)}\times44-1}{\frac{44}{28}-1}=0.71$$

$$\omega_{CO_2}=1-\omega_{N_2}=1-0.71=0.29$$

20. $p=0.1\text{MPa}$, $t_1=20℃$ 及 $\varphi=60\%$ 的空气作干燥用。空气在加热器中被加热到 $t_2=50℃$，然后进入干燥器，由干燥器出来时，相对湿度为 $\varphi_3=80\%$，设空气的流量为 5000kg 干空气/h。试求：(1) 使物料蒸发 1kg 水分需要多少干空气？(2) 每小时蒸发水分多少千克？(3) 加热器每小时向空气加入的热量及蒸发 1kg 水分所消耗的热量。

解：空气在加热器中和干燥器中分别经历 1—2 单纯加热（d 不变）和 2—3 绝热加湿（近似等熵）过程，其 $h-d$ 图如图 11-4 所示。

由 $t_1=20℃$ 和 $\varphi=60\%$ 查 $h-d$ 图得：$h_1=42.8\text{kJ/kg}$，$d_1=8.8\text{g}$(水蒸气)/kg(干空气) 由 $d_2=d_1$，$t_2=50℃$ 查 $h-d$ 图得：$h_2=73\text{kJ/kg}$

由 $h_3=h_2$，$\varphi=80\%$，查 $h-d$ 图得：$d_3=18.2\text{g}$(水蒸气)/kg(干空气)

(1) $\Delta d=d_3-d_2=18.2-8.8=9.4$ [g(水蒸气)/kg(干空气)]

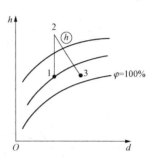

图 11-4

蒸发 1kg 水需要干空气 $m_a'=\dfrac{1000}{\Delta d}=106.38$ (kg)

(2) 每小时蒸发水分：$\Delta m_v=q_m\cdot\Delta d=5000\times9.4\times10^{-3}=47\text{kg/h}$

(3) 每小时加热量：$Q=q_m(h_2-h_1)=5000\times(73-42.8)=151\,000(\text{kJ/h})$

蒸发 1kg 水耗热：$Q'=q_m'(h_2-h_1)=106.38\times(73-42.8)=3213(\text{kJ/kg 水分})$

21. 某锅炉烟气的容积成分为 $\gamma_{CO_2}=13\%$，$\gamma_{H_2O}=6\%$，$\gamma_{SO_2}=0.55\%$，$\gamma_{N_2}=73.45\%$，$\gamma_{O_2}=7\%$，试求各组元气体的质量成分和各组元气体的分压力。烟气的总压力为 $0.75\times10^5\text{Pa}$。

解：因为 $\gamma_i=x_i$，而 $M=\sum x_iM_i$

$M=\sum\gamma_iM_i=0.13\times44+0.06\times18+0.0055\times64+0.7345\times28+0.07\times32=29.96$ (kg/kmol)

$\omega_i=\dfrac{x_iM_i}{M}$，$p_i=x_ip=\gamma_ip$，则可得各组元的质量成分和分压力：

$$\omega_{CO_2}=\frac{0.13\times44}{29.96}=19.09\%$$

$$p_{CO_2}=\gamma_{CO_2}\cdot p=0.13\times75=9.75(\text{kPa})$$

$$\omega_{H_2O}=\frac{0.06\times18}{29.96}=3.61\%$$

$$p_{H_2O}=\gamma_{H_2O}\cdot p=0.06\times75=4.5(\text{kPa})$$

$$\omega_{SO_2}=\frac{0.0055\times64}{29.96}=1.17\%$$

$$p_{SO_2}=\gamma_{SO_2}\cdot p=0.0055\times75=0.41(\text{kPa})$$

$$\omega_{N_2}=\frac{28}{29.96}\times0.73=68.65\%$$

$$p_{N_2}=\gamma_{N_2}\cdot p=0.73\times75=55.09(\text{kPa})$$

$$\omega_{O_2}=\frac{32}{29.96}\times0.07=7.48\%$$

$$p_{O_2}=\gamma_{O_2}\cdot p=0.07\times75=5.25(\text{kPa})$$

22. (哈尔滨工业大学 2003 年考研试题) 夏天，室外空气温度 $t_1=34℃$，相对湿度 $\varphi_1=80\%$，大气压力 100kPa，室内要求 $t_3=20℃$，$\varphi_3=50\%$ 的调节空气，空调装置供应空气流量为

50kg/min，空调过程是将室外空气冷却去湿，然后加热到要求的状态。试计算：（1）需要除去的水分。（2）冷却介质应带走的热量。（3）加热器加入的热量。

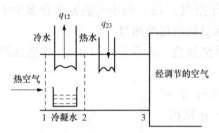

经调节的空气

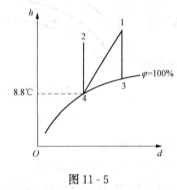

图 11 - 5

如图 11 - 5 所示，已知水蒸气：$t_1 = 34℃$、$p_s = 5.495$ kPa；$t = 20℃$、$p_s = 2.337$ kPa；$t = 8.8℃$、$p_s = 1.168\,5$ kPa。水的 $c_p = 4.187$ kJ/(kg·K)、空气的 $c_p = 1.01$ kJ/(kg·K)。

解：（1）初始状态下空气的含湿量为

$$d_1 = 622 \times \frac{\varphi_1 p_{s1}}{p - \varphi_1 p_{s1}} = 622 \times \frac{0.8 \times 5.495}{100 - 0.8 \times 5.495}$$
$$= 28.60 g(水蒸气 /kg 干空气)$$

空调处理后最终空气的含湿量为

$$d_2 = 622 \times \frac{\varphi_2 p_{s2}}{p - \varphi_2 p_{s2}} = 622 \times \frac{0.5 \times 2.337}{100 - 0.5 \times 2.337}$$
$$= 7.35 g(水蒸气 /kg 干空气)$$

因为 $m_a(1 + 0.01 d_2) = 50$，可得干空气的质量为

$$m_a = \frac{50}{1 + 0.01 \times 7.35 \times 10^{-3}} = 49.996 \ (kg/min)$$

所以空调去除的水分量为

$$\Delta m_w = m_a(d_1 - d_2) = 1.062(kg/min)$$

（2）冷却介质带走的热量为

$$Q = m_a(h_1 - h_4) - \Delta m_w \cdot h_w$$

初始状态下湿空气的焓为

$$h_1 = 1.01 t_1 + 0.001 d_1(2501 + 1.863 t_1) = 107.68(kJ/kg)$$

同理可得状态 2 和状态 4 的焓为

$$h_4 = 27.40 kJ/kg, h_2 = 38.86(kJ/kg)$$
$$h_w = c_p t = 4.187 \times 8.8 = 36.85(kg/min)$$

故冷却介质带走的热量为

$$Q = 49.996 \times (107.68 - 27.40) - 1.062 \times 36.85 = 3974.54(kg/min)$$

（3）加热量为

$$Q' = m_a(h_2 - h_4) = 49.996 \times (38.86 - 27.40) = 572.95(kg/min)$$

23.（哈尔滨工业大学 2002 年考研试题）1kg 压力为 1bar、温度为 20℃、相对湿度 $\varphi_1 = 60\%$ 的湿空气，储存于密闭刚性容器内。试计算将湿空气温度提高到 50℃ 所需加入的热量、终态压力、相对湿度。已知：空气温度为 20℃，对应水蒸气饱和压力 0.023 4bar；50℃ 时，对应水蒸气饱和压力 0.123 5bar；干空气的比热 $c_p = 1.004$ kJ/(kg·K)，气体常数 $R = 0.287$ kJ/(kg·K)。

解：湿空气的含湿量为

$$d_1 = 622 \times \frac{0.6 p_s}{1 - 0.6 p_s} = 622 \times \frac{0.6 \times 0.023\,4}{1 - 0.6 \times 0.023\,4} = 8.857[g(水蒸气)/kg(干空气)]$$

湿空气初态的焓值为

$$h_1 = 1.01 t_1 + 0.001 d_1(2501 + 1.85 t_1)$$
$$= 1.01 \times 20 + 0.001 \times 8.857 \times (2501 + 1.85 \times 20)$$

$$= 42.68(\text{kJ/kg})$$

湿空气终态的焓值为

$$
\begin{aligned}
h_2 &= 1.01t_2 + 0.01d_1(2501 + 1.85t_1) \\
&= 1.01 \times 50 + 0.01 \times 8.857 \times (2501 + 1.85 \times 50) \\
&= 73.47(\text{kJ/kg})
\end{aligned}
$$

由 $m_a(1+0.01d) - 1\text{kg}$，得湿空气中干空气的质量为 $m_a = 0.991\ 2$（kg）

将湿空气的温度提高到 50℃ 需要加入的热量

$$
\begin{aligned}
q &= \Delta u = h_2 - h_1 - (p_2 - p_1)V \\
&= 73.47 - 42.68 - 0.852\ 9 \times (1.1024 - 1) \times 10^2 \\
&= 22.056(\text{kJ/kg}) \\
Q &= m_a q = 21.86\text{kJ}
\end{aligned}
$$

终态的压力为

$$p_2 = p_1 \frac{T_2}{T_1} = 1 \times \frac{323}{293} = 1.102\ 4(\text{bar})$$

加热过程中含湿量不变

$$\frac{\varphi \times 0.123\ 5}{p_2 - \varphi \times 0.123\ 5} = \frac{0.6 \times 0.234}{1 - 0.6 \times 0.234}$$

可得相对湿度为

$$\varphi = 12.533\%$$

24.（中国科学院－中国科学技术大学 2006 年考研试题）要使湿衣服干得快，可采取哪些措施？说明理由。

答：要使湿衣服干得快可以采取的措施有：（1）加热空气，如日晒、烘烤等，这种方法可以提高衣服表面水分的温度，使其快速蒸发。（2）直接给衣服吹风或通风，这种方法可以使衣服表面的蒸汽处于非饱和状态，促进衣服中的水分蒸发。

25.（天津大学 2005 年考研试题）判断题：用两个独立的状态参数就能确定混合气体的热力状态。

答：错。需要三个独立状态参数。

26.（哈尔滨工业大学 2003 年考研试题）两股空气流在绝热容器中混合，$m_1 = 3\text{kg}$、$p_1 = 500\text{kPa}$、$t_1 = 27℃$、$m_2 = 2\text{kg}$、$p_2 = 100\text{kPa}$、$t_2 = 127℃$，试问：混合气流出口压力 p_3 能否达到 400kPa。空气的 $c_p = 1.01\text{kJ/(kg·K)}$，$R = 0.287\text{kJ/(kg·K)}$。

解：绝热混合过程中利用能量守恒，有

$$
\begin{aligned}
m_1 h_1 + m_2 h_2 &= m_3 h_3 \\
m_1 c_p t_1 + m_2 c_p t_2 &= m_3 c_p t_3
\end{aligned}
$$

可得混合后的温度为

$$t_3 = \frac{m_1 t_1 + m_2 t_2}{m_1 + m_2} = \frac{3 \times 27 + 2 \times 127}{5} = 67(℃)$$

根据孤立系统熵增原理，判断出口压力能否达到 400kPa，又据道尔顿分压定律，有

$$p_{13} = \frac{m_1}{m_1 + m_2} p_3 = \frac{3}{3+2} \times 400 = 240(\text{kPa})$$

$$p_{23} = p_3 - p_{23} = 160(\text{kPa})$$

$$\Delta S_{iso} = \Delta S_1 + \Delta S_2 = m_1\left(c_p\ln\frac{T_3}{T_1} - R\ln\frac{p_{13}}{p_1}\right) + m_2\left(c_p\ln\frac{T_3}{T_1} - R\ln\frac{p_{23}}{p_2}\right)$$

$$= 3\times\left(1.01\times\ln\frac{340}{300} - 0.28\right)\ln\frac{240}{500} + 2\times\left(1.01\times\ln\frac{340}{300} - 0.287\times\ln\frac{160}{100}\right)$$

$$= 0.993(\text{kJ/K}) > 0$$

故出口压力能达到 400kPa。

参 考 文 献

[1] 童钧耕，王丽伟，叶强 . 工程热力学 . 6 版 . 北京：高等教育出版社，2022.

[2] 杨玉顺 . 工程热力学 . 北京：机械工业出版社，2009.

[3] 朱明善 . 工程热力学 . 北京：清华大学出版社，2021.

[4] YUNUS CENGEL，MICHAEL BOLES. 工程热力学 . 北京：机械工业出版社，2021.

[5] 傅秦生 . 工程热力学 . 北京：机械工业出版社，2020.

[6] 童钧耕 . 工程热力学学习辅导与习题解答 . 北京：高等教育出版社，2023.

[7] 何雅玲 . 工程热力学精要分析及典型题精解 . 西安：西安交通大学出版社，2014.

[8] 高源 . 工程热力同步辅导及习题全解 . 北京：中国水利水电出版社，2018.

[9] 何雅玲 . 工程热力学常见题型解析及模拟题 . 西安：西北工业大学出版社，2004.